无线通信网络原理与仿真

主　编　宋　绯　徐煜华

副主编　罗屹洁　李国鑫　王海超　焦雨涛

参　编　徐承龙　徐逸凡　张晓凯　冯智斌

　　　　贺文辉　王维一　江　丹

哈尔滨工程大学出版社

Harbin Engineering University Press

内容简介

本书以丰硕的科研创新成果为基础,采用理论重构与实验仿真相结合的方式,以"可靠传输、动态接入、高效服务"为主线,对无线数据通信网络的基本原理、关键技术与仿真实践进行了全面系统的分析和阐述,涵盖了该研究方向的最新进展。本书内容完整、层次清晰、紧贴实际、系统性强。为了帮助读者深刻理解基本理论和关键技术,书中列举了算法的详细流程,并给出了相应的仿真结果。另外,在各章的最后还附有思考与探究,帮助读者进一步巩固所学知识。

本书既可作为高等院校通信专业及电子工程专业本科生和研究生的教材,也可供从事相关领域研究的科研人员和工程技术人员参考。

图书在版编目(CIP)数据

无线通信网络原理与仿真/宋绯,徐煜华主编.

哈尔滨:哈尔滨工程大学出版社,2025.3.

ISBN 978-7-5661-4721-9

Ⅰ. TN92

中国国家版本馆 CIP 数据核字第 20250D520B 号

无线通信网络原理与仿真

WUXIAN TONGXIN WANGLUO YUANLI YU FANGZHEN

选题策划 田 婧
责任编辑 秦 悦
封面设计 李海波

出版发行 哈尔滨工程大学出版社
社　　址 哈尔滨市南岗区南通大街 145 号
邮政编码 150001
发行电话 0451-82519328
传　　真 0451-82519699
经　　销 新华书店
印　　刷 哈尔滨午阳印刷有限公司
开　　本 787 mm×1 092 mm　1/16
印　　张 15.5
字　　数 367 千字
版　　次 2025 年 3 月第 1 版
印　　次 2025 年 3 月第 1 次印刷
书　　号 ISBN 978-7-5661-4721-9
定　　价 69.80 元

http://www.hrbeupress.com

E-mail:heupress@hrbeu.edu.cn

前　言

近年来，无线通信网络发展突飞猛进、日新月异。与传统有线网络相比，无线通信网络具有布线简单、安装方便、易于扩展等优点，能够为人们提供无处不在的网络服务。本书围绕无线通信网络设计相关难点，融入团队在该方向的多类型高水平研究成果，并及时吸纳相关军事应用，形成了集基础理论、技术前沿与军事应用为一体的教材内容体系。

全书内容共分为10章，以“可靠传输、动态接入、高效服务”为主线，形成模块化结构。其中第1章为无线通信网络概述；第2~4章为可靠传输模块，该模块以“抗、躲、隐”为主线，包括无线隐蔽通信、物理层安全通信与多域抗干扰，探索复杂恶劣信道条件下数据可靠传输的方法与机制；第5~7章为动态接入模块，围绕环境动态变化、用户需求多样、网络拓扑不明等问题，分别以最优停止、多臂老虎机和随机自动学习等学习方法为手段，深入分析解决动态接入的可行技术途径；第8~10章从稳健路由、高效通信与可信服务三个方面，满足用户多样化服务需求。

本书第1章由罗屹洁编写；第2~3章由李国鑫编写，贺文辉、江丹参编；第4章与第8章由宋绯编写，张晓凯、冯智斌参编；第5~7章由徐煜华编写，徐逸凡参编；第9章由王海超编写，徐承龙参编；第10章由焦雨涛编写，王维一参编。宋绯校阅了全书初稿，并对全书进行了统稿。另外，本书部分章节后附参考资料，均为编者及相关科研团队自己的学术成果，扫码即可参阅。本书在编写过程中得到了陆军工程大学通信工程学院领导、业务部门的关心和支持，我院研究生何荣荣、宋舒欣、李昊明、曾酉等协助做了很多工作，在此表示感谢。

由于编者水平有限，疏漏之处在所难免，敬请广大读者批评指正。

编　者

2025年1月

目　　录

第1章　无线通信网络概述

1.1　发展背景

无线通信网络是指使用无线信道作为传输媒介将各种通信设备互联形成的网络。通过无线网络,用户可以实现在不连接物理线缆的情况下访问网络服务,如网上冲浪、视频会议与文件下载等。需要注意的是,无线通信网络并不要求网内所有链路均采用无线信道。以常见的无线通信网络——蜂窝移动通信网络为例,用户与基站之间采用无线信道进行通信,而基站之间则采用有线信道互联。首个无线通信网络是1971年由诺曼·艾布拉姆森在夏威夷大学构建的ALOHANET,其采用超高频(UHF)频段,数据速率为9 600 bps。

无线通信网络按照其组网控制方式一般分为两类:一类是有中心的集中式控制,一般需要依托预先部署的网络基础设施进行,典型代表为蜂窝移动通信系统,基于接入点(access point)和有线骨干网模式工作的无线局域网(WLAN)就属于这种类型。但对于某些无法或不便预先铺设网络基础设施的场合,例如战场机动通信、震后应急救灾、偏远山区临时会议等,有中心的无线网络则不能快速展开和部署。针对上述场景,就迫切需要能够临时快速组网的另一类移动通信技术,即Ad Hoc无线通信网络。Ad Hoc一词来源于拉丁语,意思是"专用的、特定的"。Ad Hoc网络通常指"无固定设施网"或"自组织网"。其典型代表包括移动Ad Hoc网络(MANET)、无线传感器网络(WSN)、车载自组织网络(VANET)、飞行自组织网络(FANET)等。

1.2　依托基础设施的无线通信网络

1.2.1　体系架构

起源于20世纪70年代的蜂窝移动通信系统是最具代表性的依托基础设施的无线通信网络,1G以模拟移动通信开辟新纪元,2G实现模拟到数字的转变,3G实现从语音走向数据的时代,4G实现IP化使数据速率大幅度提升,5G实现万物互联,6G即将提供"上天、入地、下海"的无线覆盖[1-2]。蜂窝移动通信网络主要由移动台、基站子系统与网络子系统三部分组成。移动台是网络终端设备,如手机或一些蜂窝终端设备。基站子系统包括移动基站、无线收发设备、专用网络(一般是光纤)、无线的数字设备等。基站子系统可以看作是无线网络与有线网络之间的转换器。其核心原理在于利用频率复用技术和无线通信技术，使用户设备能够在移动中保持稳定的连接，并通过基站与网络基础设施进行高效的数据和语音传输。这种设计不仅提高了网络的覆盖范围和容量，还确保了用户的无缝通信体验。

图 1-1 为 5G 系统架构图[1]。从图中可以看出，5G 系统架构分为核心网（AMF/UPF）与接入网（NG-RAN）两部分。在 5G 系统架构核心网中，AMF 主要负责终端接入权限和切换；UPF 主要负责分组路由和转发、数据包检查、上下行链路传输及分组标记、下行数据包缓冲等功能；接入网主要负责无线接入控制、连接移动性管理、无线资源管理等功能，重点解决空中接口相关问题，实现无线信号和核心网有线信号之间的转换。基础设施通常指除用户手机终端之外的所有其他设施，包括基站、核心网相关设施等。

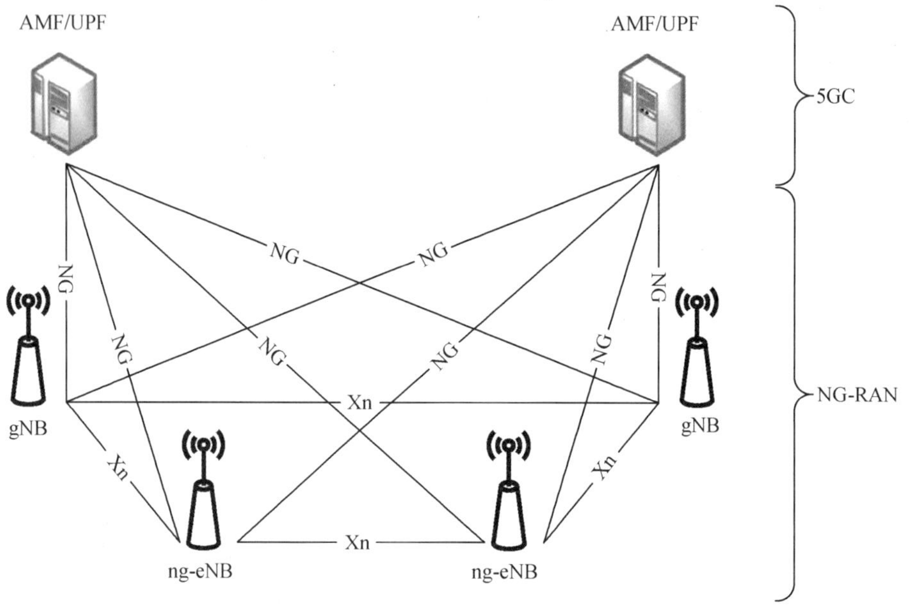

图 1-1　5G 系统架构图

1.2.2　网络特点

由于基础设施十分完备，5G 蜂窝移动通信系统具有高速率、低延迟、大连接等显著特点，这些特点能够满足增强移动宽带（enhanced mobile broadband，eMBB）、超可靠低时延通信（ultra-reliable and low latency communication，uRLLC）与大规模机器通信（massive machine type communication，mMTC）三大典型应用场景，如图 1-2 所示。

其中，高速率是指 5G 的峰值速率能够达到 20 Gbps，为 4G 峰值速率的 20 倍。高速率使得 5G 能够满足高清视频、大数据源传输等服务需求，极大提升了用户体验。低延迟是指 5G 的连接时延达到 1 ms，是 4G 的 1/10，同时能够支持高速移动（500 km/h）情况下的高可靠（99.999%）连接，能够满足自动驾驶、工业控制、远程医疗等对可靠性和时延要求高度敏感的特殊应用。大连接是指 5G 能够支持每平方千米 100 万个设备的连接数密度，促进各垂直行业（智慧城市、智能家居、环境监测等）的深度融合。在大规模机器通信场景中，数据速率较低且时延不敏感,终端成本更低,电池寿命更长,真正实现万物互联。

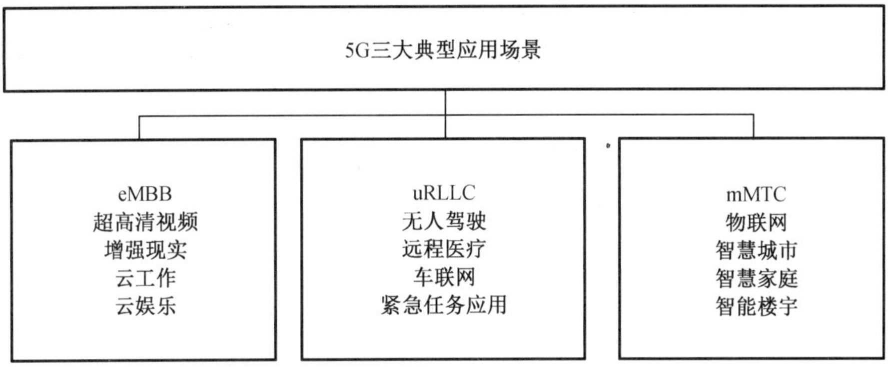

图 1-2　5G 三大典型应用场景

1.2.3　关键技术

1. 软件定义网络

软件定义网络(software defined network,SDN)是由美国斯坦福大学提出的一种新型网络架构,其设计理念是将网络设备控制面与数据面分离,从而实现网络流量的灵活控制和网络资源的按需分配,为核心网络及应用的创新提供良好的平台。传统的网络设备(交换机、路由器)由设备制造商锁定和控制,SDN 希望网络控制与物理网络拓扑分离,网络设备只负责单纯的数据转发,从而采用通用的硬件,摆脱硬件对网络结构的限制。SDN 本质上具有“控制与转发分离”“设备资源虚拟化”以及“通用硬件及软件可编程”三大特性,从而使得硬件只关注转发和存储能力,与业务特性解耦,可以采用相对廉价的商用架构来实现。同时网络的智能性全部由软件实现,网络的操作控制和运行由服务器作为网络操作系统来完成。基于 SDN 的架构对业务响应更快,并且能够定制各种网络参数,如路由、安全、服务质量(QoS)、流量等,并实时配置到网络中。

SDN 的典型架构共分为三层,由下到上分别为数据平面、控制平面与应用平面,如图 1-3 所示。其中,数据平面由交换机等网络通用硬件组成;控制平面以 SDN 控制器为逻辑中心,其掌握全局网络信息,负责各种转发规则的控制;应用平面包含各种基于 SDN 的网络应用。SDN 中的接口具有开放性,以控制器为逻辑中心,南向接口负责与数据平面进行通信,北向接口负责与应用平面进行通信,东西向接口负责多控制器之间的通信。

2. 网络功能虚拟化

网络功能虚拟化(network functions virtualization,NFV)通过将具有特定网络功能的软件搭载在通用硬件服务器上,实现软件与硬件解耦,从而带来两方面的优势:一方面,通用性硬件成本低廉,为运营商节约投资成本;另一方面,开放的应用程序编程接口(API)帮助运营商获得更多、更灵活的网络能力,资源可以充分灵活共享,实现新业务的快速开发和部署。

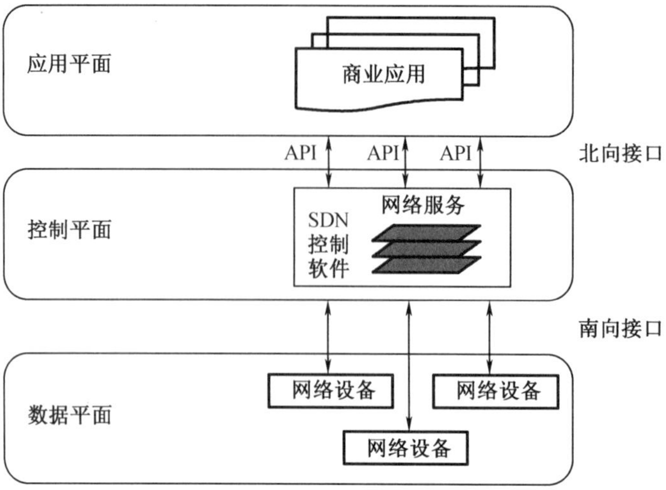

图 1-3　基于 SDN 的 5G 网络架构示意图

NFV 技术主要由三部分构成，基础设施层（NFV infrastructure，NFVI）、虚拟网络层（virtualized network function，VNF）与运营支撑层，如图 1-4 所示。其中基础设施层由多个地理上分散的数据中心承担，各中心之间通过高速通信网连接。虚拟网络层对应的是业务网络，每个物理网元映射为一个虚拟网元，所需资源需要分解为虚拟的计算/存储/交换资源。运营支撑层对应通用管理系统（operation support system，OSS）与业务支持系统（business support system，BSS），为虚拟化进行必要的修改和调整。从横向看，NFV 分为两个域。业务网络域对应现有的业务网络；管理编排域（management and orchestration，MANO）对整个 NFVI 资源进行管理和编排，负责业务网络和 NFVI 资源的映射与关联，及 OSS 业务资源流程的实施等。MANO 内部包含 VIM、VNFM 和 NFVO 3 个实体。

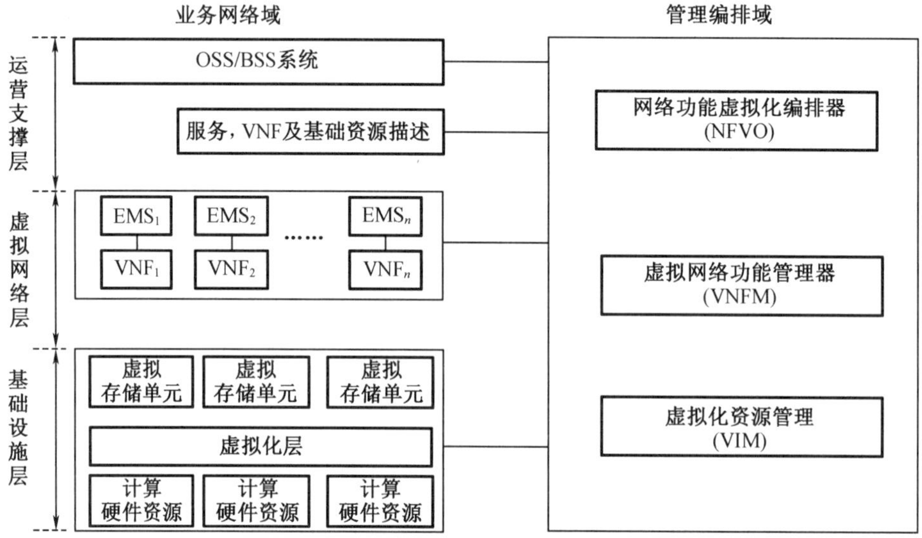

图 1-4　NFV 标准架构示意图

3. 移动边缘计算

移动边缘计算(mobile edge computing, MEC)可利用无线接入网络就近提供用户所需服务和云端计算功能,使业务本地化、近距离部署成为可能,使得无线接入网具备低时延、高带宽的传输能力,业务面下沉可有效降低网络负荷,同时也使得业务应用更靠近无线网络及用户本身,更易于实现对网络上下文信息(位置、网络负荷、无线资源利用率等)的感知和利用,从而有效提升用户的业务体验。MEC 服务平台主要由 MEC 托管基础设施层、MEC 应用平台层和 MEC 应用层组成。

MEC 托管基础设施层基于 NFV 的硬件资源和虚拟化层架构,提供底层硬件的计算、存储、控制功能和硬件虚拟化组件,完成虚拟化的计算处理、缓存、虚拟交换及相应的管理功能。MEC 应用平台层由 MEC 的虚拟化管理和应用平台功能组件组成。MEC 虚拟化管理采用以基础设施作为服务的思想,实现 MEC 虚拟化资源的组织和配置,为应用层提供一个资源按需分配、多个应用独立运行且灵活高效的运行环境。应用平台的功能组件承载业务的对外接口适配功能,通过 API 完成和基站及上层应用层之间的接口协议封装,提供流量旁路、虚拟机(VM)通信服务与服务注册等功能。MEC 应用层基于网络功能虚拟化 VM 应用架构,将 MEC 功能组件进一步组合封装成虚拟应用(本地分流、无线缓存、增强现实、业务优化等),并通过标准的接口开放给第三方业务应用或软件开发商,实现无线网络的能力开放与调用。

4. 网络切片

5G 定义的三大场景——增强移动宽带、超可靠低时延通信与大规模机器通信,对网络服务的需求(如带宽、时延等)差异较大,并且网络的服务对象也不再仅限于移动手机,而是包含固定传感器、车辆等多类型设备。如果针对每种典型业务都专门建立特定的网络来满足其要求,网络成本将急剧增加。同时,若不同业务都承载在相同的基础设施和网元上,又可能无法满足多种业务的不同 QoS 保障需求。

网络切片(network slicing)能够让运营商在一个硬件基础设施中切分出多个虚拟的端到端网络,每个网络切片在设备、接入网、传输网及核心网方面实现逻辑隔离,适配各种类型的服务并满足用户的不同需求。网络切片针对不同的业务场景提供恰到好处的网络性能保证,实现了按需组网的目标,能够根据业务场景需求对所需的网络功能进行定制化剪裁和灵活组网,实现业务流程和数据路由的最优化。另外,通过网络切片可以将当前某个业务应用的网络资源与其他业务应用的网络资源区分隔离,每个分片的拥塞、过载、配置的调整不影响其他分片,增强整体网络的可靠性,保证当前业务质量的同时,也提供了可靠的安全保护机制。考虑到业务需求和用户数量可能出现动态变化,网络切片需要弹性和灵活扩展,以适配用户动态的业务需求。

典型的端到端网络切片系统架构包含接入侧切片、核心网切片以及将这些切片组建成完整切片的选择功能单元。选择功能单元按照实际通信业务需求选择能够提供特定服务的核心网络切片。每个网络切片都是一组网络功能及其资源的集合,由这些网络功能形成一个完整的逻辑网络,每个逻辑网络都能以特定的网络特征来满足对应的业务需求。

5. 大规模 MIMO 技术

大规模 MIMO(multiple input multiple output)技术依靠在发送端及接收端采用多天线技术来提高链路性能,其工作模式分为空间复用、空间分集与波束赋形三种。2010 年贝尔实验室 Marzetta 教授提出在基站采用大规模天线阵,形成多用户大规模 MIMO 无线通信系统,能够获得可观的频谱效益增益,提高能量效率,降低网络干扰。大规模 MIMO 提升系统性能的理论依据是随着基站天线个数趋于无穷大,当基站接收机已知理想信道状态信息时,多用户信道间将趋于正交。此时,高斯噪声以及互不相关的小区干扰将趋于消失,单个用户的容量仅受限于其他小区中采用相同导频序列的用户造成的干扰。在实际系统中,通常不能获得完美的信道状态信息,需要依赖基站对上下行两个方向信道状态信息的获取,由于基站很难获得下行链路的信道状态信息,考虑到 5G 移动通信系统通常采用时分复用双工方式(TDD),基于信道的互易性,利用上行信道估计获得下行链路信道状态信息。因此信道估计的精度和信道相干时间长度是制约大规模 MIMO 技术的主要因素,一方面导频开销随着用户数量、移动速度和载波频率线性增长;另一方面,多用户联合发送/接收时涉及矩阵求逆,复杂度呈三次方增长。

1.3 无基础设施的无线通信网络

1.3.1 体系架构

Ad Hoc[3]网络是由一组带有无线收发装置的移动终端组成的一个多跳的临时性自治系统。每个移动终端兼备主机和路由器两种功能:作为主机,终端依托各类应用软件为用户提供服务;作为路由器,提供数据转发、路由选择与路由管理的功能。平面结构(对等结构)和分级结构是 Ad Hoc 网络最常见的两种体系架构。在平面结构中,所有节点的地位平等,其拓扑示意图如图 1-5 所示。由于所有节点地位完全对等,不存在关键点或者瓶颈,因此平面结构最大的优点在于鲁棒性较好。然而由于每个节点都需要维护到其他节点的路由,当网络规模增加时,维护路由所需的控制消息极速增加,因此平面结构不适用于网络规模较大的应用场景。

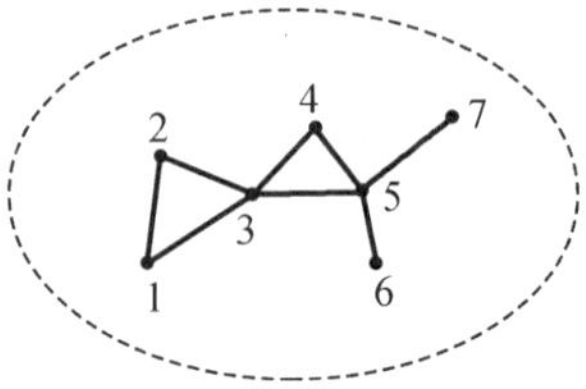

图 1-5　平面结构拓扑示意图

在分级结构中，网络被划分为若干个簇(cluster)，每个簇由一个簇头(cluster-header)、网关节点和多个簇成员(cluster member)组成，其结构拓扑示意图如图1-6所示。与簇成员相比，簇头具有更强的管理控制功能，优先级更高。网关节点负责簇间数据的转发。簇头的产生可以预先指定，也可以通过算法选举产生，甚至可以由节点轮流担任。

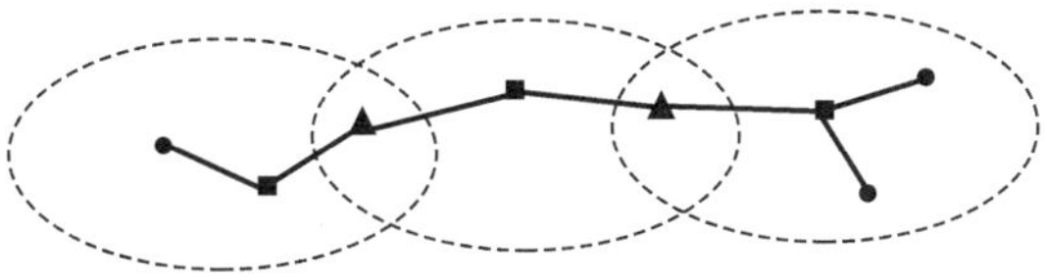

图1-6　分级结构拓扑示意图

分级结构的主要优点如下：

(1)路由开销低。由于簇成员不需要维护到所有节点的路由信息，簇内成员可以通过簇头进行通信，与簇外成员的通信可以通过网关节点转发，大大减少了路由发现与管理的信息。

(2)良好的可扩展性。通过简单地增加簇的个数和网络的级数来扩充网络规模。

(3)网络抗毁性强。虽然簇头是网络的关键节点，考虑到簇头可以随时选举产生，部分节点失效不影响网络运行。

(4)节能性较好。簇头负责数据转发，能够优化传输路径以及机制，延长网络寿命。

分级结构的主要缺点如下：

(1)簇头选择算法和簇维护机制对整体网络性能影响较大。

(2)簇头节点的任务相对较重，可能成为网络的瓶颈，若簇头选择算法设计不合理，则网络的鲁棒性将受到影响。

(3)由于簇间的数据转发靠网关完成，路由不一定是最佳的。

1.3.2　网络特点

与依托基础设施的通信网络相比，Ad Hoc网络具有以下显著特点。

1. 无中心和自组织性

由于采用无中心结构，Ad Hoc网络中没有绝对的控制中心，各节点通过某些机制分布式协调彼此的行为，某些节点的故障不会影响整个网络的运行，因此具有较强的抗毁性。这对于军事通信而言，非常具有吸引力。

2. 无线信道时变衰落

Ad Hoc网络采用无线传输技术，与有线信道相比，无线信道具有明显的时变衰落特性。一方面，有可能导致节点之间收发链路的差异性，甚至是单向性，使得节点之间的数据收发更加困难。另一方面，无线信道带宽有限，考虑到无线信道的开放特性，一跳之内的用户将由于共享信道产生冲突，节点能够获得的实际带宽将远远小于理论上的带宽。

3. 网络拓扑动态变化

在有线网络中，节点的移动性较差，且节点间采用光纤或电缆连接，有线信道优异稳定，除特殊情况下（节点出现故障或损坏），网络拓扑结构基本固定不变。而在 Ad Hoc 网络中，移动终端能够以任意可能的速度和移动模式移动，加上无线信道时变衰落，节点位置、节点数量与链路联通性等难以预测，网络拓扑结构随时可能发生变化。

4. 移动终端能力有限

移动终端具有携带方便、轻便灵巧等优点，但在计算处理、能源供应、管理控制等能力方面存在固有缺陷。这给物理层可靠传输、链路层信道接入、网络层路由选择以及传输层端到端传输等算法设计，带来了较大的挑战。

5. 多跳路由

受节点发射功率的限制，其覆盖范围有限。当要与其覆盖范围之外的节点进行通信时，需要由中间节点进行转发，经过多跳后到达接收节点。与普通网络中的多跳不同，Ad Hoc 网络中的多跳路由并不是依靠路由器来完成的，而是由普通节点共同完成。

6. 安全性差

Ad Hoc 网络是一种特殊的无线移动网络，由于采用无线信道、有限电源、分布式控制等技术，它更加容易受到被动窃听、主动入侵、拒绝服务、剥夺"睡眠"等网络攻击。另外，Ad Hoc 网络由节点自身充当路由器，不存在域名服务器和目录服务器等网络设施，也不存在网络边界的概念。这就使得 Ad Hoc 网络中的安全问题非常复杂，传统网络中的许多安全策略和机制将不再适用。因此，信道加密、抗干扰、用户认证、密钥管理、访问控制和其他安全措施都需要特别考虑。

1.3.3 关键技术

由于 Ad Hoc 网络的特殊性，传统固定网络和蜂窝移动通信网络中使用的各种协议和技术无法被直接使用，需要为 Ad Hoc 网络设计专门的协议和技术。下面按照协议栈对关键技术进行描述。

1. 物理层可靠传输技术

由于存在无线信道多径衰落引起的码间串扰、各节点之间的互扰以及恶意用户释放的有意干扰等问题，Ad Hoc 网络物理层面临的核心问题是，如何充分利用有限的带宽与能量，基于通信保障需求（如应用特点、QoS 要求等）最大化网络吞吐量、最小化能量消耗与增强网络抗毁抗扰能力，设计适用于 Ad Hoc 网络物理层的可靠传输技术，主要包括自适应编码、自适应调制、帧长自适应、自适应功率控制、自适应资源分配、自适应链路调整等技术。

2. 信道高效接入技术

信道接入技术是 Ad Hoc 网络链路层的基础，主要控制节点如何接入无线信道。与依托固定设施进行集中控制的网络不同，Ad Hoc 网络因使用广播和共享的传输媒介引入了不可避免的碰撞和竞争，给传统基于带冲突检测的载波监听多路访问（CSMA/CD）或带冲突避免的载波监听多路访问(CSMA/CA)的协议带来了新的挑战,特别是隐终端和暴露终端问题,如何实现分布式信道的高效接入是 Ad Hoc 网络链路层需要解决的核心难点。

3. 鲁棒路由选择协议

Ad Hoc 网络具有网络拓扑结构动态变化的特性,且其变化具有一定的不可预测性,导致移动节点间的路由选择较为困难。另外考虑到移动节点在计算能力、能量供给、管理控制等能力上的局限性,将传统有线网络路由协议直接应用于 Ad Hoc 网络的思路并不可行,需要结合路由协议的快速收敛、节能、信令负荷小、鲁棒安全等目标进行优化,重新设计。

4. 服务质量保证

Ad Hoc 网络在其出现的初期,主要用于传输少量的数据信息。随着应用的不断扩展,多样化的多媒体业务(视频、直播等)对带宽、时延、时延抖动等服务质量保障提出了较高要求。Ad Hoc 网络中的服务质量保证贯穿于整个协议栈,不同层均需提供相应的服务保障机制,如物理层需要重点解决波形设计问题,链路层需要重点解决信道高效接入问题并提供资源预留策略,路由层需要重点解决面向 QoS 的路由选择问题等。

5. 网络安全协议

由于 Ad Hoc 网络中的节点共享无线信道,更容易遭受恶意用户安全攻击,且攻击可能来自任何方向以及不同层,常见的攻击包括被动窃听、拒绝服务攻击、信令攻击、流中断攻击等。加之分布式和无基础设施的特性,缺少中心安全控制机制,网络安全职能依赖于所有节点自身的安全措施,传统网络中的安全措施难以直接应用。

1.4　典 型 应 用

在有基础设施的无线通信网络中,已经介绍了 5G 移动通信网络的应用,本节将重点以车载自组织网络、飞行自组织网络、无线局域网、无线传感器网络为例对典型应用进行分析。

1.4.1　车载自组织网络

VANET[4-5]是一种基于车辆之间相互通信和车辆与基础设施之间通信的无线网络。它的主要目的是提高道路交通的安全性、效率和便利性。VANET 可以通过车载通信设备和无线传感器实现车辆之间的信息交换,例如交通流量、道路条件、交通事故等。这些信息可以被用来提供实时的交通状况,避免交通拥堵,提高驾驶安全,甚至为自动驾驶汽车提供必要的信息支持。

1. 网络特点

由于 VANET 中节点的主体部分是高速移动的车辆,因此,可以将其看作一种特殊的移动自组织网络。然而,由于 VANET 具有一些特殊的属性,传统 MANET 中使用的无线通信协议不能直接应用到 VANET 中来。VANET 区别于传统 MANET 的特点主要包括下述内容。

(1)节点高速移动

车辆移动速度具有时变性,不同车辆之间的行驶速度也具有较大差异,这最终导致了VANET网络拓扑结构的快速变化。随着节点的移动,在交通拥堵路段网络密度较大,在车辆稀少的路段网络密度较小,导致车联网的网络密度差异性较大。

(2)无线信道质量不稳定

VANET分为两部分,即车与车(V2V)和车与设施(V2I)。首先,路边建筑、道路情况、车辆类型和车辆相对速度都会对数据传输稳定性造成影响,道路周边的建筑物会加重信号的多径效应和阴影效应,降低无线通信的信道质量。其次,车辆高速移动诱发的无线信号的多普勒效应也会降低无线通信的信道质量。最后,由于车辆行驶速度较快,两辆汽车无线通信的联通时间在两车高速背向行驶时会很短,导致节点之间不能建立稳定的通信链路。

(3)运动轨迹的可预测性

车辆的运行轨迹受到道路拓扑结构的限制,车辆移动也具有一定的规律性,只能沿着车道单/双向移动,具有一维性,基于车辆的运动状态和行驶道路信息,车辆短时间内的运动轨迹是可以预测的。

(4)电量与计算能力支持

车辆通过发动机可以提供源源不断的电力支持,车辆的承载空间也可以确保天线的尺寸和容纳其他额外的通信设备,同时还具有强大的计算能力和存储能力等。

车辆自组网可以应用于许多方面,例如智能交通系统、车辆间通信、车辆与道路设施之间的通信等。在智能交通系统中,VANET可以帮助驾驶者避免交通事故,提高交通效率,减少交通拥堵。在车辆间通信方面,车辆可以相互通信,共享实时的交通信息,提高驾驶安全性。在车辆与道路设施之间的通信方面,车辆可以与交通信号、路边设施等进行通信,实现智能交通管理,提高交通效率。

VANET的应用还面临一些挑战,例如安全性和隐私保护、通信可靠性、网络拓扑管理等。为了解决这些挑战,可以采取加密和认证技术保障通信安全,设计可靠的路由和转发机制来提高通信可靠性,采用分布式网络管理机制来管理网络拓扑。

2. 协议设计

VANET现有研究协议主要分为媒体访问控制(MAC)协议和路由协议。

(1)MAC协议

按照无线信道访问协调方式的不同,VANET MAC协议分为基于竞争的MAC协议、基于竞争避免式的媒体访问控制MAC协议和混合式MAC协议三种模式。

基于竞争的MAC协议。其优点主要包括:节点仅在有数据需要发送时才访问信道;可以支持不同长度的数据报文;协议仅受网络密度变化影响,受网络拓扑结构变化影响较小等。其缺点主要包括:存在隐藏节点和暴露节点问题;在节点密度较高的网络中存在数据传输冲突率高、延迟无上限以及节点访问信道公平性无法保证等问题。

基于竞争避免式的媒体访问控制MAC协议。主要是基于时分多址(TDMA)的协议,TDMA协议将时间划分为时间帧,并将时间帧继续细分为固定数目的时隙。对于在相互通信范围内的节点以及不在通信范围内但有相同一跳邻居节点的节点,为其分配不同的时隙,可以有效防止数据传输冲突的发生。与 CSMA/CA 机制相比,TDMA 机制能够保证节点对信道平等访问的权限,具有较高的可靠性和较低的数据冲突率,并且能够在较高的网络负载下提供良好的网络性能。VANET 中基于 TDMA 的 MAC 协议又可以分为基于中心的、基于簇的和完全分布式的三类。

混合式 MAC 协议。在 VANET 的安全类应用中,车辆必须对周围的交通状态进行感知,实时了解周边车辆的运动态势和交通事件,预防可能出现的危险情况。为了保证安全类数据报文在网络中传输的可靠性,部分协议将 TDMA 机制和 CSMA/CA 机制结合起来,通过 TDMA 的方式进行安全类报文的广播,通过 CSMA/CA 机制进行管理类报文的交互,形成一类混合机制 MAC 协议。

(2)路由协议

VANET 的路由协议通常采用多跳的方式进行数据传输,因为单个车辆的通信范围有限,仅能覆盖几百米到 1 km 的距离。因此,每个车辆节点不仅是一个收发器,同时也是一个路由器,通过多跳将数据转发给更远的车辆。这种多跳特性使得 VANET 能够实现超视距通信,并且在没有基础设施支持的情况下也能维持有效的信息传递。另外,VANET 的路由协议还需要考虑以下几个方面。

实时性:由于交通事故和紧急情况的发生具有突发性和紧迫性,路由协议必须能够快速响应并及时传递重要信息。

安全性:车辆之间的通信容易受到干扰和窃听,因此路由协议需要具备强大的安全机制来保护数据传输的安全。

动态性:车辆在道路上行驶时会不断变化位置,因此路由协议需要能够适应这种动态变化,确保数据能够准确无误地传递到目的地。

现有提出的适用于 VANET 的协议主要包括以下三种:分布哈西表(distributed hash table,DHT)协议,利用分布式哈希表进行路由选择,具有较好的扩展性和容错能力;按需距离向量(Ad Hoc On-demand distance vector,AODV)协议,是基于距离向量的按需路由协议,当需要发送数据时才进行路由计算和维护,减少了资源消耗;动态源路由(dynamic source routing,DSR)协议,是一种预设路径的路由协议,每个数据包都包含完整的路由信息,适用于静态或半动态环境。

随着智能交通系统的发展,VANET 的路由协议也在不断进化和改进,以更好地满足实际应用需求,为智能交通系统的发展、自动驾驶技术的推动、5G 和物联网技术的应用等提供了重要支撑。

1.4.2　飞行自组织网络

FANET[6-9]是 MANET 或 VANET 的扩展,其网络示意图如图 1-7 所示。其不仅能够提供安全可靠、抗毁性强的网络通信能力,而且组网架构内的各个无人机均能够进行指控指令以及相关信息数据的采集和传输,能够支持多无人机构成大规模集群完成协同任务等。FANET 无须基础设施支持,具有灵活的动态组网结构,故障容错率较高,覆盖范围广泛,能够通过协同运行提高工作效率,满足日益复杂的任务需求。

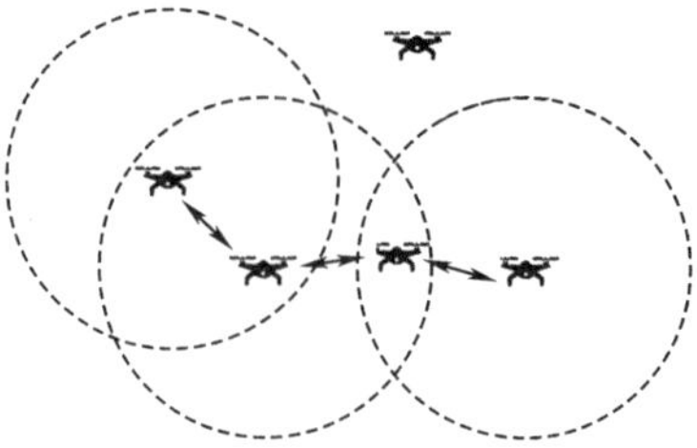

图 1-7　FANET 示意图

在该网络中,无人机可作为任务节点或中继节点使用。当无人机作为任务节点时,在地面控制站或其他无人机的控制下执行任务。当无人机作为中继节点时,根据网络的路由策略和路由表参与路由维护和报文转发。多架无人机通过 FANET 技术一起工作来感知任务环境,该技术在多架无人机之间共享信息。无人机还可以在视距通信被阻断时完成大范围区域监测任务,进一步降低了无人机群系统对个体的依赖。即使单个无人机离开或加入系统,整个蜂群系统仍具有一定的完整性,可以继续执行任务。

1. 网络特点

FANET 虽然是 MANET 和 VANET 的扩展,但是依然有区别于 MANET 的自身特点。

(1)移动性强

FANET 的节点是在空中自由飞行的无人机,有最高 460 km/h 的飞行速度,而 MANET 和 VANTE 的节点一般是在地面移动的行人或者汽车,速度相对较小。无人机位置的快速变化和无人机之间距离的变化,会使链路生成或消失,无人机之间的通信链路波动剧烈,极不稳定。其次,频繁的拓扑变化会增加数据包丢失、路由开销和通信延迟。

(2)动态性高

由于具有较高的移动性,FANET 的拓扑变化通常十分剧烈,具有很强的动态性,静态的通信协议通常难以高效发挥作用。FANET 中有着完全自主的无人机,无人机的路径并没有被提前定义。因此,航行路径的改变、快速而急剧的无人机运动、不同无人机的编队都会影响运动模型。并且由于无人机的高机动度,决定无人机准确的位置很难。因此,本地数据需要在短时间内进行更新。

(3)连接需求高

FANET 由于部署在空中,通常缺乏被良好覆盖的基站或者路边单元,因此无人机之间的连接需求高,否则会有失联的风险。

(4)链路长

无人机节点在空中分散分布,无人机之间的距离较远,可能跨越数千米,节点密度低,无人机之间的距离通常要大于 MANET 和 VANTE,为了建立无人机之间的通信链路,通信距离也必须大。这种现象会影响无线链路、硬件电路和物理层的行为。

(5)节点差别大

FANET 网通常会部署不一样的传感器,执行不同的任务,例如摄像、采集和农业生产等。这不同于 MANET 和 VANTE 单一的节点功能,因此 FANET 可能会有多层次的网络需求。

由于 FANET 的特殊性,决定了其面临的挑战。

(1)低时延需求

时延性是网络设计中的重要考虑因素之一,FANET 是面向任务的网络，实时 FANET 应用和无人机间的碰撞避免均要求数据包在一定延迟范围内被传送。其时延性的要求取决于无人机应用场景,但大部分应用都要求尽量低的传输时延,如搜救工作、灾害监测等。

(2)拓扑变化频繁

无人机节点的高速移动会造成无人机节点间的相对位置发生剧烈变化,导致链路中断和频繁入网与退网,改变网络拓扑结构。因此,FANET 需要能够适应频繁变化的网络拓扑的方法,即一个鲁棒且灵活的控制方案,用以维护整个网络并保持其整体的组织性,确保节点能合理选择链路并传输数据。

(3)能量约束

FANET 中不同大小的无人机节点续航能力从十几分钟到数天不等,因此设计 MAC 协议还需要考虑能量约束,应尽量提高节点信号发送的有效性,减少数据碰撞或其他问题导致的重传,从而避免由过多发送造成的能量浪费。

(4)QoS 保证

不同类型的数据对传输要求不同,FANET 在通信过程中往往需要传输两类信息:安全控制类信息和用户业务类信息。其中,安全控制类信息包括无人机的移动速度、位置等信息,以避免无人机之间发生碰撞等冲突,因此对于时延以及可靠性有着较高的要求;用户业务类信息包括图像、视频等资源,尤其需要优先保障视频资源的传输,因此比较看重 FANET 网络吞吐量和信道利用率。FANET 针对不同的信息传输存在不同的应用需求。

2. 协议设计

FANET 相比于其他无线自组网系统的高动态及多变性,在协议设计方面集中在上层专用通信协议的研究上,主要基于 MAC 层的协议设计与优化。在 Ad Hoc 网络中,多个用户共享信道资源,在同一时间有多个无人机尝试接入信道时会产生数据包的冲突问题,严重影响通信质量和性能。为此,需要设计出用于控制节点对信道资源的使用,保证各个节点在利用共享信道资源的公平性、高效性,减少发生冲突次数的 MAC 协议。

现阶段,无人机根据不同信道的接入方法主要分为三大类,即基于竞争的 MAC 协议、基于非竞争的 MAC 协议(基于调度协议类型的 MAC 协议)和混合式 MAC 协议。

(1)基于竞争的 MAC 协议

采用随机竞争这种方式的 MAC 协议会导致在传输时产生碰撞概率很高的问题,这会使得在传输过程中,传输的成功率以及对信道的利用率会随着流量的增加而下降,因此往往会选择以 IEEE 802.11 为基础的 MAC 协议,如 PPMAC、LODMAC。

(2)基于非竞争的 MAC 协议

基于非竞争的 MAC 协议主要可以分为基于轮替节点接入和基于固定节点接入两类,通过对节点网络调度资源的预先规划来确保每个节点的实时通信调度需求。由于系统使用了冲突避免的预规划处理方式,在网络系统负载较重时依然能够保证一定的数据吞吐量和高速时延处理性能,但是却无法满足高优先级突发事件业务的高速实时数据传送业务需求,如 UD-MAC、DAB-MAC。

(3)混合式 MAC 协议

基于竞争的 MAC 协议采用的是多个节点对信道竞争实现接入。其优点是实现过程简单,组网过程十分灵活,具有可扩展性,并符合 FANET 去中心化的需求;缺点是容易发生数据碰撞,影响性能表现。基于调度的 MAC 协议采用的是为节点预先规划信道资源,并结合合理的调度策略实现节点无冲突的信道接入,但该协议资源开销较大,且往往需要中心控制对信道资源进行分配,不符合 FANET 平面结构的需求。出于平衡两类协议的需要,混合式 MAC 协议通常是将基于竞争的 MAC 协议与基于非竞争的 MAC 协议进行结合,期望能够综合两种协议的优势。

1.4.3 无线局域网

无线局域网[10]是无线通信的一个重要领域,支持小范围、低速的游牧移动通信。IEEE 802.11、IEEE 802.11a/802.11b 以及 IEEE 802.11g 等标准相继出台,为无线局域网提供了完整的解决方案和标准。随着需求的增长和技术的发展,无线局域网的移动性逐渐增强,已在解决人口密集区的移动数据传输问题上显现出优势,成为移动通信的一个重要组成部分。广义上的无线局域网是指,凡是通过无线介质在一个区域范围内连接信息设备共同构成的网络,都可以称为无线局域网。由于无线局域网协议中的 EIEE 802.n 系列协议大有一统无线局域网协议标准之势,因此从狭义上讲,无线局域网一般指的是遵循 IEEE 802.n 系列协议的无线局域网技术的网络。

1. 网络特点

与有线网络相比,无线局域网具有以下优点:

(1)无线局域网省去了大量的布线工作,只要安装一个或多个无线访问点(access ponit,AP)就可以覆盖整个局域网络,而且便于管理和维护。

(2)在有线网络中,网络设备的安放位置受网络信息点位置的限制。而在无线局域网中,各节点可随意移动,不受地理位置的限制。现在的 AP 可覆盖 10~100 m,只要在无线信号的范围内,均可以接入网络。

(3)无线局域网有多种配置方式,每个 AP 可以支持 100 多个用户的接入,只需要在现有的无线局域网上增加 AP,就可以使无线局域网从只有几个用户的小型局域网扩展到有上千用户的大型网络,使网络非常易于扩展,而且能提供像“漫游”(roaming)等有线网络无法提供的特性。

无线局域网与有线网络的主要区别在于,无线传输信道和可移动终端采用无线传输介质,为特殊应用环境下的组网和计算机移动通信提供了方便。但是,信道的开放特性和终端的可移动性也使无线局域网组网技术面临若干问题,主要包括以下几个方面。

(1)干扰问题

信号传播的开放性使无线局域网系统容易受到来自周围环境的各种干扰。这些干扰会造成传输中的误码或阻塞数据的发送,使系统中的误码率和延迟增加,可靠性降低。

(2)安全问题

开放的传输介质使无线网络不具备有线的物理封闭性,在网络覆盖范围内,只要使用兼容设备便可能接入网络,接收网上信息,因此,无线网络容易遭受非法用户侵入,网上信息容易被窃听。

(3)站点隐藏问题

无线网络的动态拓扑结构无法保证网络的全连接性(full connectivity),网络内的某些站点因彼此之间的距离超出信号的传播范围而接收不到对方的信号。即某些站点彼此隐藏,隐藏站点可能造成信号冲突,干扰数据接收。

(4)电源管理问题

无线移动设备在许多应用环境下只能靠电池供电,而电池的供电量是有限的。

这些问题的存在影响着数据传输的有效性、可靠性和安全性,必须从网络结构、信号传输和控制机制等多方面采取相应措施,保证无线局域网的网络性能。

2. 协议设计

在 MAC 协议方面,IEEE 802.11 定义了两种 MAC 功能:分布式配置功能(distributed coordination function,DCF)和单点协调功能(point coordination function,PCF)。DCF 是无线局域网的基本 MAC 协议,也是 Ad Hoc 网络配置的唯一接入方法。DCF 是一种竞争接入技术,接入用户要通过竞争获得传输信道。DCF 基于基本的因特网 MAC 协议,即 CSMA/CA。不使用 CSMA/CD 是因为检测冲突不像有线局域网中那么容易,有可能涉及隐藏站点的问题。PCF 是可选项,自组织网络中没有 PCF 子层,PCF 使用集中控制的接入算法,用类似探询的方式将发送数据的权利轮流交给各个站点,从而避免产生碰撞,PCF 一般适用于对时间敏感的业务,如分组话音等。

1.4.4　无线传感器网络

无线传感器网络[11]是一个由大量廉价的传感器节点组成的自组织网络。无线传感器网络的任务是利用传感器节点来监测周围环境,收集相关数据,然后采用无线收发装置将数据通过多跳路由的方式发送给汇聚节点,再通过汇聚节点传送至数据中心,从而实现对目标点和目标区域的监测。它是一种全新的信息获取平台,可以用于获取温度、湿度、压力、噪声等环境信息,并且能够将这些信息实时发送到数据中心。WSN 技术首先被用于国防和军事领域,并且已经渗透到生产生活的各个领域,在环境监测、海洋保护与探测、城市管控和基础设施、工业控制、灾害预警、安防工程、智能家居、医疗服务以及公共场所的安全监测等诸多领域有着广泛应用。

由于传感器节点受到自身能量负载、计算能力、无线通信范围等条件的约束,无论 WSN 使用确定性部署还是随机部署方式来构建,都可能由于传感器的能量耗尽、硬件物理故障,或者外部环境变化、目标移动、障碍物遮挡和恶意攻击等原因而出现局部节点失效或者网络拓扑结构改变,从而导致被监测区域中出现无法被感知的监测盲区或不能及时有效地跟踪目标等情况,从而产生“覆盖空洞”问题。此外,不恰当的网络节点部署方案或节点失效,也会影响网络的连通性和数据采集信息的完整性。

对于传统网络的构建,通常主要考虑提升服务质量和提高网络带宽的利用率,而 WSN 则更加注重如何更为有效地利用节点自身有限的能量资源,以延长网络的生存期作为首要的设计目标。此外,还要解决如何最大限度地提高网络覆盖率的问题,如何在网络部署过程中消除通信和监测盲区解决空洞覆盖问题,以及如何动态移动、调度或适时增补新的传感器节点以实现网络结构的优化或再部署,WSNs 需要进行不断的动态调整来适应监测环境的变化,通过重构等方式来确保目标监测和信息获取等任务的顺利完成。在 WSN 的相关应用中,面临的亟待解决的热点问题主要包括两个层面:一方面是在传感器节点硬件物理元件层面围绕传感器技术、低功耗芯片和无线通信等技术展开研究;另一方面通过路由优化、拓扑控制、部署重构等技术在网络层面进行通信协议的改进以及算法设计方面的优化。

1. 网络特点

WSN 的主要特点如下。

(1)节点规模大

由于 WSN 受到各种外部恶劣环境易变性影响和无线传感器节点能量有限性的制约,在实际应用中通常会通过在待监测区域内密集地撒播数量众多的无线传感器节点的方式,以便传感器网络能够完整、准确、实时地获取监测区域内发生的事件信息,不仅提升监测质量,增大覆盖面积,还能降低对单个节点监测效果的依赖。

(2)动态自组织

WSN 中的传感器节点必须具备自组织和自配置能力,在无须任何预置的网络基础设施和外界行为干预的情况下,由节点自发地依据分布式网络通信协议和网络拓扑控制机制协调各个节点自动地构建网络,通过节点间相互通信共享自身的位置信息,从而快速组成具有一定自适应性、稳定性和鲁棒性的动态独立监测网络。

(3)资源能力有限

传感器自身的结构特点决定其各方面性能都非常受限。同时,WSN 通信速率和带宽资源有限,无法支撑复杂数据处理和远距离通信。此外,网络通信还经常受到地理环境和天气等外部因素的干扰,WSN 很难保持通信链路的稳定。因此,适用于无线传感器网络的软件设计所匹配的各层协议都应该尽量保持简洁,以避免不必要的计算、存储和通信资源的占用,而且无线通信距离增大会导致节点能量消耗也相应增大,因此节点之间应保持适当的通信距离,避免节点能量损耗过快,以便延长整个网络的生存期。WSN 中节点的通信半径通常控制在 100 m 以内。如何更好地分配和利用节点资源,提高网络节点的能量利用率已经成为当前 WSN 研究的重要问题之一。

(4)多跳路由通信

无线传感器节点依靠内部通信模块完成消息的接收和发送,但是由于节点发射功率有限,节点的通信距离和感知范围都是有限的,网络内部节点进行直接通信的范围仅限于与其相邻的节点。无线传感器节点必须通过多跳的方式,利用中继节点转发,才能够与位于监测区域内且处于其射频范围之外的其他传感器节点进行无线通信,这就需要依据路由算法选择若干合适的中间节点,协同建立传输路径来实现数据信息的转发。

(5)以数据为中心

与互联网方式下依赖 IP 地址完成资源标识和寻址的方式不同,WSNs 没有固定的中心节点,而是以监测区域内感知到的监测对象发生的事件信息为中心,节点对监测到的事件信息进行简单的数据融合等处理后,以消息的方式发送给相关节点实现信息共享。

(6)应用相关性

各类 WSN 应用系统的开发通常与其自身的应用背景、应用需求、监控目标、硬件系统、软件平台和网络协议等因素密切相关,不同应用领域 WSNs 系统的适用场景和需求特征差异很大,监测任务的物理量特征各异,网络部署的节点所配置的功能特性也不尽相同。因此,WSN 系统开发的过程要充分考虑和依据系统实际应用需求的特点,才能构建出实用、高效的网络系统。

2. 协议设计

WSN 是一种特殊的 Ad Hoc 网络,其中子层对该网络性能的影响十分巨大,节点电池的寿命、整个网络的服务质量以及信道的利用率直接受到 MAC 协议好坏的影响。WSN 中的 MAC 协议,不仅要使共享信道的多个节点公平地接入信道和无冲突地传输帧,还要在提高 MAC 协议可扩展性的同时,重点考虑节省节点的电池能量。

对于无线传感器网络来说,能量约束通常被认为是最重要的,因此许多 MAC 协议专门针对传感器网络的特性进行定制。避免冲突的多路访问(multiple access with collision avoidance,MACAW)和 IEEE 802.11 等协议消除了无线网络中数据包碰撞造成的能量浪费。此外,对这些协议[如 PAMAS(power aware multi-access protocol with signaling)]进行了增强,以避免节点不必要地接收非预期目的地的数据包。然而,研究表明,空闲功耗可以与收发功耗顺序相同,如果是这样,会对整体功耗产生很大影响,特别是在通信率相对较低的网络中。因此,大多数用于传感器网络的 MAC 协议的重点是通过尽可能频繁地将传感器设置为睡眠状态来减少这种空闲功耗。

S-MAC(sensor-mac)是首批为传感器网络设计的 MAC 协议之一。S-MAC 背后的基本原理是非常简单的,节点创建一个睡眠时间为自己决定什么时候激活接收器,使自己进入睡眠模式。S-MAC 还包含了一种消息传递机制,在这种机制中,长数据包被分解成片段,并在初始的请求发送/清除发送协议(request to send/clear to send,RTS/CTS)交换之后依次发送和确认。除了避免长时间的重传外,碎片化还有助于解决隐藏的节点问题,因为碎片化的数据包和确认字符(acknowledgements,ACKs)可以实现服务于 RTS 和 CTS 包的目的,这些包用于在传输过程中醒来的节点,它们错过了最初的 RTS/CTS 交换。

在各种网络中,最类似 WSN 的网络是 MANET,二者都是无线自组织多跳网络,但是两者也有很大的不同:例如 WSN 节点的计算、通信、存储能力相较 MANET 来说更加有限;WSN 节点通常不移动或很少移动,但是 MANET 的节点移动性强;WSN 节点因能量耗尽而易于失效;WSN 节点通信高能耗,数据计算低能耗,而这种差异在 MANET 中并不重要,等等。WSN 的这些特征导致众多传统固定网络与 MANET 的路由协议不能有效地应用于 WSN 中。

WSN 可应用于从小型静态网络到大型动态网络的多种场合,需要分布式算法来确定整个网络的组织、链路状况和路由。目前,路由协议可分为两大类:先验式路由协议和反应式路由协议。前者称为表驱动路由协议,该协议时延较小但开销大;后者称为按需路由协议,在该协议中,移动节点发送数据包,当找不到到达目的地的路径时,才会为了获得相应的路由而开始发起路由请求。这种路由协议频宽的使用量小,并且移动节点消耗能量小。

WSN 路由协议按照网络结构的不同分为平面路由协议和分层路由协议。

(1)平面路由协议

经典的平面路由协议包括泛洪(flooding)、闲聊(gossiping)、定向扩散(DD)、谣传(rumor)和多路径路由等。

(2)分层路由协议

分层路由协议将网络节点划分为多个分组,每个分组包含了簇头和成员节点。所有簇头组成高一层的网络结构,用于收集成员节点数据,并将数据通过簇间转发传输到汇聚节点。与平面路由协议相比,分层路由协议具有扩展性好、能量效率高和无线信道利用率高的优势,适合大规模 WSN 应用场景。

随着微机电系统(micro-electro-mechanical system,MEMS)的发展与无线网络技术的深入研究及应用,WSN 正以一种新的模式——物联网(internet of things,IoT),影响着人们的生活。

1.4.5 物联网

物联网[12-13]是指通过信息传感设备,如射频识别(RFID)、红外感应器、全球定位系统(GPS)、激光扫描器等装置与技术,实时采集任何需要监控、连接、互动的物体或过程,采集其声、光、热、电、力学、化学、生物、位置等各种需要的信息,按约定的协议,将任何物体与网络相连接,物体通过信息传播媒介进行信息交换和通信,以实现智能化识别、定位、跟踪、监管等功能。物联网的基本特征可概括为整体感知、可靠传输和智能处理,具体如下。

(1)整体感知

通过各种信息传感设备,如射频识别技术、红外感应器、全球定位系统、激光扫描器等,将物理世界中的物体与互联网连接起来,实现智能化识别、定位、跟踪和管理。将实时采集的大量数据,通过网络传输到云端或服务器进行实时分析和处理。

(2)可靠传输

通过互联网、无线网络的融合,将物体的信息实时、准确地传送。物联网系统需要确保数据传输的安全性和系统的可靠性。这通常通过加密通信、安全认证机制以及边缘计算等方式来实现。

(3)智能处理

使用各种智能技术对数据进行分析处理,实现监测与控制的智能化。物联网不仅涉及传感技术和通信技术,还结合了云计算、大数据、人工智能等先进技术,以提升整体解决方案的效率和智能化水平。

物联网发展面临的挑战如下。

(1)安全性与隐私保护

物联网设备通常需要收集和传输大量数据,这些数据可能包含敏感信息或个人隐私。因此,保护这些数据免受未经授权的访问、泄露和恶意攻击是物联网面临的主要挑战之一。大多数传统的网络安全保护工具都集中在网络和云上。端点和空中(OTA)漏洞经常被忽略。尽管在许多应用中使用了诸如蓝牙和 WLAN 之类的成熟技术,但为解决 OTA 漏洞所做的工作很少。这些无线协议的复杂性转化为设备无线电实现中潜在的未知陷阱,使黑客能够访问或控制设备。且由于物联网设备数量庞大且类型多样,统一的安全标准和防护体系尚未完全建立,这使得安全问题更加复杂。

(2)技术标准的统一与协调

传统互联网的标准并不适用于物联网。物联网感知层的数据多源异构,不同的设备有不同的接口和不同的技术标准;网络层、应用层也由于使用的网络类型不同、行业的应用方向不同而存在不同的网络协议和体系结构。建立统一的物联网体系架构、统一的技术标准是物联网正在面对的难题。

(3)技术挑战

物联网基础设施的庞大规模带来了巨大的技术挑战。随着连接设备的数量呈指数级增长,有效管理和维护这些设备使资源变得密集。物联网的可扩展性可以满足对互联设备不断增长的需求,这是可持续物联网部署的关键考虑因素。物联网设备会生成大量数据,有效处理这些数据是一个挑战。收集、存储、处理和分析不同来源的海量数据集需要复杂的数据管理解决方案,而有效的数据管理对于提取有价值的见解和做出明智的决策至关重要。另外,在自动驾驶汽车和工业自动化等实时应用中,可靠性和低延迟至关重要;确保物联网设备与云或中央服务器之间的一致连接和最小延迟对于网络平稳高效地运营至关重要。

(4)成本问题

部分物联网技术尚未成熟,且初期投入成本较高,限制了其广泛应用。例如,实现 RFID 技术最基本的电子标签及读卡器,其成本一直无法达到企业的预期,性价比不高;传感网络是一种多跳自组织网络,极易遭到环境因素或人为因素的破坏,若要保证网络通畅,并能实时安全传送可靠信息则需要较高的网络维护成本

1.5 本书架构

针对无线通信网络信道开放易被攻击、网络拓扑动态变换以及通信业务和服务多样等特点,本书从"可靠传输、动态接入和高效服务"三个模块展开论述,对无线通信网络的基本原理、关键技术和仿真实践进行了全面系统的分析和阐述,涵盖了无线通信网络在这三个研究方向上的最新进展。本书内容架构如图 1-8 所示。

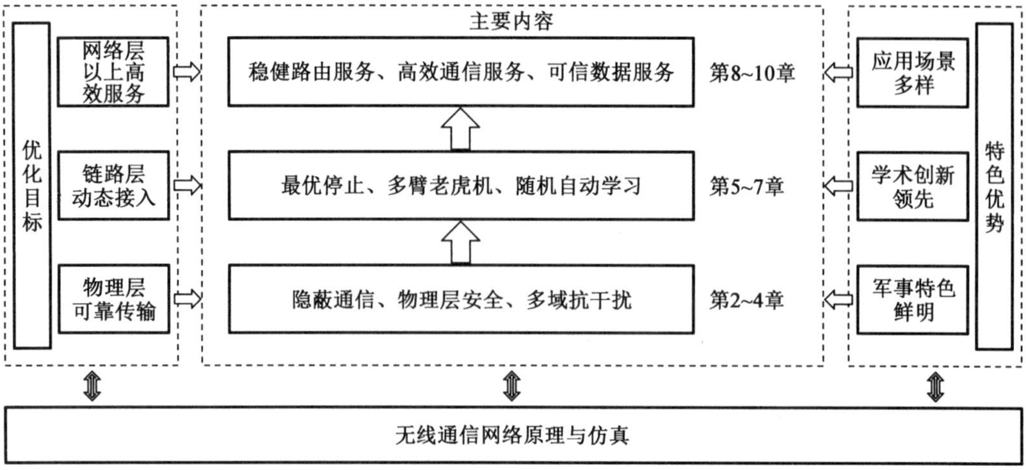

图 1-8　本书内容架构图

全书共分为 10 章。第 1 章为无线通信网络概述，简要阐述了无线通信网络的发展背景、基本特点、关键技术和典型应用。第 2~4 章从无线通信网络物理层上的可靠传输入手，分别从隐蔽通信、物理层安全以及多域抗干扰等方面展开研究，探索了复杂恶劣电磁环境下数据可靠传输的方法和机制。第 5~7 章从无线通信网络接入层上的动态频谱接入出发，分别围绕电磁环境动态变化、用户需求多样以及网络拓扑不明等问题，以最优停止、多臂老虎机和随机自动学习等学习方法为手段，深入分析解决动态接入的可行技术途径。其中，第 5 章主要探索动态频谱接入过程中的信道探测代价和收益的折中问题；第 6 章着重研究统计信息未知和信道非平稳条件下的接入问题；第 7 章重点关注动态未知条件下的多用户接入问题。第 8~10 章从无线通信网络的稳健路由服务、高效通信服务以及可信数据服务等方面，通过稳健路由协议设计、无人机赋能高效服务和基于区块链的可信数据服务满足用户多样的服务需求。图 1-9 所示为动态频谱接入主要决策方法对比。

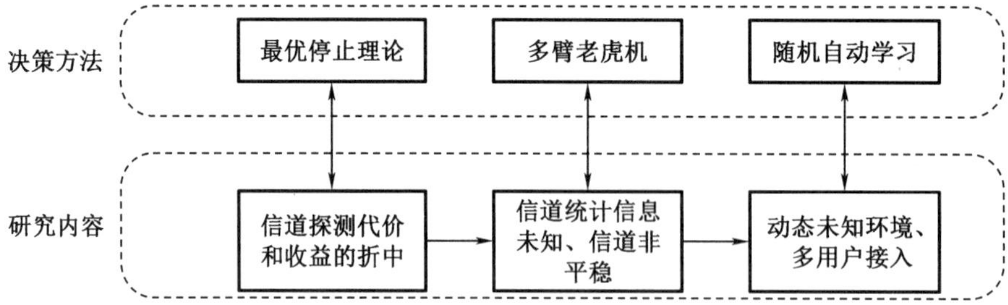

图 1-9　动态频谱接入主要决策方法对比

1.6 小　　结

本章从无线通信网的发展历程入手,将其区分为有基础设施和无基础设施两类。首先分析了其相对应的体系架构、网络特点与关键技术;然后以车载自组织网络、飞行自组织网络、无线局域网、无线传感器网络为例对典型应用进行了分析。

思考与探究

1. 试分析 FANET 的军事应用场景,并阐述其技术发展的趋势。
2. 举例说明物联网与 VANET 在 MAC 协议设计上的差异。

参 考 文 献

[1]　蔡跃明,吴启晖,田华,等. 现代移动通信[M]. 北京:机械工业出版社,2023.

[2]　YOU X,WANG C,HUANG J, et al. Towards 6G wireless communication networks:vision, enabling technologies, and new paradigm shifts [J]. Science China (Information Sciences), 2021, 64(1): 5-78.

[3]　方旭明. 移动 Ad Hoc 网络研究与发展现状[J]. 数据通信,2003(4):15-18,23.

[4]　常促宇,向勇,史美林. 车载自组网的现状与发展[J]. 通信学报,2007,28(11):116-126.

[5]　李树静. 车联网中基于 TDMA 的 MAC 层协议研究[D]. 长春:吉林大学,2020.

[6]　MALHOTRA A,KAUR S . A comprehensive review on recent advancements in routing protocols for flying Ad Hoc networks [J/OL]. Transactions on Emerging Telecommunications Technologies, 2019. http://doi.org/10.1002/ett.3688.

[7]　张珉,董超,杨朋,等. 无人机自组网路由协议研究综述[J]. 数据采集与处理,2022,37(5):952-970.

[8]　黄巍,陈俊良,李犹海. 无人机自组网技术综述与发展展望[J]. 电讯技术,2022,62(1):138-146.

[9]　牟星霖. 无人机自组网中自适应 MAC 协议研究[D]. 南京:东南大学,2022.

[10]　科尔曼,韦斯科特. 无线局域网权威指南 CWNA 认证教程:网络技术[M]. 5 版. 蒋楠,译. 北京:清华大学出版社,2021.

[11]　李琦,韦道知,王希,等. 面向多目标探测的无线传感器网络资源调度方法[J]. 西安交通大学学报,2023,57(12):179-189.

[12] ASHRAF Q M, TAHIR M, HABAEBI M H, et al. Toward autonomic internet of things: recent advances, evaluation criteria, and future research directions[J]. IEEE Internet of Thing Journal, 2023, 10(16): 14725-14748.

[13] 高泽华,孙文生. 物联网:体系结构、协议标准与无线通信[M]. 北京:清华大学出版社,2020.

第2章　无线隐蔽通信

在无线通信安全技术中,无线隐蔽通信技术因其能够隐藏通信节点传输行为,从而保证了高安全等级的传输。考虑到未来通信对抗场景中对手侦察能力增强,甚至具备“发现即摧毁”的察打一体能力,因此保证我方节点通信的隐蔽性至关重要。本章首先介绍了无线隐蔽通信的研究现状,然后从利用外界电磁信号掩护传输和主动创造掩体信号两个角度,利用概率统计、凸优化、最优停止等方法,对问题进行求解,实现场景适配的高效隐蔽传输,有效提升了数据安全传输能力。

2.1　引　　言

2.1.1　产生背景

无线通信安全传输的需求催生了无线隐蔽通信的出现和发展。无线隐蔽通信的最早应用形式是隐写术[1],即将私密信息隐藏在公开信息之中传输,接收方从接收的信号中恢复私密信息。然而,隐写术工作在应用层,并且实现的前提是要有公开信息的存在且私密信息在接收过程中不出现错误,这些特点限制了隐写术的进一步应用。扩频通信作为无线隐蔽通信的另一种形式,在实践中得到了广泛应用[2-3]。扩频通信工作在物理层,通过将频谱展宽、降低信号的发送功率,使得检测者难以发现信息发送方的存在。尽管扩频通信在实际中得到了广泛应用,但其理论性能极限还未见报道,这对指导系统参数设计,提升系统性能是一个极大的障碍。因此,无线物理层安全的理论极限成为研究人员关注的一个重点问题。

为了研究无线隐蔽通信的性能极限,研究人员首先将考虑的无线隐蔽通信基本问题建模为一个囚徒通信问题(图 2-1)。监狱中的囚徒在监守者的监视下需要传输机密信息给监狱外的接收机,监守者并不关心囚徒的通信内容,但监守者如果检测到囚徒的通信行为就会收走无线通信设备,则无线传输失败。从监守者角度,他需要检测囚徒是否在进行无线信息传输,其本质为一个二元假设检验问题[4]。该二元假设检验的零假设 H_0 表示囚徒保持静默,备择假设 H_1 表示囚徒进行无线信息传输。在 H_0 情况下,监守者的接收信号含有来自环境的干扰信号和背景噪声。在 H_1 情况下,监守者的接收信号会在 H_0 情况下接收信号的基础上,增加囚徒信息传输所产生的信号。令 D_0 和 D_1 分别表示监守者做出 H_0 和 H_1 的判决。基于一定判决准则,监守者将在以下两种情况下出现错误判决:

(1)当 H_0 为真,监守者做出判决 D_1,即虚警。

(2)当 H_1 为真,监守者做出判决 D_0,即漏检。

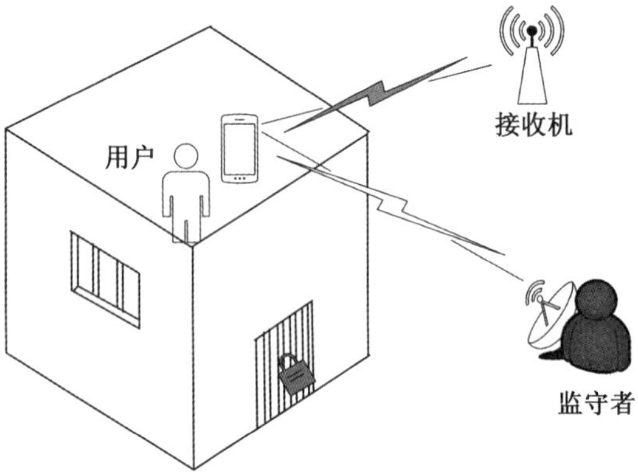

图 2-1　无线隐蔽通信基本问题示意图

监守者的错判概率(包含虚警概率和漏检概率)可被视为囚徒通信的隐蔽概率。该指标是隐蔽通信中用于评价通信隐蔽性的重要指标。

2013 年,Bash 等开创性地结合假设检验理论和信息论揭示了隐蔽通信的基础限制,即平方根准则[4]。具体来说,平方根准则是指在加性高斯白噪声(AWGN)信道和通信双方有足够长密钥的情况下,发送机可以与接收机在当且仅当发送机采用不超过 $O(\sigma_w^2\sqrt{n})$ 的符号传输功率时,实现可靠隐蔽通信。其中,n 表示信道使用次数,即在一个时隙中传输的符号数;σ_w^2 为监测者处的白噪声方差;O 表示渐近上界符号。一个信道使用为传递一个符号需要的时频资源块。因此,在 n 次信道使用下,至多有 $O(\sqrt{n})$ 比特信息可以被有效且隐蔽地传输。平方根准则给出了在给定信道使用次数下,收发双方能以任意小的被检测者发现概率的最大信息比特数。虽然 Bash 等在文献[4]中没有给出具体的隐蔽通信实现方法,但从理论框架上给出了隐蔽通信的性能极限。以此为标志,新一轮隐蔽通信研究的热潮拉开大幕,古老的隐蔽通信又焕发出新活力[5]。

从 Bash 等给出的平方根准则中可以看出,当信道使用次数接近无穷大时,$O(\sqrt{n})/n$ 趋近于 0,即平均每次信道使用传输的信息为 0 bit。为了提升隐蔽传输速率,许多研究者开始借助特定方法来实现与 n 无关的常速率隐蔽通信(即在 n 次信道使用下能隐蔽地传输 $O(n)$ 比特信息)。实现常速率隐蔽通信的主要方法是利用系统固有或者人为产生的各种不确定性,这些不确定性的存在使得监守者的检测性能急剧恶化,从而通信方可以实现常速率的隐蔽通信。

2.1.2　技术分类

实现正隐蔽传输速率的核心是需要在监守者处创造不确定性,使监守者分不清当前发送方是否在发送信号。根据实现正隐蔽传输速率方法的不同,可以将当前物理层隐蔽通信技术划分为以下两个大类,如图 2-2 所示。

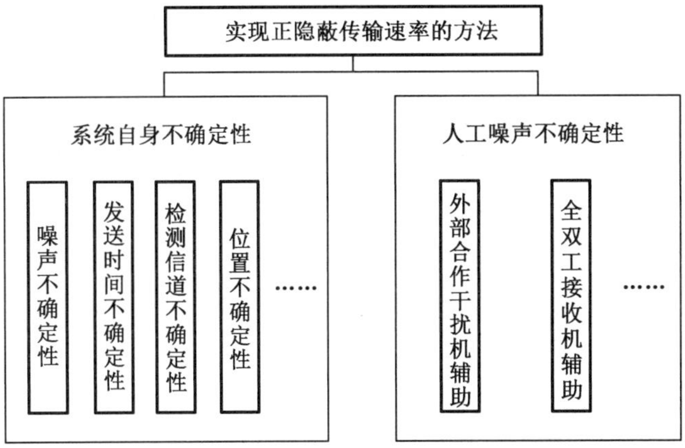

图 2-2　实现正隐蔽传输速率的方法分类

1. 系统自身不确定性

基于系统自身不确定性的无线隐蔽通信利用监守者对系统的某些参数（基底噪声、信道、信息传输时间等）不完全已知的特点，研究系统传输性能并优化系统参数，以最大化隐蔽传输速率或者传输隐蔽性。

（1）噪声不确定性

文献[6]研究了基于噪声不确定性无线隐蔽通信的"信噪比墙效应"。当监守者对自身基底噪声存在不确定性时，只要发送方的发送功率小于某一特定值，那么无论监守者采集多少个观测样本点都无法降低检测错误概率。在 AWGN 信道、瑞利衰落信道和 MIMO 信道条件下，作者分别给出了最大隐蔽传输速率，结果表明，在信道使用次数趋于无穷大时，可以实现常速率隐蔽通信。文献[7]研究了噪声不确定性在监守者检错概率统计意义上的影响，其研究动机是之前大多数噪声不确定性隐蔽通信文献考虑的都是最坏情况下监守者的错判概率，这对发送方的性能评估是不公平的。文献[8]的作者研究了基于噪声分布的监守者平均错判概率，并给出了在平均错判概率约束下最大的隐蔽传输速率。文献[8]的研究结果表明，当监守者未知自己基底噪声的统计特性，那么通信方可以在 n 次信道使用内隐蔽地传输 $O(n)$ 比特信息，该结果也证实了常速率隐蔽传输在监守者未知基底噪声统计特性时是可以实现的。文献[9]考虑有限块长（每个时隙传输符号个数有限）场景下监守者对自身噪声的不确定性，将监守者和发送方建模为一对博弈参与者，监守者未知发送方的发送功率且发送方未知监守者的检测门限。在给定功率和检测门限的通信速率和检错概率分析的基础上，作者分析了该博弈的纳什均衡点，证明了该纳什均衡点是发送方和监守者的最优策略。

（2）发送时间不确定性

在通信系统中，通信双方选择在某些特定的时间发送信息，而发送信息的时机通常只有收发双方清楚而监守者未知，因此监守者为了发现信息传输行为，必须时刻保持侦听。文献[10]考虑有限块长场景的经典三节点模型，发送方依某一概率在每次信道使用上传输符号。由于不知道具体在哪个信道使用上有信息传输，监守者只能通过两种假设下的 $K-L$ 距离来衡量自己的监错概率。分析结果表明，尽管发送方随机选择信道使用发送信息，但监守者收到的信号满足独立同分布条件,同时减小每次信道使用中选择发送符号的概率可以降低接收端的误码概率且增强传输的隐蔽性。文献[11]考虑时间敏感无线包传输网络,数据包到达模型为泊松到达过程,为了达到迷惑监守者的效果,发送方随机选择一个时隙发送数据包。综合考虑信息新鲜度指标和隐蔽性要求,该文献提出了随机子时隙选择和随机信道使用选择两种机制,分析结果表明,数据包符号长度会同时影响信息新鲜度和传输隐蔽性。基于此,该文献联合优化发送功率和数据包符号长度以最小化数据包信息年龄,结果表明,当隐蔽性约束比较严格时,随机信道使用方案性能比随机子时隙选择方案更优。

(3)检测信道不确定性

在发送方给接收方传输信息之前,发送方会向接收方发送导频信号以进行信道估计,在此过程中监守者也可以接收到来自发送方的信号,因此可以认为监守者知道从发送方到监守者的瞬时信道状态信息[12]。然而在实际的监听过程中,由于不存在从监守者到发送方的握手过程,因此监守者不可避免地对检测信道存在信道不确定性,这就为设计隐蔽性策略提供了可能[13-14]。文献[13]考虑了隐蔽通信中信道估计和传输信息的能量和时隙分配问题,使用的时隙越多,信道估计得越准,接收端的接收信噪比会越大,但是会减少信息传输时隙的个数,使用时隙过少或者能量过大,会让监守者更容易发现信息传输行为,因此需要研究最优的信道估计功率和时隙分配。文献[14]表明,导频发送功率和信息发送功率一致时能达到最好的隐蔽效果,增加信道估计的时间比例能够提升通信隐蔽性。另一种信道不确定性的场景是利用某一公开传输的信道来掩护私密信息的传输。文献[15]考虑下行非正交多址接入场景下利用公开信息传输隐蔽通信行为问题。当没有私密信息发送时,信道上公开用户信息;当有私密信息传输时,发送方会将公开信息和私密信息叠加编码并采用 NOMA 体制传输。由于隐蔽传输功率通常较小,因此发送方会给公开用户分配更多能量。由于监守者只知道从发送方到自身的部分信道状态信息,因此会产生错判。该文献尝试优化用户功率分配和发送端的发射功率以最大化隐蔽吞吐量,并给出了高信噪比条件下吞吐量的值。文献[16]考虑经典的三节点模型,其中发送方是空中的无人机,接收方和监守者均部署在地面。监守者和接收方均对无人机的位置存在不确定性,由于视距信道的存在,位置不确定性最终体现为信道不确定性,将会给无人机评估检错概率时提供一个下界。该文献联合优化无人机的轨迹和发送功率以最大化传输中断概率和隐蔽性约束下的传输速率。

(4)位置不确定性

在许多无线隐蔽通信文献中,研究人员一般考虑最坏情况下能实现的通信性能,以此为系统设计提供一个性能下界。但在实际情况中监守者可能并不具备如此强的检测能力。在许多场景中,监守者对发送方的位置并不会完全已知,例如通信方会认为人为建立一个安全区域,监守者侦察信号无法抵达,因此监守者只能确定发送在一个区域内而对其精确位置无法确定。与此同时,发送方在衡量自身被发现的概率时,由于监守者躲在暗处,因此发送方对监守者的位置也是不确定的。

2. 人工噪声不确定性

人工噪声辅助的无线隐蔽通信通过人为产生噪声干扰,使监守者产生误判,从而实现隐蔽传输。文献[19]在经典的三节点模型的基础上考虑存在一个额外的干扰机，此干扰机可以发送人工噪声信号干扰监守者的判断。理论结果表明，干扰机的存在可以实现常速率隐蔽通信，作者采用似然比检测和随机排序的方法证明在 AWGN 和慢衰落信道条件下，监守者采用能量检测的方法能够最小化错判概率，而在快衰落信道条件下，能量检测并不是监守者的最优选择。基于此文献中给出的最优检测条件，许多基于能量检测的干扰机辅助隐蔽通信文献开始出现，并得出了一系列的结果。

文献[20]考虑一个具有认知能力的干扰机，在每个时隙发送干扰之前会先感知发送方是否在发送信号，如果在发送信号就保持静默，否则就发送人工噪声信号。这样，从监守者的角度看来，信道上一直有信号在发送，从而无法分清发的是噪声还是信号。然而，干扰机的感知不准确，在感知错误时会出现人工噪声和有用信号共存的情况。作者分析了信息发送和不发送时监守者接收到信号的距离来评价检测性能，并给出了隐蔽性约束下最大的信息发送功率。结果表明，干扰机的不完美感知限制了隐蔽吞吐量的进一步提升。文献[21]考虑一个能量受限的干扰机，每个传输时隙被划分成能量收集阶段和信息传输阶段，在信息传输阶段干扰机采集接收方发送信号中的无线能量，然后在信息传输阶段发送人工噪声信号。

以上人工噪声辅助隐蔽通信系统模型都是干扰机与收发双方分离，但是从简化系统设计的角度来看，由于只需隐藏信息发送方，我们可以把人工干扰和接收功能集成到接收机上，在实现隐蔽通信的同时减少设备数量。这一思想最先在文献[22]中出现，文中考虑接收方配备了收发两根天线，在接收信息的同时发送人工噪声迷惑监守者。为了实现迷惑效果，接收方发送的噪声功率时变且服从均匀分布。该文献分析了该系统性能，给出了确定隐蔽性约束下系统隐蔽吞吐量最大时的噪声功率变化范围。文献[14]在文献[22]的基础上，考虑隐蔽性这一优化目标，结果表明，在最大化系统隐蔽性中先验等概地发送信息并不一定是最优的。

全双工接收机辅助隐蔽通信模型因实现简单也被许多文献采用。文献[23]考虑非连续瑞利衰落场景下的全双工接收机辅助隐蔽通信，结果表明，在快衰落和慢衰落信道条件下，该方法均可实现常速率隐蔽通信，并且变功率的人工噪声能实现更好的隐蔽效果，而恒功率的人工噪声能量效率更高。文献[18]把这一模型扩展到毫米波多天线场景中，作者考虑同时发送单数据流和多数据流两种情况，在单数据流的情况下联合优化模拟波束赋形、信息发送功率和干扰信号波束赋形，而在多数据流情况下得到检测错误概率的下界，并设计惩罚解构方法来寻找最优发送信号预编码矩阵和干扰波束赋形。

除了以上分类方法外，目前文献中还同时存在多种不确定性共存的情况，但是基本模型仍然可以归为以上四种模型中的一种。在以上这些类型中，一方面噪声不确定性（包括检测者本身噪声和人工噪声）和信道不确定性在文献中出现最多，是许多文献的基本模型；另一方面，无线隐蔽通信场景正在向超宽带通信[24]、多干扰机[25-27]、多中继[28]、媒体访问控制层[29]、大规模节点[30]等场景拓展，新的问题和挑战有待研究者们解决。

2.2 外界电磁信号供能的隐蔽通信

本节在利用外界电磁信号为隐蔽节点供能的同时将其充当掩体信号掩护隐蔽传输，针对节点只能被动反射电磁信号和主动采集射频信号能量两种情况，分析了系统隐蔽传输性能，优化了隐蔽传输参数设置。

2.2.1 面向环境反向散射的隐蔽传输

1. 系统模型

如图 2-3 所示，标签通过反射来自载波发射机的射频信号来向接收机传输隐蔽信息，而检测者通过检测来自标签的信号来判断标签是否在向接收机发送信息。受限于反向散射设备的硬件能力，标签采用二进制幅度调制(2ASK，也称 OOK)方式传输信息。当标签向接收机发送信息且发送比特"1"时，标签会反射射频信号；当标签不发送信息或者发送比特"0"时，标签不反射射频信号。在载波发射机信号和标签调制方式的迷惑下，检测者无法确定标签是否在发送信息。对信息收发双方而言，标签和接收机在传输之前约定好了信息发送时机。考虑反向散射系统中标签一般离接收机较近，假设标签到接收机的信道主要是视距链路；考虑检测者的强威胁性，假设检测者离标签较近且标签到检测者的信道也是视距信道。载波发射机可以离标签较远，因此考虑载波发射机到其他 3 个节点的信道为瑞利信道。载波发射机到标签、隐蔽接收方和检测者的无线信道分别用 h_{ct}、h_{cr} 和 h_{cw} 表示，从标签到检测者和隐蔽接收方的信道分别用 h_{tw} 和 h_{tr} 表示。信道增益均值表示为$1/\lambda_{pq}=d_{pq}^{-\alpha}$，其中 $pq\in\{ct,cr,cw\}$，d 表示节点之间的距离，α 为信道衰落系数。标签的无源特性导致其通信范围较小，因此假设从标签到隐蔽接收方的信道主要以视距信道为主，其信道增益可以表示为$|h_{tr}|^2=d_{tr}^{-\alpha}$。

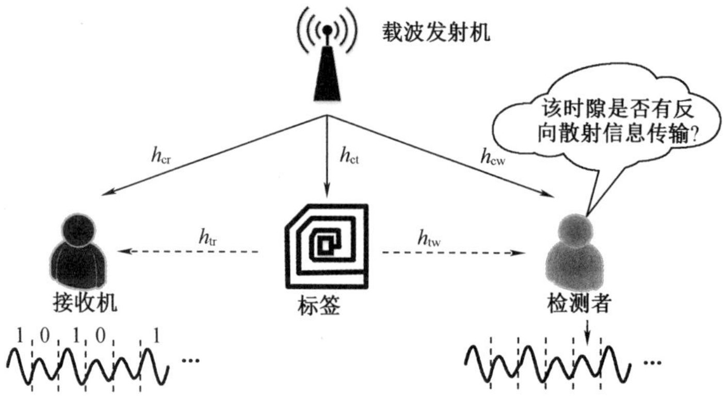

图 2-3 基于幅度调制的反向散射传输系统模型

考虑在标签传输的二进制信息流中，比特"0"和"1"所占比例相同，检测者采用能量检测的方式进行判决。

如果标签在当前时隙传输信息，用$\mathcal{U}_1$表示标签传输比特“1”这一事件，用$\mathcal{U}_0$表示标签传输比特“0”这一事件，在上述模型中，检测者采用功率检测的方法判断是否有隐蔽信号传输，其接收功率可以表示为

$$T_{\mathrm{w}}=\begin{cases}\eta P_{\mathrm{c}}|h_{\mathrm{ct}}|^2|h_{\mathrm{tw}}|^2+P_{\mathrm{c}}|h_{\mathrm{cw}}|^2+\sigma_{\mathrm{w}}^2 & \mathcal{H}_1\cap\mathcal{U}_1\\ P_{\mathrm{c}}|h_{\mathrm{cw}}|^2+\sigma_{\mathrm{w}}^2 & \text{其他}\end{cases}\tag{2-1}$$

式中，η表示标签的反射系数；P_{c}表示载波发射机的发射功率；$\mathcal{H}_1\cap\mathcal{U}_1$表示标签传输了隐蔽消息；且传输的消息比特是“1”；σ_{w}^2表示检测者的加性高斯白噪声方差。

由于检测者仅通过接收功率来判断是否有隐蔽信号传输，无法根据当前接收能量值判断标签是否反射了消息，因此会产生错误判决。其最小错判概率可推导如下：

$$\xi^*=\begin{cases}1-p & p\geqslant\dfrac{2}{3}\\ p-\dfrac{p}{2}\exp\left(-\dfrac{2-3p}{p}\right) & p<\dfrac{2}{3},\lambda_0=\lambda_{\mathrm{cw}}\\ p & p<\lambda_1,\lambda_0>\lambda_{\mathrm{cw}}\\ p-\dfrac{p\lambda_{\mathrm{cw}}\Phi_1-\lambda_2\Phi_2}{2(\lambda_{\mathrm{cw}}-\lambda_0)} & \text{其他}\end{cases}\tag{2-2}$$

式中，p为标签发送信息的先验概率；$\lambda_0=\dfrac{\lambda_{\mathrm{ct}}}{\eta|h_{\mathrm{tw}}|^2}$；$\lambda_1=\dfrac{2(\lambda_0-\lambda_{\mathrm{cw}})}{4\lambda_0-3\lambda_{\mathrm{cw}}}$；$\lambda_2=(2-3p)\lambda_{\mathrm{cw}}+(4p-2)\lambda_0$；$\Phi_1=\exp\left[-\dfrac{\lambda_0}{\lambda_0-\lambda_{\mathrm{cw}}}\ln\left(p\dfrac{\lambda_0}{\lambda_2}\right)\right]$；$\Phi_2=\exp\left[-\dfrac{\lambda_{\mathrm{cw}}}{\lambda_0-\lambda_{\mathrm{cw}}}\ln\left(p\dfrac{\lambda_0}{\lambda_2}\right)\right]$。

对于标签而言，传输中断概率可以表示为

$$P_{\mathrm{out}}=\begin{cases}1-\dfrac{\lambda_{\mathrm{cr}}\Phi_3-(2\lambda_3-\lambda_{\mathrm{cr}})\Phi_{\mathrm{cr}}}{2(\lambda_{\mathrm{cr}}-\lambda_3)} & \lambda_{\mathrm{cr}}\neq\lambda_3\\ 1-\dfrac{2+\lambda_{\mathrm{cr}}\varphi_1}{2}\Phi_{\mathrm{cr}} & \lambda_{\mathrm{cr}}=\lambda_3\end{cases}\tag{2-3}$$

式中，$\lambda_3=\dfrac{\lambda_{\mathrm{ct}}}{\eta|h_{\mathrm{tr}}|^2}$；$\varphi_1=\dfrac{\rho_{\mathrm{t}}\sigma_r^2}{P_{\mathrm{c}}}$；$\Phi_{\mathrm{cr}}=\exp(-\lambda_{\mathrm{cr}}\varphi_1)$；$\Phi_3=\exp(-\lambda_3\varphi_1)$。

2. 先验信息发送概率和反射系数联合优化

此处建立了有效信息传输速率约束下的传输隐蔽性最大化问题，联合优化了标签的信息传输概率和反射系数。优化问题表示如下：

$$\begin{cases}\max\limits_{p,\eta}\xi^*\\ \text{s. t.}\quad \overline{R}\geqslant\tilde{r}\\ \qquad 0\leqslant p\leqslant 1\\ \qquad 0\leqslant\eta\leqslant 1\end{cases}\tag{2-4}$$

式中，ξ^*为检测的最小错判概率；$\overline{R}$为标签的有效传输速率；$\tilde{r}$为标签的最小传输速率限制。

记 $\theta=\dfrac{\lambda_0}{\lambda_{cw}}$，则最小错判概率关于 θ 的偏导数为

$$\frac{\partial\xi^*}{\partial\theta}=\frac{-1}{2(1-\theta)^2}\left[\left(1+\frac{2-3p}{\lambda_2(p,\theta)}+\frac{1}{1-\theta}\ln\frac{p\theta}{\lambda_2(p,\theta)}\right)p\Phi_1-\left(p+\frac{2-3p}{\theta}+\frac{\lambda_2(p,\eta)}{1-\theta}\ln\frac{p\theta}{\lambda_2(p,\eta)}\right)\Phi_2\right] \tag{2-5}$$

根据该偏导数的性质可知，不存在 θ 满足 $\dfrac{\partial\xi^*}{\partial\theta}=0$，因此优化问题的最优解必然在可行域的边界上，这样原二维优化问题可转化为一维问题，借助一维搜索即可得到最优解。

图 2-4 给出了不同载波发射机发射功率条件下所提方案和基准方案中的最大传输隐蔽性随有效传输吞吐量约束的变化情况，基准方案采用的调制方式是二进制相位调制(BPSK)。首先可以看出，当有效传输吞吐量限制较小时[小于 0.3 bit/(s · Hz)]，所提方案和基准方案能达到的隐蔽性能相同。随着吞吐量约束增大，所提方案和基准方案所能达到的最大传输隐蔽性均下降，这是由于传输吞吐量约束越大要求标签反射越频繁，越容易被检测者发现。在最大传输隐蔽性随吞吐量约束下降过程中，所提方案的最大传输隐蔽性先大于基准方案的最大传输隐蔽性，随后基准方案的最大传输隐蔽性超过了所提方案。这是因为所提方案相较于对比方案隐蔽性的提升是通过降低发送比特“0”时的信号能量实现的，以牺牲接收方平均信噪比为代价来换取隐蔽性的提升。当有效传输吞吐量约束较大时，所提方案的信息传输概率比基准方案的大，更容易暴露传输行为。根据不同吞吐量需求，可以根据仿真结果选取不同的方案使得传输隐蔽性最佳。

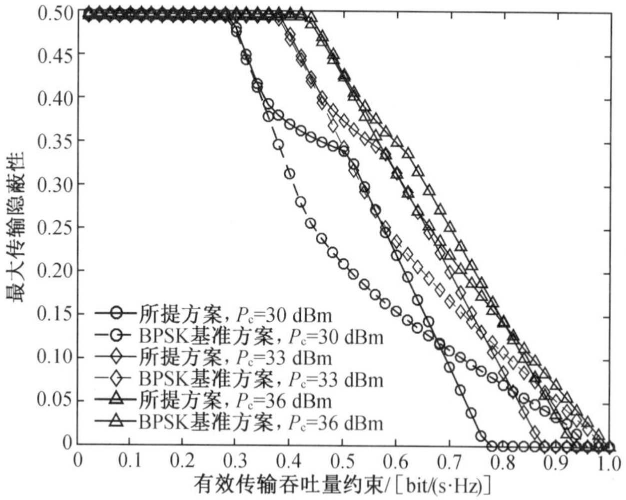

图 2-4　不同载波发射机发射功率条件下所提方案和基准方案中的最大传输隐蔽性能随有效传输吞吐量约束的变化情况

图 2-5 给出了不同载波发射机发射功率条件下标签最优信息发送概率和反射系数随有效传输吞吐量的变化情况。可以看出，当吞吐量限制较小时，最优的信息发送概率和发射系数分别接近 0.5 和 0。当吞吐量约束进一步增加时，为满足吞吐量约束，标签信息发送

概率和反射系数增强且最终均稳定在 1.0 附近。在上升过程中,载波发射机功率越大,对应的最优信息发送概率和反射系数均越小,这是因为能量站射频信号功率越大,信息接收端的信噪比越强,在相同的吞吐量约束下能够减小信息发送概率和反射系数以增强传输隐蔽性。最后可以看出,上升过程中反射系数的上升速度远快于信息发送概率的上升速度,因此反射系数对吞吐量的影响比信息发送概率对传输吞吐量的影响更为明显。

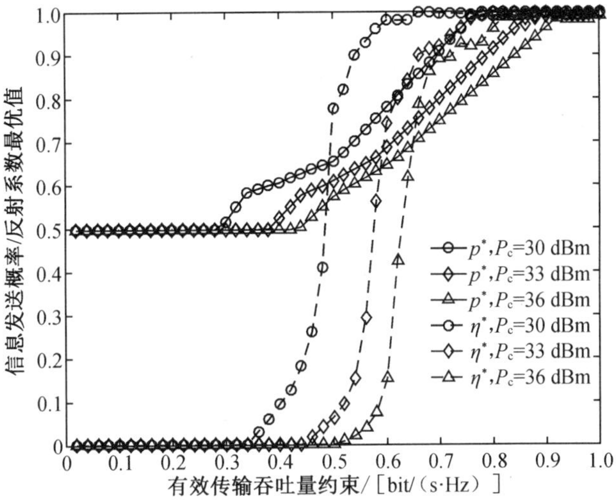

图 2-5　不同载波发射机发射功率条件下标签最优信息发送概率和反射系数随有效传输吞吐量的变化情况

2.2.2　面向无线能量存储的隐蔽传输

1. 系统模型

与上一小节不同,本小节考虑隐蔽用户可以利用多个时隙采集能量然后再传输。系统模型如图 2-6 所示。传感器节点依靠采集能量站射频信号的能量向接收机传输信息,网络中存在一个恶意检测者监视传感器是否发送了信息。网络中所有的无线信道均假设服从瑞利衰落,检测者采用能量检测的方式判断传感器是否传输了隐蔽信息。分别用 h_{bs}、h_{br} 和 h_{bw} 来表示从能量站到传感器、接收机和检测者的无线链路,从传感器到接收机和检测者的信道分别用 h_{sr} 和 h_{sw} 表示。假设该系统中所有无线信道均服从瑞利衰落,信道均值为 $1/\lambda_{pq}$,其中 $pq \in \{bs, br, bw, sr, sw\}$。

传统收集-发送(harvest-then-transmit,HTT)工作模式是将每个时隙策略分割为两部分,一部分用来采集能量,另一部分用来发送信息。针对 HTT 策略导致的节点收集能量较少,可能限制了隐蔽传输速率和传输较为频繁容易被检测者发现的特点,本小节研究了基于累积-发送(accumulate-then-transmit,ATT)策略的无线供能隐蔽传输。具体而言,传感器先利用一个或者多个时隙将自身电池充满,然后发送隐蔽信息,利用检测者对背景噪声和确切信息发送时隙的不确定性实现隐蔽传输。

在此隐蔽无线供能网络中采用 ATT 策略面临的主要挑战有:需要根据 ATT 策略的特性

建立新的隐蔽和传输性能分析框架,以评价无线功能网络的传输可靠性与有效性;需要选取合适的数学模型来准确描述传感器的充放电过程;需要优化能量站发射功率等系统参数以保证传输隐蔽性和可靠性的有效折中。

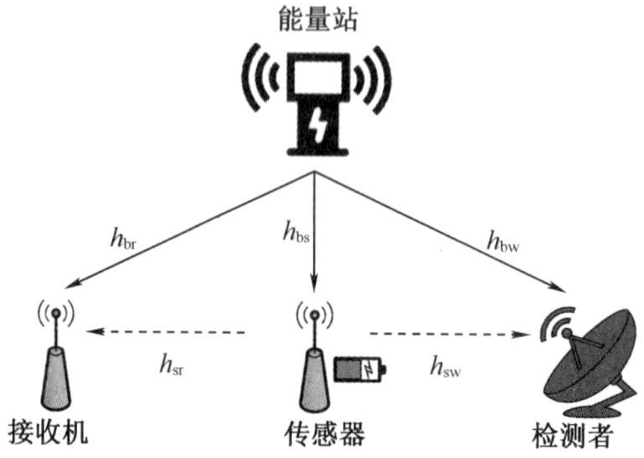

图 2-6　面向无线能量存储的隐蔽传输模型

为应对以上挑战,本小节首先将电池剩余电量 E_s 离散化,并将其定义为电池的状态。将时隙长度归一化,则传感器在释放能量发送信息时的功率 P_s 和电池容量 C 在数值上相等。此时传感器采集到的能量离散化后可以表示为

$$E_H = \left\lfloor \frac{E_s}{C/L} \right\rfloor \frac{C}{L} \tag{2-6}$$

式中,$E_s = \eta P_b |h_{bs}|^2$ 为传感器每个时隙采集到的连续能量值,$\eta \in (0,1)$,为传感器能量转化系数;$\lfloor \cdot \rfloor$表示向下取整符号;C 为电池容量;L 为电池电量非空时的离散状态数目。

随后利用 Markov 链模型来描述 ATT 机制中传感器节点充电和放电过程,根据充放电过程可以得到同电池状态之间的状态转移概率和状态转移矩阵。状态转移矩阵表示如下:

$$\boldsymbol{P} = \begin{bmatrix} 1-A_1 & A_1-A_2 & A_2-A_3 & \cdots & A_{L-1}-A_L & A_L \\ 0 & 1-A_1 & A_1-A_2 & \cdots & A_{L-2}-A_{L-1} & A_{L-1} \\ 0 & 0 & 1-A_1 & \cdots & A_{L-3}-A_{L-2} & A_{L-2} \\ \vdots & \vdots & \vdots & & \vdots & \vdots \\ 0 & 0 & 0 & \cdots & 1-A_1 & A_1 \\ 1 & 0 & 0 & \cdots & 0 & 0 \end{bmatrix} \tag{2-7}$$

式中,$A_i = \exp\left(-\lambda_{bs} \dfrac{iC}{\eta P_s L}\right)$,转移概率的计算主要基于能量站到传感器的信道增益。

本章传感器采用的策略是一旦传感器电池能量充满,就在下一时隙开始隐蔽传输,其信息发送概率和 Markov 链的稳态分布相关,获取稳态分布 π 须求解如下方程:

$$\begin{cases} \pi = \boldsymbol{P}^T \pi \\ \sum_i \pi_i = 1 \end{cases} \tag{2-8}$$

解得稳态分布为

$$\pi_i=\begin{cases}\dfrac{1-A_1}{A_1}\pi_L & i=1,2,\cdots,L-1\\ \dfrac{1}{A_1}\pi_L & i=0\end{cases}\tag{2-9}$$

式中，$\pi_L=\dfrac{A_1}{L-(L-2)A_1}$。

基于此，传感器的信息发送概率为

$$p=\lim_{L\to\infty}\pi_L=\frac{1}{C\lambda_{\mathrm{bs}}/(\eta P_{\mathrm{b}})+2}\tag{2-10}$$

在检测者检测性能方面，由于传感器未知检测者的信道信息，采用平均检查错误概率作为隐蔽性评价指标，表达式为

$$\overline{\xi^*}=p\left[1-\left(\frac{p}{1-p}\right)^{c_1}+\frac{c_1}{1+c_1}\left(\frac{p}{1-p}\right)^{2c_1}\right]\tag{2-11}$$

式中，$c_1=\dfrac{\varphi\lambda_{\mathrm{sw}}P_{\mathrm{b}}}{\lambda_{\mathrm{bw}}P_{\mathrm{s}}}$。详细的证明可见文献[31]。

2. 优化问题求解

考虑优化能量站发射功率以最大化隐蔽性约束下的系统传输吞吐量，优化问题如下：

$$\begin{cases}\max\limits_{P_{\mathrm{b}}}\ \overline{R_{\mathrm{c}}}\\ \text{s. t.}\quad \overline{\xi^*}\geqslant 0.5-\varepsilon\\ \qquad\quad P_{\mathrm{b}}\leqslant P_{\mathrm{b}}^{\max}\end{cases}\tag{2-12}$$

式中，$\overline{R_{\mathrm{c}}}$ 为有效隐蔽传输速率；$P_{\mathrm{b}}^{\max}$ 为能量站的最大发射功率。

由于 $\overline{\xi^*}$ 关于 P_{b} 的表达式较为复杂，因此结合 $\overline{R_{\mathrm{c}}}$ 随 P_{b} 的变化特性给出了一种低复杂度搜索方法以获得优化问题的最优解。

图 2-7 给出了不同能量转换效率条件下传感器的有效传输速率随能量站发射功率的变化情况。从图中可以看出，传感器的有效传输速率先随能量站发射功率上升而增加，而后随之减小，这说明能量站发射功率过大或者过小都不利于传感器有效传输速率的增加。同时，在传感器有效传输速率随能量站发射功率上升的过程中、相同能量站发射功率下，传感器能量转换效率越大，其有效传输速率越大。这是因为能量转换效率越大，传感器电池电量越容易充满，信息传输概率越大。然而，当能量站发射功率大于 30 dBm 时，传感器不同的能量转换效率几乎不影响其信息有效传输效率。这是因为此时传感器有效传输速率的主要影响因素来自能量站信号的互扰，信息发送概率对有效传输速率的影响较小。

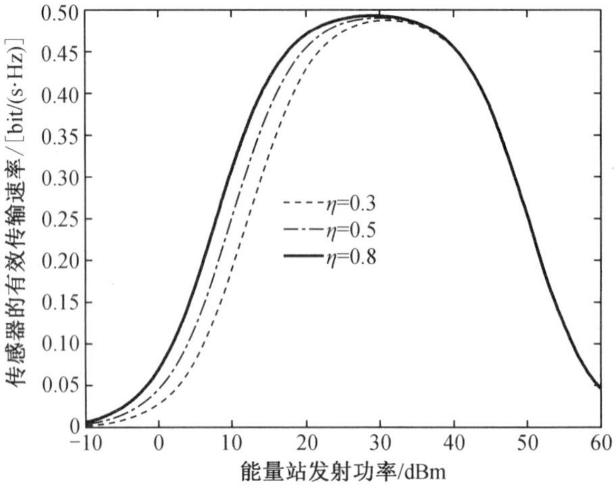

图 2-7　不同能量转换效率条件下传感器的有效传输速率随能量站发射功率的变化情况

图 2-8 给出了本小节考虑的 ATT 和 HTT 的对比方案所能实现的最大有效传输吞吐量随系统的最大可容忍暴露概率的变化曲线。首先可以看出,两种方案的最大传输吞吐量均先随系统最大可容忍暴露概率的增大而增加,然后趋于一个稳定值。这是因为系统最大可容忍暴露概率越小,表示系统隐蔽性约束越严格,所能达到的系统有效传输速率也越小。当可容忍暴露概率较大时,隐蔽性约束不再是限制吞吐量增大的主要因素。此时 ATT 方案中影响吞吐量的主要因素是干扰消除系数,可以看出此时干扰消除系数越大,所能实现的最大有效传输速率越小,这是因为干扰消除系数越大,接收端信噪比(SINR)越小,使得有效吞吐量降低。还可以观察到,相较于 HTT 对比方案,本小节所提的 ATT 方案能够在相同隐蔽性约束下实现更好的传输吞吐量。

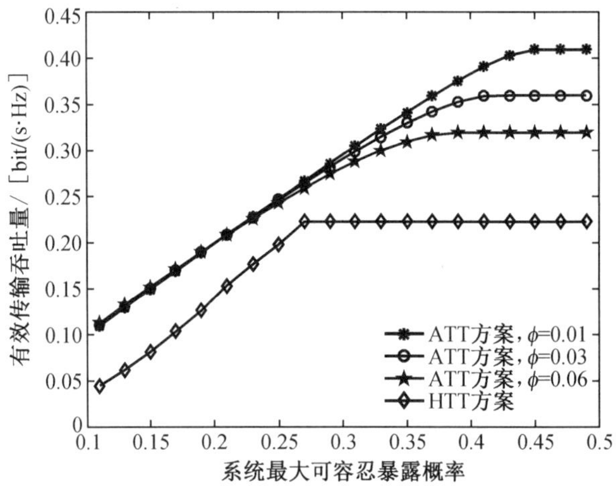

图 2-8　两种机制传输吞吐量对比

2.3　面向公开电磁信号掩护的多频段隐蔽传输

本节研究了先应式和反应式两种检测场景中的最优频段探索和隐蔽传输策略，先应式检测场景中检测者可以调节检测门限以最小化自身检测错误概率，接收功率最高的反应式检测者可以释放实时压制干扰信号。通过合理设计隐蔽传输策略，实现最优频段选择。

2.3.1　系统模型

考虑多频段隐蔽通信网络，如图 2-9(a)所示。系统中存在 M 对公开用户、M 个检测者和 1 对隐蔽用户，每对公开用户占据一个频段，频段之间相互正交。检测者是频段的管理者，每个检测者负责一个频段。对于公开用户而言，其为授权用户，检测者允许其接入频段；对于隐蔽用户而言，其为非授权用户，检测者不允许其接入频段。这一场景可在基于市场机制的动态频谱接入中见到，公开用户在向检测者缴纳一定费用后接入频段，而隐蔽用户未向检测者付费，因此检测者不允许其接入频段。为了实现隐蔽传输，隐蔽用户希望在公开用户的掩护下选择某一频段传输信息而不被检测者发现，此时系统频段使用情况如图 2-9(b)所示。为了发现隐蔽用户的传输，检测者可以工作在先应式和反应式两种工作模式。在先应式模式中，检测者调整自身检测门限以使检测错误概率最小化。在反应式模式中，接收能量最高的检测者会实时释放压制干扰。假设所有信道均为瑞利衰落信道，从公开用户到对应检测者的信道表示为 h_{pw}^{i}，其中上标 $i=1,\ 2,\ \cdots,\ M$ 表示频段序号。类似地，从隐蔽用户到对应检测者的信道表示为 h_{cw}^{i}，隐蔽发送方到接收方的信道表示为 h_{tr}^{i}，公开用户对隐蔽用户的互扰链路表示为 h_{pc}^{i}。不失一般性，考虑不同频段上瑞利信道是同构的[32]。瑞利信道的增益均值为 $1/\lambda_{pq}$，其中 $pq\in\{\mathrm{pw},\mathrm{cw},\mathrm{tr},\mathrm{pc}\}$，每个时隙的长度为 T。假设所有无线节点均配备单天线。在传输隐蔽信息之前，隐蔽用户需要在不同频段进行信道估计以接入增益较高的频段，同时避免被恶意检测者发现和攻击。在获取当前频段链路增益后，隐蔽用户需要决策是继续探索频段还是停止探索开始传输。在考虑同构信道的条件下，不妨假设隐蔽用户在每个时隙以频段编号递增的顺序估计信道。考虑到节点的单天线硬件限制，隐蔽用户每次只能探索一个频段。假设隐蔽用户探索一个频段所需的时间为 T_{s}，则隐蔽用户探索一个频段所花时间占整个时隙时间的比例为 $\tau=T_{\mathrm{s}}/T$。

对于先应式检测者而言，其未知自身背景噪声的方差，导致其无法准确判断在当前时隙是否有隐蔽信息发送。在此条件下，检测者 i 需要解决二元假设检验问题，其中原假设 $\mathcal{H}_0^i$ 为隐蔽用户没有在频段 i 上传输，备择假设 $\mathcal{H}_1^i$ 为隐蔽用户在频段 i 上传输。在两种假设下，检测者 i 接收到的信号可以表示为

$$y_{\mathrm{w}}^{i}(j)=\begin{cases}\sqrt{P_{\mathrm{c}}^{i}}\,h_{\mathrm{cw}}^{i}x_{\mathrm{t}}(j)+\sqrt{P_{1}}\,h_{\mathrm{pw}}^{i}x_{\mathrm{p}}^{i}(j)+n_{\mathrm{w}}^{i}(j) & \mathcal{H}_1^i\\ \sqrt{P_{1}}\,h_{\mathrm{pw}}^{i}x_{\mathrm{p}}^{i}(j)+n_{\mathrm{w}}^{i}(j) & \mathcal{H}_0^i\end{cases}\tag{2-13}$$

式中，$x_{\mathrm{t}}(j)$ 和 $x_{\mathrm{p}}(j)$ 分别为来自隐蔽发送方的信号和公开用户的信号，且满足 $\mathbb{E}[\,|x_{\mathrm{t}}(j)|^2\,]=$

$\mathbb{E}[|x_{\mathrm{p}}^{i}(j)|^{2}]=1$;$j=1,2,\cdots,N$ 为信道使用序号,其中 N 是一个时隙内信道使用次数;$n_{\mathrm{w}}^{i}(j)\sim(0,\sigma_{\mathrm{w}}^{2})$ 是检测者 i 处的白噪声信号。

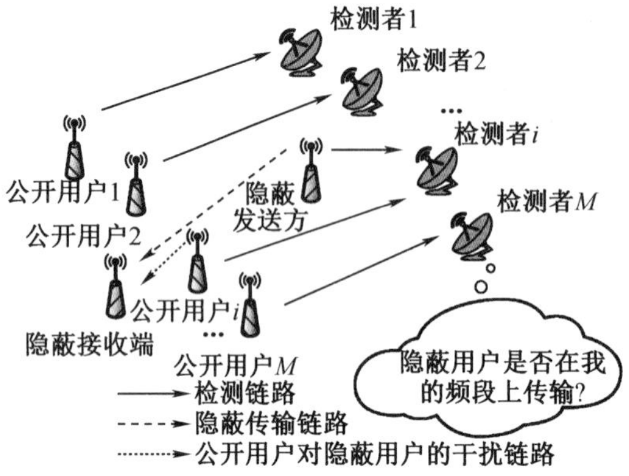

(a)系统模型图

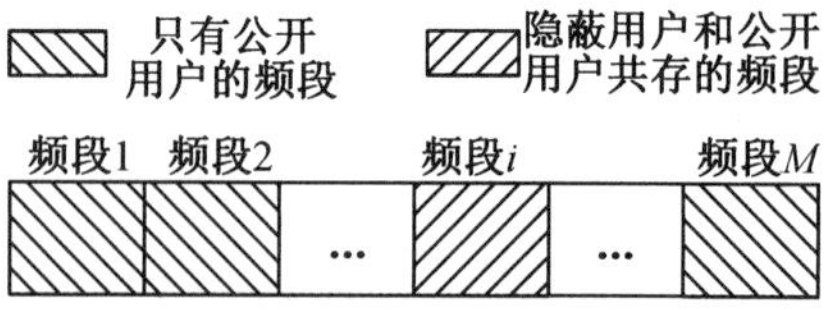

(b)系统频段使用情况

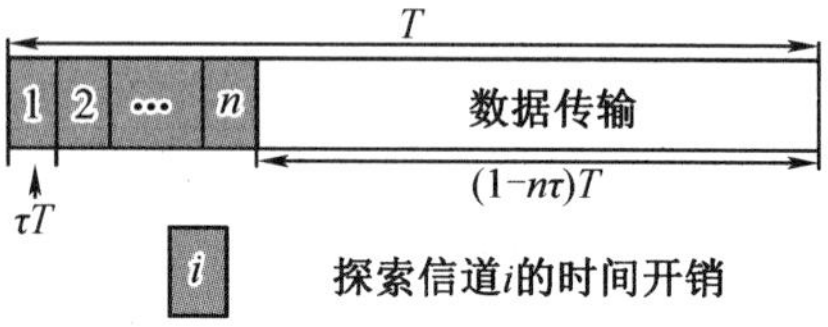

(c)隐蔽用户时隙结构

图 2-9　系统模型

考虑功率检测易于实现,假设检测者采用基于门限的功率检测方法,该检测规则表示如下:

$$T_{\mathrm{w}}^{i}\underset{\mathcal{D}_0^i}{\overset{\mathcal{D}_1^i}{\gtrless}}\eta_i \tag{2-14}$$

式中,T_{w}^{i} 为检测者 i 在该时隙内的平均接收功率;η_i 为检测者的检测门限。

考虑每个时隙内信道使用次数 N 足够大,T_{w}^{i} 的表达式为

$$T_{\mathrm{w}}^{i}=\begin{cases}P_{\mathrm{c}}^{i}|h_{\mathrm{cw}}^{i}|^{2}+P_1|h_{\mathrm{pw}}^{i}|^{2}+\sigma_{\mathrm{w}}^{2} & \mathcal{H}_1^i\\ P_1|h_{\mathrm{pw}}^{i}|^{2}+\sigma_{\mathrm{w}}^{2} & \mathcal{H}_0^i\end{cases} \tag{2-15}$$

求得虚警概率 P_{FA}^{i} 和 P_{MD}^{i} 漏检概率表达式分别为

$$P_{\mathrm{FA}}^{i}=\begin{cases}1 & \eta_i\leqslant\sigma_{\mathrm{w}}^{2}\\ \Phi_1 & \eta_i>\sigma_{\mathrm{w}}^{2}\end{cases} \tag{2-16}$$

$$P_{\mathrm{MD}}^{i}=\begin{cases}0 & \eta_i\leqslant\sigma_{\mathrm{w}}^{2}\\ 1-\dfrac{\lambda_2\Phi_1-\lambda_1\Phi_2}{\lambda_2-\lambda_1} & \eta_i>\sigma_{\mathrm{w}}^{2},\lambda_1\neq\lambda_2\\ 1-[1+\lambda_2(\eta_i-\sigma_{\mathrm{w}}^{2})]\Phi_2 & \eta_i>\sigma_{\mathrm{w}}^{2},\lambda_1=\lambda_2\end{cases} \tag{2-17}$$

式中,$\Phi_1=\exp[-\lambda_1(\eta_i-\sigma_{\mathrm{w}}^{2})]$;$\lambda_1=\lambda_{\mathrm{pw}}/P_1$;$\lambda_2=\lambda_{\mathrm{cw}}/P_{\mathrm{c}}^{i}$;$\Phi_2=\exp[-\lambda_2(\eta_i-\sigma_{\mathrm{w}}^{2})]$。

求得先应式检测者 i 的最优检测门限 η_i^{*} 和最小检测错误概率 ξ_i^{*} 分别为

$$\eta_i^{*}=\begin{cases}\sigma_{\mathrm{w}}^{2}+\varphi(\lambda_1,\lambda_2) & \lambda_1\neq\lambda_2\\ \sigma_{\mathrm{w}}^{2}+\dfrac{1}{\lambda_2} & \lambda_1=\lambda_2\end{cases} \tag{2-18}$$

$$\xi_i^* = \begin{cases} 1-\lambda_1 \dfrac{\exp[-\lambda_1\varphi(\lambda_1,\lambda_2)]-\exp[-\lambda_2\varphi(\lambda_1,\lambda_2)]}{\lambda_2-\lambda_1} & \lambda_1 \neq \lambda_2 \\ 1-\exp(-1) & \lambda_1 = \lambda_2 \end{cases} \tag{2-19}$$

式中，$\varphi(\lambda_1,\lambda_2)=\dfrac{\ln\lambda_1-\ln\lambda_2}{\lambda_1-\lambda_2}$。

反应式检测者的检测-攻击策略是，接收能量最高的检测者在其频段上释放压制干扰信号。从能量效率的角度出发，本书没有考虑全频段压制干扰策略。具体实现上，假设反应式检测者可以实时获取其接收信号的功率[33]，且所有反应式检测者均向融合中心（fusion center, FC）上报其实时接收功率，FC 获取所有检测者的接收功率后即可给接收功率最高的检测者下达释放压制干扰指令①。如果隐蔽用户所处频段上有压制干扰信号存在，那么其无法进行信道估计和信息传输。信道衰落的存在，使得检测者未接收到来自公开用户的信号功率，反应式检测者可能会干扰到只有公开用户存在的频段。此处采用隐蔽用户被干扰的概率来衡量反应式检测者的检测和干扰性能，其计算式如下：

$$\begin{aligned} \Pr_J^n &= \prod_{j=1,j\neq n}^{M} \Pr\{T_w^n > T_w^j \mid \mathcal{H}_1^n\} \\ &= \prod_{j=1,j\neq n}^{M} \Pr\{P_c|h_{cw}^n|^2 + P_1|h_{pw}^n|^2 > P_1|h_{pw}^j|^2\} \\ &\overset{(a)}{=} 1 + \sum_{i=1}^{M-1}(-1)^i \binom{M-1}{i} \frac{P_1\lambda_{cw}}{(i+1)(P_1\lambda_{pw}+iP_c\lambda_{cw})} \end{aligned} \tag{2-20}$$

图 2-10 为反应式检测者在一个时隙中释放干扰频段和在不同频段上接收功率的示意图。从图中可以看出，隐蔽用户在频段 2 和 3 上发送导频时被检测者干扰并最终在频段 4 上传输信息，在$[0,\tau]$和$[2\tau,4\tau]$时间段内检测者 3 的接收功率最高，而$[\tau,2\tau]$时间段内检测者 2 的接收功率最高。同时，隐蔽用户切换探索频段后，检测者在不同频段上的接收功率随之变化，释放干扰的频段也可能发生变化。

2.3.2　隐蔽传输策略设计

针对先应式检测者，隐蔽用户采用 CIPC 策略。具体来说，在信道估计时，由隐蔽接收端来发送导频，根据信道互易性，隐蔽发送端在接收到导频信号之后即可知道从自身到隐蔽接收端的信道增益。基于此隐蔽发送方可以调整自身发送功率以保证隐蔽接收端接收到来自发送端的信号功率为一固定值 Q，即隐蔽传输功率满足 $P_c^i=Q/|h_{tr}|^2$。相较于隐蔽发送方发送导频估计信道机制，CIPC 机制的优势是避免检测者通过隐蔽发送方发送的导频获取从隐蔽发送方到自身的瞬时信道增益，因此 CIPC 机制可以增加检测者对隐蔽传输信道的不确定性，有助于隐蔽吞吐量的提升。

① 此处我们假设反应式检测者和 FC 通过光缆连接，因此检测者和 FC 之间的通信时延可以忽略。

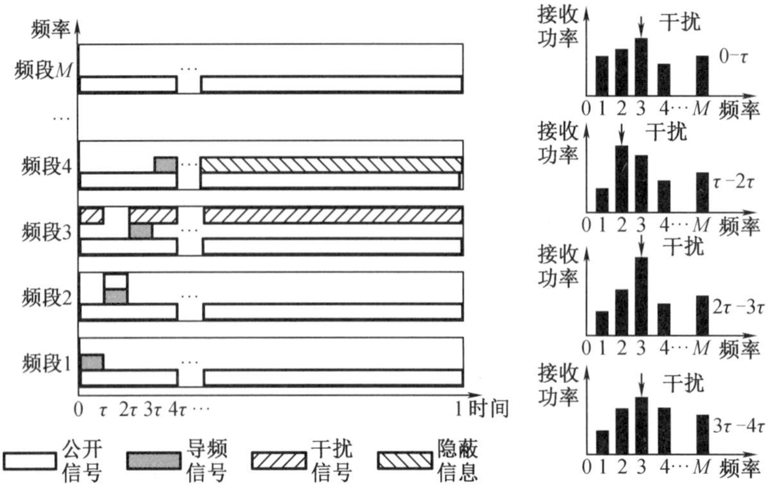

图 2-10　反应式检测者在一个时隙中释放干扰频段和在不同频段上接收功率示意图

在频段 i 上完成信道估计后，隐蔽用户可知其在该频段传输时的 SINR 表达式如下：

$$\gamma_i=\begin{cases}\dfrac{Q}{P_1|h_{\mathrm{pc}}^i|^2+\sigma_{\mathrm{r}}^2} & P_{\mathrm{c}}^i\leqslant P_{\max}\\ 0 & 其他\end{cases}\tag{2-21}$$

如果隐蔽用户在探索完 n 个频段后选择在已探索频段中 SINR 最大的频段开始隐蔽传输，其隐蔽吞吐量可以表示为

$$R_n(\gamma_n^{\max})=(1-n\tau)\ln(1+\gamma_n^{\max})\tag{2-22}$$

式中，$\gamma_n^{\max}=\max\{\gamma_i\}_{i=1}^n$，为在前 n 个频段中隐蔽用户的最大 SINR；R_n 的单位为 nat/(s · Hz)。

从式(2-22)中可以看出，当系统可用频段数目增加或者探索一个频段的时间比例增大，隐蔽用户继续探索的代价将增大，导致其更愿意探索更少频段并接入。

应对反应式检测者，导频信号由隐蔽发送方发送。尽管这会让检测者知道检测信道的瞬时状态信息，但隐蔽发送方可以通过来自接收方的反馈来判断接入当前频段传输是否会被检测者干扰。在具体实施层面，隐蔽发送方用相同的功率发送导频信号和信息信号，记该功率为 P_{c}。如果隐蔽发送方在信道估计过程中没有收到来自接收方的确认信号(acknowledge, ACK)，表明隐蔽发送方被干扰，即隐蔽用户所处频段的检测者的接收能量最强。由于信道增益在一个时隙内保持不变，如果隐蔽用户在当前频段上发送隐蔽信息，其必然还会被检测者干扰。反之，如果隐蔽发送方在信道估计阶段成功收到来自接收方的 ACK，则表明隐蔽用户在当前频段上传输隐蔽消息也不会被干扰。因此，隐蔽用户在频段 i 上通过信道估计得到的 SINR 值为

$$\gamma_i^{\mathrm{re}}=\begin{cases}\dfrac{P_{\mathrm{c}}|h_{\mathrm{tr}}|^2}{P_1|h_{\mathrm{pc}}^i|^2+\sigma_{\mathrm{r}}^2} & T_{\mathrm{w}}^i<\max\{T_{\mathrm{w}}^j\}_{j=1,j\neq i}^M\\ 0 & 其他\end{cases}\tag{2-23}$$

在反应式检测者场景中，隐蔽用户在探索完 n 个频段后选择 SINR 最大的频段开始隐蔽传输，其隐蔽吞吐量可以表示为

$$R_n^{\text{re}}(\gamma_{n,\max}^{\text{re}})=(1-n\tau)\ln(1+\gamma_{n,\max}^{\text{re}}) \tag{2-24}$$

2.3.3　优化问题建立与求解

隐蔽用户在探索频段的过程中,其每探索一个频段就会消耗一定时间资源,同时获取在当前频段传输的 SINR。隐蔽用户需要决策停止探测的时机,使其期望隐蔽吞吐量最大化。该频段探索-利用过程是一个序贯决策过程,可以用最优停止理论建模[37]求解。最优停止理论适用于选择合适时机对一可序贯观测的变量采取行动的一类问题。

最优停止问题主要有 2 个要素:

(1)一个离散的随机变量序列,每个随机变量的具体值在观测之前未知,但其联合分布是已知的。

(2)每次观测过后获得的奖励。

在本章中,隐蔽用户在 M 个频段上的 SINR 值 $\{\gamma_i\}_{i=1}^{M}$ 为待观测的随机变量序列,完成每次观测后的奖励为隐蔽吞吐量 $\{R_i(\gamma_i^{\max})\}_{i=1}^{M}$。本章中最优停止问题的目标是选择合适的时机停止观测,以最大化奖励的期望值。由于系统只有 M 个频段,因此隐蔽用户最多观测 M 次,即本章所考虑的问题为有限维度的最优停止问题。解决有限维度最优停止问题的常规手段是反向递推方法,即先假设隐蔽用户已经探索到了频段 $M-1$,此时用户只需根据已经观测到的序列决策是否继续探索频段 M。在已知隐蔽用户在频段 $M-1$ 的最优决策后再往回倒推一步到频段 $M-2$,获取在此频段的最优决策,进一步倒推到频段 $M-3$,直到倒推回第一个频段。

定义

$$V_n(\gamma_1,\gamma_2,\cdots,\gamma_n)=\max\{R_n(\gamma_n^{\max}),E_{\gamma_{n+1}}[V_{n+1}(\gamma_n^{\max},\gamma_{n+1})\mid\{\gamma_i\}_{i=1}^{n}]\} \tag{2-25}$$

为隐蔽用户从探索频段 n 开始所能获得的隐蔽吞吐量。探测完频段 n 获取该频段的 SINR 后,隐蔽用户计算停止探索接入频段所能获得的隐蔽吞吐量 $R_n(\gamma_n^{\max})$ 和继续探索频段然后接入的期望隐蔽吞吐量 $E_{\gamma_{n+1}}[V_{n+1}(\gamma_n^{\max},\gamma_{n+1})\mid\{\gamma_i\}_{i=1}^{n}]$。根据最优停止准则,如果在当前信道上停止探索的可达隐蔽吞吐量比继续探索然后接入的期望隐蔽吞吐量大,则停止探索并开始隐蔽传输,否则就继续探索然后继续比较。隐蔽用户在传输隐蔽信息之前探索的最优频段数目可表示为

$$N_{\text{opt}}=\min\{1\leqslant n\leqslant M:R_n(\gamma_{\max})\geqslant E_{\gamma_{n+1}}[V_{n+1}(\gamma_n^{\max},\gamma_{n+1})\mid\{\gamma_i\}_{i=1}^{n}]\} \tag{2-26}$$

尽管隐蔽用户传输之前最优的频段探索数目已如式(2-26)所示,但 $E_{\gamma_{n+1}}[V_{n+1}(\gamma_n^{\max},\gamma_{n+1})\mid\{\gamma_i\}_{i=1}^{n}]$ 的计算十分复杂,导致 N_{opt} 的具体值难以直接计算。计算 $E_{\gamma_{n+1}}[V_{n+1}(\gamma_n^{\max},\gamma_{n+1})\mid\{\gamma_i\}_{i=1}^{n}]$,隐蔽用户需要利用反向递推方法计算出序列 $\{E_{\gamma_{k+1}}[V_{k+1}\mid\{\gamma_i\}_{i=1}^{k}]\}_{k=n}^{M-1}$ 中的所有值,该计算涉及典型的动态规划问题,会产生巨大的计算复杂度,在实际计算过程中难以实现。因此,传统的反向递推方法难以用于本章最优停止问题,迫切需要低复杂度的频段探索规则。

为减少计算复杂度,本节基于一步向前展望(one stage look ahead, 1-SLA)准则。该准则又称为短视准则,且其在本问题中的最优性可以得到保证。在 1-SLA 准则下,隐蔽用户

传输之前的最优频段探测数目为

$$N_{1\text{-SLA}}=\min\{1\leqslant n\leqslant M:R_n(\gamma_n^{\max})\geqslant E_{\gamma_{n+1}}[U_{n+1}(\gamma_n^{\max},\gamma_{n+1})\mid\{\gamma_i\}_{i=1}^{n}]\} \tag{2-27}$$

经过计算,以上积分结果为

$$[1-(n+1)\tau]\{P_{\text{on}}[\exp(\lambda_{\text{pc}}\kappa_1)I_{\text{pc}}^n(\kappa_1)-\exp(\lambda_{\text{pc}}\kappa_2)I_{\text{pc}}^n(\kappa_2)+\ln(1+\frac{Q}{\sigma_{\text{r}}^2})]+(1-P_{\text{on}})\ln(1+\gamma_n^{\max})\} \tag{2-28}$$

从以上式子可以看出,1-SLA 准则给出的停止信道探测时机是,首次出现当前可达隐蔽吞吐量不小于探索下一频段然后传输的期望吞吐量。1-SLA 频段探索-利用算法见表 2-1。在算法执行过程中,用户每探索一个频段就会对比当前可达隐蔽吞吐量和继续探索下一频段然后接入的期望隐蔽吞吐量,一旦前者不小于后者,隐蔽用户就停止信道探索然后接入。

在反应式检测者场景中,隐蔽用户探索下一频段然后接入的期望吞吐量计算式如下:

$$\begin{aligned}E_{\gamma_{n+1}^{\text{re}}}[U_{n+1}^{\text{re}}\mid\{r_i^{\text{re}}\}_{i=1}^{n}]=[1-(n+1)\tau]\{&\Pr_J^{n+1}\ln(1+\gamma_{n,\max}^{\text{re}})+\\&(1-\Pr_J^{n+1})[\ln(1+\gamma_{n,\max}^{\text{re}})\int_0^{\gamma_{n,\max}^{\text{re}}}\mathrm{d}F_{\gamma_{n+1}^{\text{re}}}(x)+\\&\int_{\gamma_{n,\max}^{\text{re}}}^{\infty}\ln(1+x)\mathrm{d}F_{\gamma_{n+1}^{\text{re}}}(x)]\}\end{aligned} \tag{2-29}$$

式中,$\Pr_J^{n+1}$ 为隐蔽用户在频段 $n+1$ 上被干扰的概率;$F_{\gamma_{n=1}^{\text{re}}}(x)$ 为该场景中隐蔽用户在频段 $n+1$ 上 SINR 的累计分布函数(cumulative distribution function, CDF),其表达式为

$$F_{\gamma_{n+1}^{\text{re}}}(x)=\Pr\left\{\frac{P_{\text{c}}|h_{\text{tr}}^{n+1}|^2}{P_1|h_{\text{pc}}^{n+1}|^2+\sigma_{\text{r}}^2}\leqslant x\right\}=1-\exp\left(-\lambda_{\text{tr}}\frac{\sigma_{\text{r}}^2x}{P_{\text{c}}}\right)\frac{\lambda_{\text{pc}}P_{\text{c}}}{\lambda_{\text{pc}}P_{\text{c}}+\lambda_{\text{tr}}P_1x}\quad x\geqslant 0 \tag{2-30}$$

将式(2-30)的结果代入式(2-29),得到 $E_{\gamma_{n+1}^{\text{re}}}[U_{n+1}^{\text{re}}\mid\{\gamma_i^{\text{re}}\}_{i=1}^{n}]$ 的表达式为

$$\begin{aligned}E_{\gamma_{n+1}^{\text{re}}}[U_{n+1}^{\text{re}}\mid\{\gamma_i^{\text{re}}\}_{i=1}^{n}]=[1-(n+1)\tau]\big(\ln(1+\gamma_{n,\max}^{\text{re}})+(1-\Pr_J^{n+1})\{\kappa_3\exp(\Phi_{\text{pc}})E_{\text{i}}(\Phi_{\text{tr}}\gamma_i^{\text{re}}+\Phi_{\text{pc}})+\\\kappa_4\exp(\Phi_{\text{tr}})E_{\text{i}}[\Phi_{\text{tr}}(1+\gamma_i^{\text{re}})]\}\big)\end{aligned} \tag{2-31}$$

式中,$\kappa_3=\frac{P_{\text{c}}\lambda_{\text{tr}}\sigma_{\text{r}}^2}{P_1\lambda_{\text{tr}}-P_{\text{c}}\lambda_{\text{pc}}}$;$\kappa_4=-\frac{P_{\text{c}}\lambda_{\text{pc}}}{P_1\lambda_{\text{tr}}-P_{\text{c}}\lambda_{\text{pc}}}$,$\Phi_{\text{pc}}=\frac{\lambda_{\text{pc}}\sigma_{\text{r}}^2}{P_1}$;$\Phi_{\text{tr}}=\frac{\lambda_{\text{tr}}\sigma_{\text{r}}^2}{P_{\text{c}}}$。

到目前为止,隐蔽用户基于 1-SLA 准则决策所需的所有表达式均已导入其闭式解。然而,利用该准则导出的结果性能如何还有待评价,接下来我们将证明 1-SLA 准则在应对先应式和反应式检测者时均是最优的。

表 2-1　基于 1-SLA 准则的频段探索-利用算法

输入:系统频段数目 M。

输出:最优频段探索数目 $N_{1\text{-SLA}}$。

1:**for** $\boldsymbol{n}=1$ **to** $\boldsymbol{M}$ **do**

2:　探索第 $\boldsymbol{n}$ 个频段并获取如式中当前频段的 **SINR** $\boldsymbol{\gamma_n}$;

3:　**if** $\boldsymbol{n==M}$　**then**

表 2-1(续)

算法结束输出 $N_{1\text{-SLA}}=M$;

隐蔽用户接入频段 $i,i=\operatorname{argmax}\{\gamma_j\}_{j=1}^{M}$;

else

找出已探索频段中的 **SINR** $\boldsymbol{\gamma}_n^{\max}=\max\{\boldsymbol{\gamma}_j\}_{j=1}^{n}$,并根据式(2-20)计算当前可达隐蔽吞吐量 $\boldsymbol{R}_n(\boldsymbol{\gamma}_n^{\max})$;

根据式(2-26)计算探索下一频段然后接入的期望吞吐量 $E_{\gamma_{n+1}}[U_{n+1}\mid\{\gamma_i\}_{i=1}^{n}]$;

if $\boldsymbol{R}_n(\boldsymbol{\gamma}_n^{\max})\geqslant E_{\gamma_{n+1}}[U_{n+1}\mid\{\gamma_i\}_{i=1}^{n}]$ **then**

算法停止,输出 $\boldsymbol{N}_{1\text{-SLA}}=\boldsymbol{n}$,隐蔽用户接入频段 $\boldsymbol{i},\boldsymbol{i}=\operatorname{argmax}\{\boldsymbol{\gamma}_j\}_{j=1}^{M}$;

else

将 $\boldsymbol{\gamma}_i$ 加入 **SINR** 序列;

end if

end if

end for

引理 2.1　在有限维单调最优停止问题中,1-SLA 准则是最优的[34]。

本章中 1-SLA 准则最优的定理和证明参见文献[34]。

定理 2.2　在本章所考虑的应对两种检测者的隐蔽通信场景中,1-SLA 准则是最大化期望隐蔽吞吐量的最优准则[35]。

定理 2.2 证明参见文献[35]。

根据以上函数的单调性,有以下推论存在。

推论 2.3　在本章所考虑两种场景的最优停止问题中,1-SLA 准则和基于门限的准则等价。以先应式检测者场景为例,隐蔽用户的最优频段探测数目可以表示为

$$N_{1\text{-SLA}}=\min\{1\leqslant n\leqslant M:\gamma_n^{\max}\geqslant a_n\}\tag{2-32}$$

式中,a_n 为方程 $G_n(\gamma_n^{\max})=0$ 的解。

推论 2.3 证明参见文献[35]。

尽管以上推论没有给出 $N_{1\text{-SLA}}$ 的精确表达式,但其结果表明隐蔽用户的最优频段探索策略是把当前已探索信道的最大 SINR 和某一门限值比较,一旦 SINR 不低于该门限值,信道探索结束。在实际操作中,这一最优门限值可在信道探索之前计算出来,并存储在隐蔽用户内存中。与探索一个频段计算一次期望相比,基于门限的准则大大减少了计算时间。

图 2-11 给出了不同隐蔽用户发送功率条件下先应式检测者错判概率随检测门限变化的理论和仿真曲线。从图中首先观察到 Monte-Carlo 仿真曲线和理论曲线重合,且存在一个使得先应式检测者错判概率最小的检测门限值,该门限值随隐蔽用户发送功率 P_c 增大而增加。图中 P_1 为公开用户发射功率。当检测门限介于[0.1, 4]之间时,隐蔽用户发送功率越小对应的错判概率越小;而当检测门限介于[0, 0.1]和[4, 6]之间时,不同发送功率对应的错判概率曲线几乎重合。虚警概率的值不依赖于隐蔽用户发送功率且随检测门限升高

而降低，在检测门限小于 0.1 时，虚警为检测错误的主要来源，故不同隐蔽用户发送功率不影响错判概率。漏检概率同时受检测门限和隐蔽用户发送功率影响，当检测门限低于检测者白噪声方差时，漏检概率为 0；当检测门限进一步上升时，检测者更难发现隐蔽传输的存在，因此漏检概率上升，且隐蔽发送功率越低，检测者越难发现隐蔽信号的存在。当检测门限超过 4 时，漏检概率是造成错判的主要原因，由于此时检测门限已经远远高于信号功率，漏检几乎一定会出现，所以不同隐蔽发送功率几乎不再影响检测者的错判概率值。

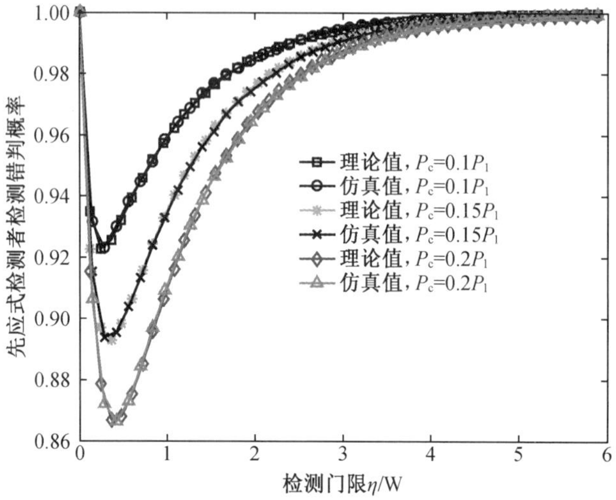

图 2-11　不同隐蔽用户发送功率条件下先应式检测者错判概率随检测门限变化的理论和仿真曲线

图 2-12 给出了先应式检测者场景中隐蔽用户采用不同机制的最大发送功率随其最大可容忍暴露概率之间的变化曲线。在传统机制中，隐蔽发送方发送导频信号导致检测者已知隐蔽发送方到检测者的瞬时信道状态信息（CSI），此时检测者的不确定性来源为公开用户的接收功率值，而采用 CIPC 机制后，检测者还不确定来自隐蔽发送方的信号功率，相较于传统机制，其不确定性上升。从图中可以看出，相同最大可容忍暴露概率条件下，隐蔽用户采用 CIPC 机制能够以更大功率发送信息来提升隐蔽吞吐量。而当最大可容忍暴露概率超过 0.5 后，两种机制中隐蔽用户的最大传输功率相同。这是因为此时隐蔽约束不再约束隐蔽用户的发送功率，隐蔽用户总是以最大功率发送。同时也可以观察到公开用户发送功率增大时允许隐蔽用户最大发送功率增大，这是因为公开用户功率增大可以给隐蔽用户提供更好的掩护效果。

图 2-13 给出了反应式检测场景中隐蔽用户被检测者干扰的概率随系统频段数目的变化情况。首先可以观察到隐蔽用户被干扰的概率的理论值和 Monte-Carlo 仿真值是吻合的，验证了理论结果的正确性。另外，隐蔽用户被干扰的概率随频段数量增加而降低，这是因为检测者每次只干扰一个频段，频段数目越多，检测者越容易干扰到只有公开用户的频段。从图中还可以看出，频段数目相同时，当隐蔽用户发送功率上升时，其被干扰的概率亦随之上升，这是因为隐蔽用户功率升高导致其所在频段的检测者接收功率升高，提高了其释放压制干扰信号的可能性。最后我们发现，相较于随机挑选某一信道释放干扰，本章考虑的反应式干扰策略能够提高检测者成功干扰到隐蔽用户的概率。

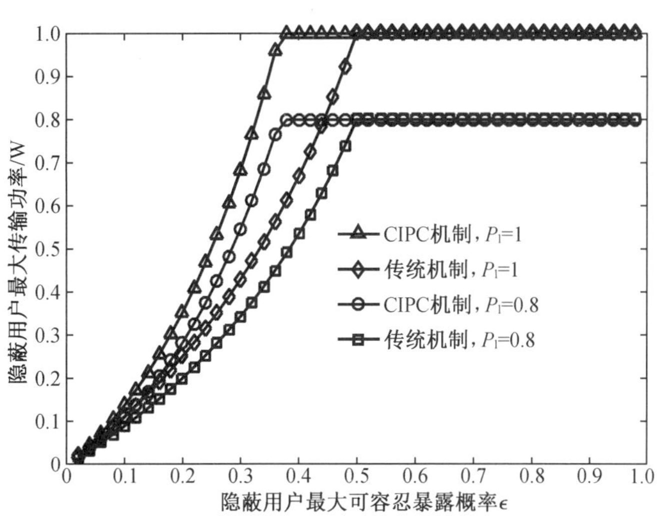

图 2-12 先应式检测者场景中隐蔽用户采用不同机制的最大发送功率随其最大可容忍暴露概率之间的变化曲线

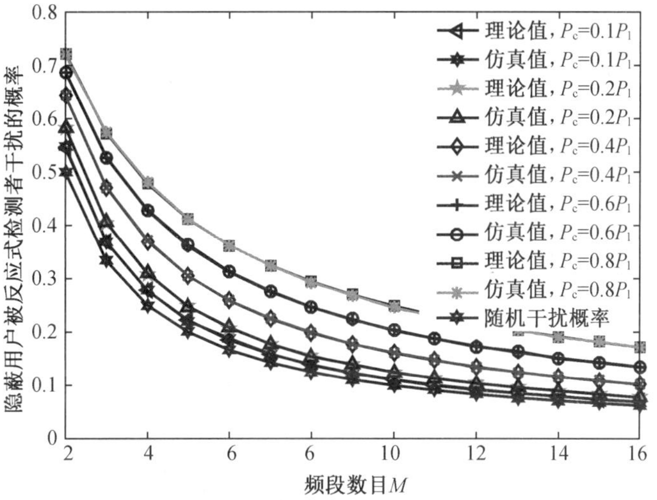

图 2-13 反应式检测场景中隐蔽用户被检测者干扰的概率随系统频段数目的变化情况

图 2-14 给出了先应式检测场景中隐蔽用户采用不同频段探索机制实现的平均隐蔽吞吐量随系统频段数目的变化曲线。对比方案选择了先探索固定数目频段再决策的策略(固定频段数分别为$\lfloor 20\%M \rfloor$、$\lfloor 37\%M \rfloor$和$\lfloor 50\%M \rfloor$，其中$\lfloor \cdot \rfloor$表示向下取整函数)和先探索所有频段再接入的策略。以 37%规则为例，隐蔽用户先固定探索$\lfloor 37\%M \rfloor$个频段并记录下这些频段上最高的 SINR 值(记为 γ_1)，随后继续探索，一旦在后续某一频段上的 SINR 超过 γ_1 就立即停止探索并接入当前频段，否则就继续探索直到探索完所有频段。20%和 50%规则与 37%规则的区别是决策前探索频段数目不同。从图中可以看出，在不同的频段探索开销下，利用 1-SLA 准则均能够实现较对比方案更高的平均隐蔽吞吐量，从而使 1-SLA 准则的优越性得到了验证。而且随着频段数目的增加，1-SLA 准则的可达平均隐蔽吞吐量不再上升，这是因为当系统频段数目较多时，进一步增加系统频段时信道分集增益几乎不再提升。同时可以看到，在探索所有频段方案中，存在一个最优的频段探索数目使得平均隐蔽吞吐

量最大化，这说明了隐蔽用户需要实现频段探索开销和信道分集增益的合理折中。最后可以看到，在频段数目较多时，探索部分频段的对比方案性能优于探索所有频段，这是因为尽管隐蔽用户能够选择 SINR 最高的频段，但探索所有频段的开销过大，使得其性能不如先探索部分频段再决策。

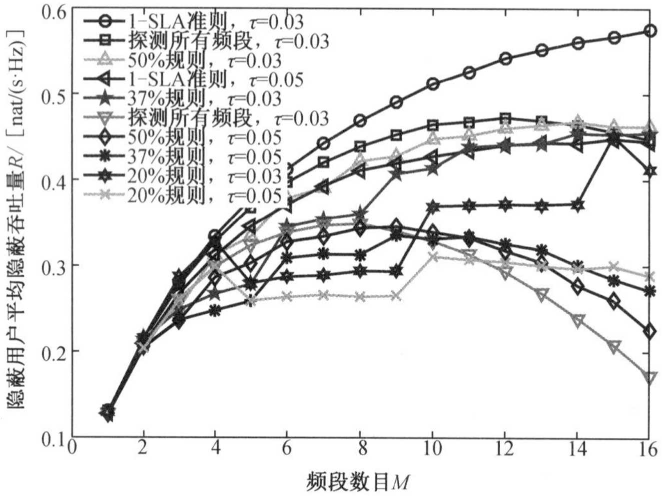

图 2-14　先应式检测场景中隐蔽用户采用不同频段探索机制实现的平均隐蔽吞吐量随系统频段数量的变化曲线

2.4　小　　结

本章围绕军事应用中我方无线通信隐蔽性需求，首先介绍了无线隐蔽通信的产生背景与技术分类，然后从利用外界电磁信号掩护传输和主动创造掩体信号两个角度，利用概率统计、凸优化、最优停止等方法，提出了具体的面向场景适配的高效隐蔽传输算法，理论分析与仿真结果均表明，所提算法能够有效提升数据安全传输能力，降低我方无线通信被敌方侦收的概率。

思考与探究

1. 请分析环境反向散射隐蔽传输和无线能量储存隐蔽传输技术面临的实际应用挑战。

2. 在瞬时信道信息未知条件下，还有哪些方法可以用来解决多信道隐蔽通信中的信道选择问题？

3. 请结合实际的通信对抗场景，分析无线隐蔽通信的未来发展方向是什么？

参考文献

[1] BASH B A, GOECKEL D, TOWSLEY D, et al. Hiding information in noise: fundamental limits of covert wireless communication[J]. IEEE Communications Magazine, 2015, 53(12): 26-31.

[2] LIU Z, LIU J, ZENG Y, et al. Covert wireless communications in IoT systems: hiding information in interference[J]. IEEE Communications Magazine, 2018 25(6): 45-62.

[3] YAN S, ZHOU X, HU J, et al. Low probability of detection communication: opportunities and challenges [J]. IEEE Wireless Communications, 2019, 26(5): 19-25.

[4] BASH B A, GEOCKEL D, TOWSLEY D. Limits of reliable communication with low probability of detection on AWGN channels[J]. IEEE Journal on Selected Areas in Communications, 2013, 31(9): 1921-1930.

[5] 陈炜宇, 骆俊杉, 王方刚, 等. 无线隐蔽通信容量限与实现综述[J]. 通信学报, 2022, 43(8): 203-218.

[6] SHAHZAD K, ZHOU X, YAN S, et al. Achieving covert wireless communications using a full-duplex receiver [J]. IEEE Transactions on Wireless Communications, 2018, 17(12): 8517-8530.

[7] HE B, YAN S, ZHOU X, et al. On covert communication with noise uncertainty [J]. IEEE Communications Letters, 2017, 21(4): 941-944.

[8] GOECKEL D, BASH B, GUHA S, et al. Covert communications when the warden does not know the background noise power[J]. IEEE Communications Letters, 2016, 20(2): 236-239.

[9] WANG J, TANG W B, LI X, et al. Optimal strategy in covert communication based on game theory [C]//2019 IEEE/CIC International Conference on Communications in China (ICCC). 2019: 189-194.

[10] XU R, GUO D, ZHANG B, et al. Finite blocklength covert communications with random selection of channel use [J]. IEEE Wireless Communications Letter, 2022, 10(9): 2085-2089.

[11] LU X, YANG W, LI M, et al. Covert communication with time uncertainty in time-critical wireless networks[J]. IEEE Transactions on Wireless Communications, 2023, 22(2):1116-1129.

[12] SUN L, XU T, YAN S, et al. On resource allocation in covert wireless communication with channel estimation[J]. IEEE Transactions on Communications, 2020, 68(10): 6456-6469.

[13] SHAHZAD K, ZHOU X, YAN S. Covert communication in fading channels under channel uncertainty [C]//2017 IEEE 85th Vehicular Technology Conference (VTC Spring). 2017: 1-5.

[14] SHAHZAD K, ZHOU X. Covert wireless communications under quasi-static fading with channel uncertainty[J]. IEEE Transactions on Information Forensics and Security, 2021, 16: 1104-1116.

[15] ZHANG Y, HE W, LI X, et al. Covert communication in downlink NOMA systems with channel uncertainty[J]. IEEE Sensors Journal, 2022, 22(19): 19101-19112.

[16] ZHOU X, HU J, YAN S, et al. Joint optimization of a UAV's trajectory and transmit power for covert communications[J]. IEEE Transactions on Signal Processing, 2019, 67(16): 4276-4290.

[17] JIANG X, YANG Z, ZHAO N, et al. Resource allocation and trajectory optimization for UAV-enabled multi-user covert communications[J]. IEEE Transactions on Vehicular Technology, 2021, 70(2): 1989-1995.

[18] CHEN X, SUN W, XING C, et al. Multi-antenna covert communication via full-duplex jamming against a warden with uncertain locations[J]. IEEE Transactions on Wireless Communications, 2021, 20(8): 5467-5480.

[19] SOBERS T V, BASH B A, GUHA S, et al. Covert communication in the presence of an uninformed jammer [J]. IEEE Transactions on Wireless Communications, 2017, 16(9): 6193-6206.

[20] XIONG W, YAO Y, FU X, et al. Covert communication with cognitive jammer[J]. IEEE Wireless Communications Letters, 2020, 9(10): 1753-1757.

[21] TAO L, YANG W, LU X, et al. Achieving covert communication in uplink NOMA systems via energy harvesting jammer [J]. IEEE Communications Letters, 2021, 25(12): 3785-3789.

[22] HU J, SHAHZAD K, YAN S, et al. Covert communications with a full-duplex receiver over wireless fading channels [C]//2018 IEEE International Conference on Communications (ICC). 2018: 1-6.

[23] ZHENG M, HAMILTON A, LING C. Covert communications with a full-duplex receiver in non-coherent Rayleigh fading [J]. IEEE Transactions on Communications, 2021, 69(3): 1882-1895.

[24] 张卓，尹浩，于全，等. UWB 通信系统隐蔽性能仿真分析及系统设计方法[J]. 系统仿真学报，2008，20(8)：2231-2235.

[25] ZHENGY T X, YANG Z, LIU H W, et al. Wireless covert communications with distributed cooperative jamming over fading channels [C]//2021 IEEE Wireless Communications and Networking Conference (WCNC). 2021: 1-6.

[26] ZHENG T, YANG Z, WANG C, et al. Wireless covert communications aided by distributed cooperative jamming over slow fading channels[J]. IEEE Transactions on Wireless Communications, 2021, 20(11): 7026-7039.

[27] SOLTANI R, GOECKEL D, TOWSLEY D, et al. Covert wireless communication with artificial noise generation[J]. IEEE Transactions on Wireless Communications, 2018, 17(11): 7252-7267.

[28] GAO C, YANG B, JIANG X, et al. Covert communication in relay-assisted IoT systems [J]. IEEE Internet of Things Journal, 2021, 8(8): 6313-6323.

[29] SHEIKHOLESLAMI A, GHADERI M, GOECKEL D. Covert communications in multi-channel slotted ALOHA systems[J]. IEEE Transaction on Mobile Computing, 2022, 21(6): 1958-1971.

[30] FENG S, LU X, SUN S, et al. Mean-field artificial noise assistance and uplink power control in covert IoT systems[J]. IEEE Transactions on Wireless Communications, 2022, 21(9): 7358-7373.

[31] HE W, CHEN J, LI G, et al. Covert ambient backscatter communications with information transmission time uncertainty[J]. IEEE Wireless Communications Letters, 2023,13(3):834-838.

[32] XU Y, WANG J, WU Q, et al. Optimal energy-efficient channel exploration for opportunistic spectrum usage[J]. IEEE Wireless Communications Letters, 2012, 1(2): 77-80.

[33] VAN HUYNH N, NGUYEN D N, HOANG D T, et al. Defeating super-reactive jammers with deception strategy: modeling, signal detection, and performance analysis[J]. IEEE Transactions on Wireless Communications, 2022, 21(9): 7374-7390.

[34] FERGUSON T S. Optimal stopping and applications[Z]. https://www.math.ucla.edu/~tom/Stopping/Contents.html.

[35] HE W, WANG J, CHEN J, et al. Against Inactive and Reactive Wardens: Covert Transmission with Optimal Channel Exploration[J]. 2024, arxiv.

第 2 章参考资料

第3章　物理层安全通信

相比于有线通信网络，无线通信网络的广播及开放特性使其更易遭受恶意攻击。物理层安全技术充分利用无线信道的特性来增强安全性，如改善信道衰落、干扰和噪声等，保证信息安全传输。与传统的基于密钥的上层安全技术相比，物理层安全技术不依赖于事先共享密钥，因此可以避免密钥管理和分发的复杂性与开销，易实现的同时降低了系统的计算复杂度和额外开销，更适合解决移动通信网络中的安全传输问题[1]。本章首先介绍了物理层安全技术的研究现状，然后分别针对内部窃听和外部窃听两个场景，通过功率分配、用户分簇、安全中继技术、人工噪声、协作干扰等资源分配和物理层安全技术，从用户的通信需求出发，设计了相应的传输方案，旨在提升频谱利用率的同时，保证通信的安全性。

3.1　引　　言

3.1.1　产生背景

由于无线通信网络具有传输媒介的开放性、无线链路的随机性、终端设备的移动性及网络的异构性等特点，大量隐私和机密信息面临前所未有的安全威胁。物理层安全技术利用无线信道的物理特性来保证信息的机密性，使得机密信息仅能被特定的接收器解码[2]。物理层安全技术的起源可以追溯到香农基于信息论的保密分析[3]，该分析首次引入了信息熵的概念，定义了安全级别取决于窃听者已知的信息量。香农提出，当密钥熵不小于信息熵时，能够达到完美保密。但在实际通信系统中，产生并管理如此多的密钥并不现实。基于上述考虑，Wyner基于信道的差异性，在香农保密通信模型的基础上引入了噪声和窃听信道[4]，提出了离散的无记忆窃听信道模型，如图3-1所示。

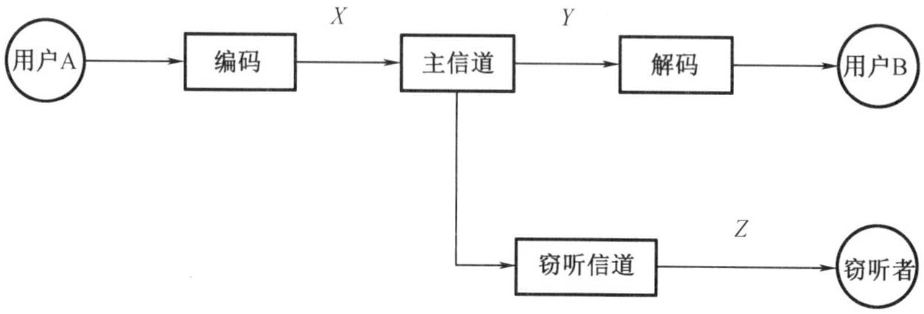

图3-1　Wyner窃听信道模型图

假设信息通过主信道从用户 A 传输到用户 B，为了实现消息在窃听信道中对窃听者保密，用户 A 先将信息编码处理为 X，经过噪声信道后，用户 B 接收到信息 Y 并进行解码，假设窃听者拦截到的信息为 Z。

Wyner 表示，物理信道中的噪声和干扰等，在实现安全传输中发挥着核心作用。当合法信道的质量优于窃听信道的质量时，可认为对窃听者具有完全保密性[5]。基于信息熵的形式，保密容量 C_s 可以表示为

$$C_s = \max\{I(M;Y) - I(M;Z)\} \tag{3-1}$$

式中，$I(M;Y)$ 为合法信道的互信息量；$I(M;Z)$ 为窃听信道的互信息量。当系统保密速率不低于 C_s 时，可以实现保密通信。

图 3-2 给出了物理层安全技术的分类。从图中可以看出，当前 5G 无线网络中物理层安全技术的主要研究方向分为三大类，即基于信息论的安全信道编码技术、基于计算及硬件复杂度的密钥提取技术和基于上层加密的鉴权技术[1]。

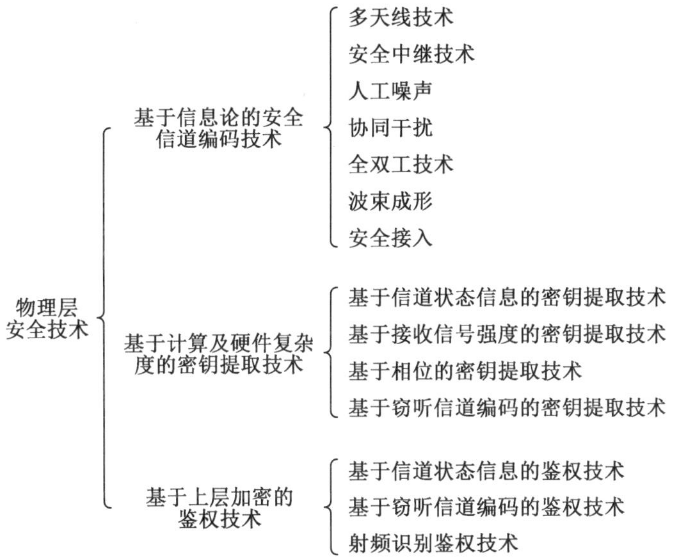

图 3-2　物理层安全技术分类图

基于信息论的安全信道编码技术，以合法信道条件优于窃听信道条件为前提，实现安全传输。其主要包括多天线技术、安全中继技术、人工噪声（artificial noise, AN）、协同干扰、全双工（full duplex, FD）技术、波束成型、安全接入等。与传统的半双工（half duplex, HD）通信相比，全双工通信可以使频谱效率提高一倍。

根据不同的物理层随机性特性，基于计算及硬件复杂度的密钥提取技术可分为基于信道状态信息的密钥提取技术、基于接收信号强度的密钥提取技术、基于相位的密钥提取技术和基于窃听信道编码的密钥提取技术。在基于信道状态信息的密钥提取技术中，通信双方利用导频信号获取信道状态信息。在基于接收信号强度和基于相位的密钥提取技术中，同样使用导频信号和信道估计方法来恢复失真的接收信号强度和相位信息，且更加实用。由于接收信号强度和相位的测量值较容易从示波器与模数转换器中读取，因此基于接收信

号强度和基于相位的密钥提取技术可以应用于下一代安全通信。基于窃听信道编码的密钥提取技术依赖于文献[4]中讨论的窃听信道模型。

基于上层加密的鉴权技术，利用无线信道的差异性，通过数字签名来验证发射机身份的有效性。其主要包括基于信道状态信息的鉴权技术、基于窃听信道编码的鉴权技术和射频识别鉴权技术。基于 Wyner 的窃听信道模型，可通过安全速率、中断概率（outage probability，OP）、截获概率（intercept probability，IP）、安全中断概率（secrecy outage probability，SOP）、安全吞吐量、安全能量效率等衡量安全性能。本章着重给出中断概率、截获概率、安全可靠折中（security-reliability tradeoff，SRT）和安全中断概率的定义。

OP 表征的是合法用户通信中断的概率，从合法用户的角度评估安全通信系统的可靠性能。其定义为合法用户的实时信道容量 C_B 小于传输速率阈值的概率，即

$$P_{OP}=\Pr[C_B<R_B] \tag{3-2}$$

式中，R_B 表示合法用户的目标传输速率阈值。

IP 表征的是合法用户的加密信息被窃听者截获的概率，从窃听者的角度评估安全通信系统的安全性能。其定义为实时窃听信道容量 C_E 高于 Wyner 安全编码冗余阈值的概率，即

$$P_{IP}=\Pr[C_E>R_B-R_s] \tag{3-3}$$

式中，R_s 表示目标安全速率阈值。

此外，为了更好地描述安全性和可靠性折中性能，SRT 被定义为网络中信息传输既不会被中断也不会被截获的概率，即

$$\mathrm{SRT}=(1-P_{OP})(1-P_{IP}) \tag{3-4}$$

显然，SRT 的值越大，用户的折中性能就越好；而 SRT 的值越小，用户的折中性能就越差。

SOP 表征的是合法用户保密通信中断的概率，从窃听者的角度评估安全通信系统的安全可靠性能。其定义为安全信道容量低于目标安全速率的概率，即

$$P_{SOP}=\Pr[C_B-C_E<R_s] \tag{3-5}$$

3.1.2 技术分类

本小节依据系统中的窃听场景类型进行分类，结合改善合法链路和恶化窃听链路应用对物理层安全技术研究现状进行归纳。

1. 内部窃听场景

由于频谱资源共享，中继和用户可以访问受信任用户的消息，可能成为内部窃听者，从而产生安全漏洞。在现有的大部分工作中，内部窃听器（eavesdropper，Eve）多由不可信中继[6-8]或不可信用户[9-10]来伪装。文献[9]研究了一个具有更强的近用户内部窃听器的 5G NOMA 系统，从两用户场景扩展到多用户场景，并通过调整串行干扰消除（SIC）的顺序和使用协同干扰器进行安全设计。文献[10]提出了两种中继选择（relay selection，RS）方案，即基于 DF（dynamic forwarding）协议和基于 AF（adptive forwarding）协议的最优中继选择方案，仿真结果表明，所提出的方案除了在高信噪比下实现相同的安全中断概率外，性能均显著

优于基准方案。文献[11]提出了自适应下行远端用户和上行近端用户协同干扰方案,以削弱非可信中继窃听能力。文献[12]研究了在不受信任的用户与受信任的用户配对时,受信任用户在保密中断概率约束下,实现中断最优性能的可行性。文献[13]评估了协同 NOMA 系统中,所有用户不可信情况下的安全风险,利用逆向功率分配和干扰策略解决安全性和可靠性缺陷。

2. 外部窃听场景

出于对协议低复杂度和实用性的考虑,中继处大多集中于单向 HD 协议。文献[11]比较了中继在 AF 协议和 DF 协议下协同 NOMA 系统的性能,结果表明两协议下系统性能接近。文献[14]在协同 NOMA 认知无线网络中提出了一种基于合法链路和窃听链路组合的认知协同方法,表明增加发射功率和中继数量可以进一步增强保密性。文献[15]提出了一种新型协同中继方案。为了进一步提高所提出系统的物理层安全性能,考虑了功率分配、信道条件、解码原理、非理想的 SIC 和窃听器位置,设计了四种协同方案。文献[16]提出了一种新的双时隙协同 NOMA 方案的实现安全增强,结果表明优于传统 NOMA 方案。

与 HD 技术相比,将 FD 技术用于 NOMA 系统,可以在同一频带内同时完成中继发射和接收,在一定程度上能双倍提高频谱利用率。文献[17]通过部署 FD 中继器协助小区边缘用户,结果表明中断性能优于 HD 模式。文献[18]考虑了基于 Rician 衰落信道的协同全双工的 NOMA 方案,评估了收发器非理想连续干扰消除和残余硬件损伤对系统性能的影响。但由于计算限制和实际的非理想性,FD 模式下的残余环路自干扰无法完全消除。

与单天线 NOMA 相比,多天线 NOMA 可以利用空间域中额外的空间自由度来增强性能,同时可利用波束成形和预编码设计消除 FD 环路自干扰。文献[19]将所有节点都配置了多个天线,通过基站和中继器采用了天线选择,以提高安全性能。文献[20]针对两用户多输入多输出 NOMA 网络中的不同安全要求进行了信令设计,提出了协方差矩阵,使得消息以高安全性和可靠性传输。文献[21]提出了一种新颖的双向训练方案来检测导频欺骗攻击,并提出了一种鲁棒的安全波束成形设计来提供安全传输。

引入干扰或人工噪声也是物理层安全性(PLS)中的一种常见技术。文献[22]通过将强物联网节点部署为中继节点,考虑了单天线和多天线辅助传输场景,通过在基站和强物联网节点处同时产生 AN 提高系统的安全性。文献[23]研究了 AN 辅助下 FD-NOMA 传输的大规模下行链路系统的保密中断性能,通过令强 NOMA 用户作为干扰机并产生 AN,来增强合法链路的安全性;推导了 NOMA 用户对安全中断概率的闭式表达式,并对窃听者发射信噪比固定和窃听者发射信噪比与合法用户发射信噪比成正比这两种情况进行保密分集顺序分析。文献[24]中信源直接与近端用户通信,同时使用多个 FD 中继与远端用户通信。为了降低被动窃听者的性能,文中提出了一种新的基于两相 FD 的 AN 方案。在第一阶段,所选 FD 中继发送 AN 以迷惑窃听者;在第二阶段,所选中继在转发叠加信号之前,将发送给远端用户的消息和 AN 执行异或操作。该方案利用零空间波束成形、自干扰消除技术和 DF-XOR 协同协议,可以在近用户、远用户以及所选中继处有效去除干扰信号。

综上所述,现有系统中的物理层安全技术研究中大多关注内部窃听(不可信中继)和外部被动窃听场景,中继大多工作于半双工模式,且多将同类通信服务需求但不同等级的用户配对,并以安全中断概率和安全速率作为性能参数展开性能分析。因此,从用户通信服务需求出发,在提升频谱利用率的同时,解决安全威胁是协同 NOMA 系统中极具意义且充满挑战的工作。基于此,本章将着重研究基于用户通信服务需求的协同 NOMA 系统中的物理层安全传输,为实现高可靠、高安全的协同 NOMA 系统提供理论支撑。

3.2 面向内部窃听场景的物理层安全传输

本节针对下行远端弱用户作为内部窃听场景的情况,基于两个用户不同的通信服务需求,提出了最优功率分配方案用以实现安全传输;考虑了接收端非理想和理想 SIC 的条件,研究了 SIC 误差传播对系统安全性能的影响。

3.2.1 系统模型

如图 3-3 所示,考虑由一个基站(BS)、一个可信解码转发中继 R、两个合法用户(U_1 和 U_2)组成的协同 NOMA 系统。根据合法用户的不同服务需求,将需满足 QoS 需求的用户 U_2 和有安全要求的 U_1 配对执行 NOMA。在此场景下,系统目标是实现安全用户 U_1 更好的保密性能,同时满足用户 U_2 的 QoS 需求,从而提高系统的频谱效率。

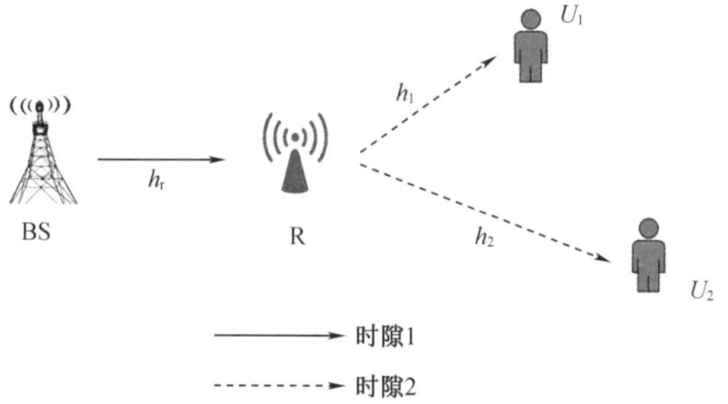

图 3-3 非理想 SIC 条件下基于功率分配策略的协同 NOMA 系统模型图

这种情况通常存在于许多实际应用中,例如工业自动化与车联网应用[25],部分传感器需要保密数据(如车辆发动机的状态),而其他一些传感器的数据可能具有较低或没有保密要求(如温度)[26]。另一个例子是认知无线电网络,次要用户只有在能够辅助主要用户实现安全传输的情况下才能访问许可频谱[16]。在该系统中,弱用户 U_2 获得了与强用户 U_1 共享频谱的机会,但当弱用户不可信(间谍)时,信息泄露的风险更加严峻。

假设弱用户 U_2 是一个不可信用户,以被动窃听的方式企图窃取 U_1 的机密信息。所有节点都配备单天线,以半双工模式工作。假设所有信道建模为准静态瑞利衰落。此外,假设网络中所有链路的全局信道状态信息在接收端已知。因此,BS-R、R-U_1、R-U_2 的信道衰落系数可表示为 $h_\theta \sim CN(0,\sqrt{\beta d_\theta^{-\alpha}})$,$\theta \in \{r,1,2\}$。其中,$\alpha$ 表示路径损耗指数;β 表示参考距离 1 km 处的信道增益；d_r、d_1、d_2 分别表示 BS-R、R-U_1、R-U_2 之间的距离。此外，假设所有接收端处的高斯白噪声均值为零，功率均为 σ^2。

时隙一：BS 向 R 发送叠加编码后的信号（$\sqrt{a_1P_s}x_1+\sqrt{a_2P_s}x_2$），$x_1$ 和 x_2 分别为用户 U_1 和 U_2 的归一化信号，即$\mathbb{E}[|x_1|^2]=\mathbb{E}[|x_2|^2]=1$。$a_1$ 和 a_2 分别对应 U_1 和 U_2 的功率分配系数。假设 U_1 的信道条件优于 U_2，根据 NOMA 原理，更多的功率应该分配给信道较差的用户，即 $a_1<a_2$，$a_1+a_2=1$，以保证用户服务质量。因此，R 处接收到的信号可以表示为

$$y_r=h_r(\sqrt{a_1P_s}x_1+\sqrt{a_2P_s}x_2)+n_r \tag{3-6}$$

式中，P_s 为 BS 的发送功率；n_r 为 R 处的高斯白噪声。

时隙二：R 将成功解码的信号转发给两个用户。则用户接收到的信号可表示为

$$y_i=h_i(\sqrt{a_1P_r}x_1+\sqrt{a_2P_r}x_2)+n_i,i\in\{1,2\} \tag{3-7}$$

式中，P_r 为 R 的发送功率；n_i 为接收端 U_i 处的高斯白噪声。

下面对接收 SINR 进行分析。

时隙一：基于 SIC 协议，R 首先解码信号 x_2。基于此，R 处解码信号 x_2 的 SINR 可表示为

$$\gamma_{sr}^2=\frac{a_2P_s|h_r|^2}{a_1P_s|h_r|^2+\sigma^2}=\frac{a_2|h_r|^2}{a_1|h_r|^2+\frac{1}{\rho}} \tag{3-8}$$

式中，$\rho=P_s/\sigma^2$。当消除来自信号 x_2 的干扰后，所剩信号全部为 x_1。但当 SIC 不理想时，在解码信号 x_1 时，会残余信号 x_2 的干扰。因此，其解码 x_1 的 SINR 表示为

$$\gamma_{sr}^1=\frac{a_1P_s|h_r|^2}{\varepsilon a_2P_s|h_r|^2+\sigma^2}=\frac{a_1|h_r|^2}{\varepsilon a_2|h_r|^2+\frac{1}{\rho}} \tag{3-9}$$

式中，$\varepsilon(0\leqslant\varepsilon\leqslant1)$ 表示非理想 SIC 引起的残余干扰因子。当 $\varepsilon=0$ 时，即为理想 SIC（接收端解码信号 x_1 时，无信号 x_2 的残留干扰）的情况。

时隙二：基于 SIC 协议，由于 x_2 被分配更多功率，U_1 首先对信号 x_2 解码，消除 x_2 信号后，再对自己的信号 x_1 进行解码。U_2 作为不可信用户，首先直接带着 x_1 的干扰解码自身信号 x_2，消除信号 x_2 后，试图窃取信号 x_1。因此，U_i 处解码信号 x_2 和 x_1 的 SINR 可分别表示为

$$\gamma_{ri}^2=\frac{a_2P_s|h_i|^2}{a_1P_s|h_i|^2+\sigma^2}=\frac{a_2|h_i|^2}{a_1|h_i|^2+\frac{1}{\rho}} \tag{3-10}$$

$$\gamma_{ri}^1=\frac{a_1P_s|h_i|^2}{\varepsilon a_2P_s|h_i|^2+\sigma^2}=\frac{a_1|h_i|^2}{\varepsilon a_2|h_i|^2+\frac{1}{\rho}} \tag{3-11}$$

3.2.2　用户性能分析

基于香农信道容量公式，弱用户的信道容量可表示为

$$C_2=\frac{1}{2}\log_2(1+\min\{\gamma_{sr}^2,\gamma_{r2}^2\}) \tag{3-12}$$

当弱用户 U_2 的信道容量低于目标传输速率时,发生连接中断。根据信道模型,$|h_\theta|^2$ 服从参数为 λ_i 的指数分布,R_2 是 U_2 的目标传输速率,用户 U_2 的中断概率可表示为

$$P_2^{OP}=P_r(C_2<R_2)=1-\exp\left[-\frac{(\lambda_r+\lambda_2)\xi_2}{\rho(a_2-a_1\xi_2)}\right] \tag{3-13}$$

式中,$\xi_2=2^{2R_2}-1,0<a_1<\frac{1}{1+\xi_2}$。

基于香农信道容量公式,强用户的信道容量可表示为

$$C_1=\left[\frac{1}{2}\log_2\left(\frac{1+\min\{\gamma_{sr}^1,\gamma_{r1}^1\}}{1+\gamma_{r2}^1}\right)\right]^+ \tag{3-14}$$

式中,$[x]^+=\max\{x,0\}$。当用户安全容量低于目标安全速率时,信息安全受到威胁,发生安全中断。

1. 理想 SIC 条件下($\varepsilon=0$)

假设 R_1 是 U_1 的目标安全速率,用户 U_1 的安全中断概率可表示为

$$P_1^{SOP}=P_r(C_1<R_1)=1-\frac{\lambda_2}{(\lambda_r+\lambda_1)\xi_1+\lambda_2}\exp[-(\lambda_r+\lambda_1)B] \tag{3-15}$$

式中,$\xi_1=2^{2R_1}$;$B=\frac{\xi_1-1}{a_1\rho}$。当 $\rho\to\infty$ 时,理想 SIC 条件下安全中断概率的渐近表达式为

$$\lim_{\rho\to\infty}P_1^{SOP}=1-\frac{\lambda_2}{(\lambda_r+\lambda_1)\xi_1+\lambda_2} \tag{3-16}$$

2. 非理想 SIC 条件下($0<\varepsilon\leqslant1$)

令 $X=1+\min\left\{\frac{a_1|h_r|^2}{\varepsilon a_2|h_r|^2+\frac{1}{\rho}},\frac{a_1|h_1|^2}{\varepsilon a_2|h_1|^2+\frac{1}{\rho}}\right\}$,$Y=1+\frac{a_1|h_2|^2}{\varepsilon a_2|h_2|^2+\frac{1}{\rho}}$。用户 U_1 的安全中断概率可表示为

$$P_1^{SOP}=P_r(X<Y\xi_1)=\int_0^{+\infty}F_X(y\xi_1)f_Y(y)\mathrm{d}y \tag{3-17}$$

通过高斯-切比雪夫积推导计算,用户 U_1 的安全中断概率可近似为

$$P_1^{SOP}\approx1-\int_1^{\frac{a_1+\varepsilon a_2}{\varepsilon a_2\xi_1}}g(y)\mathrm{d}y\approx1-\frac{\pi(C-1)}{2N}\sum_{n=1}^{N}\sqrt{1-\varphi_n^2}g(m) \tag{3-18}$$

式中,$C=\frac{a_1+\varepsilon a_2}{\varepsilon a_2\xi_1}$;$m=\frac{1}{2}[(C-1)\varphi_n+C+1]$;$\varphi_n=\cos\left[\frac{(2n-1)\pi}{2N}\right]$;$N$ 为高斯-切比雪夫近似不等式参数。当 $\rho\to\infty$ 时,有 $\frac{a_1|h_r|^2}{\varepsilon a_2|h_r|^2+\frac{1}{\rho}}\approx\frac{a_1|h_1|^2}{\varepsilon a_2|h_1|^2+\frac{1}{\rho}}\approx\frac{a_1|h_2|^2}{\varepsilon a_2|h_2|^2+\frac{1}{\rho}}\approx\frac{a_1}{\varepsilon a_2}$,可得,非理想 SIC 条件下安全中断概率的渐近表达式为

$$\lim_{\rho\to\infty}P_1^{\mathrm{SOP}}=1 \tag{3-19}$$

3.2.3 传输方案优化

系统目标是保证在 U_2 不出现连接中断的条件下，尽可能使 U_1 实现更高的保密速率。因此，优化问题可表述如下：

$$\begin{cases}\min\limits_{a_1} P_1^{\mathrm{SOP}} \\ \text{s. t.} \quad 0<a_1<0.5 \\ \qquad\quad P_2^{\mathrm{OP}}\leqslant\varphi\end{cases} \tag{3-20}$$

式中，φ 为弱用户的中断概率最大允许阈值。通过对功率分配系数 a_1 求导，可得

$$\frac{\mathrm{d}P_2^{\mathrm{OP}}}{\mathrm{d}a_1}=\frac{\xi_2(\lambda_r+\lambda_2)(1+\xi_2)}{\rho(a_2-a_1\xi_2)^2}\exp\left(-\frac{\xi_2(\lambda_r+\lambda_2)}{\rho(a_2-a_1\xi_2)}\right) \tag{3-21}$$

$$\frac{\mathrm{d}P_1^{\mathrm{SOP}}}{\mathrm{d}a_1}=\begin{cases}-\dfrac{\lambda_2(\lambda_r+\lambda_1)(\xi_1-1)}{[(\lambda_r+\lambda_1)\xi_1+\lambda_2]\rho a_1^2}\exp\left[-\dfrac{(\lambda_r+\lambda_1)(\xi_1-1)}{a_1\rho}\right] & \varepsilon=0 \\ -\dfrac{\pi\sum\limits_{n=1}^{N}\sqrt{1-\varphi_n^2}\left[g(m)+\dfrac{(C-1)(\varphi_n+1)}{2}\times\dfrac{\mathrm{d}g(m)}{\mathrm{d}m}\right]}{2N\varepsilon\xi_1(1-a_1^2)} & 0<\varepsilon\leqslant 1\end{cases} \tag{3-22}$$

可知 P_1^{OP}、P_2^{SOP} 的一阶导数分别总是大于零和小于零，可知，P_1^{OP}、P_2^{SOP} 分别是 a_1 的单调递减函数和单调递增函数。因此，当 $P_2^{\mathrm{SOP}}=\varphi$ 时，可求得最优功率分配系数 a_1^*：

$$a_1^*=\frac{1}{1+\xi_2}\left[1+\frac{\xi_2(\lambda_r+\lambda_1+\lambda_2)}{\rho\ln(1-\varphi)}\right] \tag{3-23}$$

3.2.4 仿真结果与讨论

图 3-4 给出了在 $\rho=10$ dB 时，理想 SIC 条件下强用户安全中断概率和弱用户中断概率与 U_1 的功率分配系数 a_1 的关系。图中仿真值和理论曲线的结果基本一致，证实了理论分析的准确性。从图中可以看出，随着 a_1 的增加，分配给信号 x_1 的传输功率增大，而用于信号 x_2 的传输功率减少，因此 U_1 的安全中断概率呈下降趋势，而用户 U_2 的中断概率呈上升趋势，这表明基于功率分配，用户 U_1 的安全性和用户 U_2 的可靠性之间存在折中关系。虚线和点线分别表示在 U_2 的中断概率阈值 $\varphi=0.13$ 的条件下，由本节理论表达式和穷尽搜索算法得到的最优功率分配系数 a_1^*，两条线的重合证实了理论推导的准确性。

图 3-5 给出了不同非理想 SIC 残余干扰因子 ε 条件下，强用户 U_1 的安全中断概率与 BS 发送信噪比 ρ 的关系。最初，理想 SIC 和非理想 SIC 条件下的安全中断概率在低信噪比区域重叠且安全性较低。这是因为在低信噪比区域，U_1 的安全容量较低，非理想 SIC 导致的残余干扰对安全中断概率影响不大。随着 ρ 的增大，由于端到端信号强度的增强，理想 SIC 条件下 U_1 的安全中断概率减小。在非理想 SIC 的情况下，信噪比越高，剩余干扰信号越强，最终导致安全性能下降。当 $\rho\to\infty$ 时，理想 SIC 和非理想 SIC 条件下的安全中断概率

与理论分析结果完全一致。此外,非理想 SIC 引起的残余干扰因子 ε 越小,非理想 SIC 条件下的安全中断概率越接近理想 SIC 下的性能。

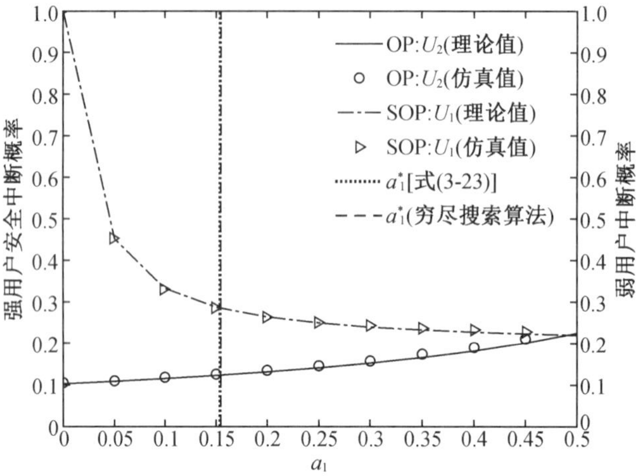

图 3-4 强用户安全中断概率和弱用户中断概率与功率分配系数的关系

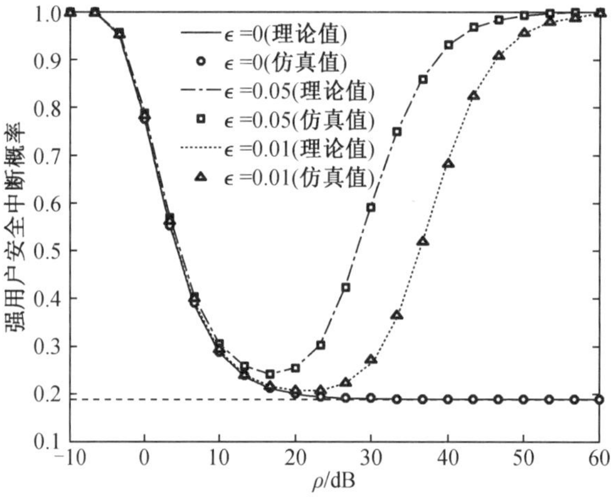

图 3-5 强用户安全中断概率性能图

图 3-6 给出了 $R_1=0.8$ bit/(s · Hz),$\varphi=0.2$ 条件下,基于最优功率分配的协同 NOMA(OPA-CNOMA)方案、基于随机功率分配的协同 NOMA(RPA-CNOMA)方案和 OMA 方案中强用户 U_1 的安全中断概率与 BS 发送信噪比 ρ 的关系。理想 SIC 条件下,OPA-CNOMA 方案 U_1 的安全性能优于 RPA-CNOMA 方案和传统的 OMA 方案。随着 ρ 的增大,RPA-CNOMA 方案与 OPA-CNOMA 方案之间的性能差异逐渐缩小。这是由于在高信噪比区域,端到端信号强度趋于恒定,因而改变功率分配系数 a_1 对 U_1 的安全中断概率影响不大。此外,非理想 SIC 条件下的 NOMA 方案性能比理想 SIC 条件下的 NOMA 方案性能差,但在低信噪比区域优于 OMA 方案。仿真结果验证了所提出的最优功率分配方案在提升 U_1 安全性能上的优越性。

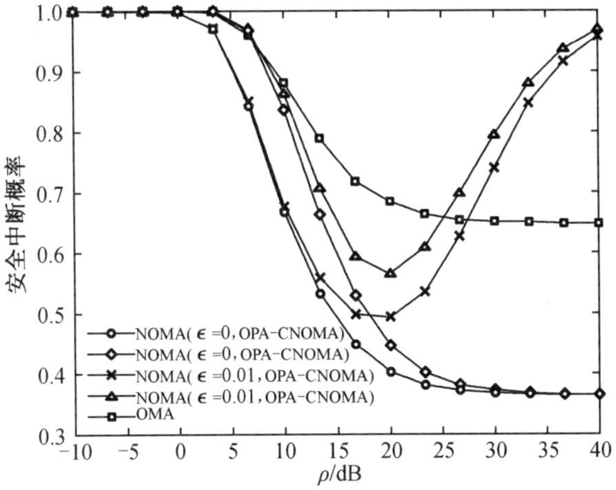

图 3-6　三种方案强用户安全中断概率性能图

3.3　面向外部窃听场景的物理层安全传输

3.3.1　基于全双工中继和人工噪声辅助的物理层安全传输

1. 系统模型

如图 3-7 所示，系统模型包括一个基站(BS)、两个安全需求用户(U_1 和 U_2)和一个企图窃取 U_1 和 U_2 信息的被动窃听者(Eve)。强用户 U_1 充当用户中继，并采用解码转发策略。除了 U_1 配备一根发送天线和一根接收天线并工作于全双工模式外，网络中剩余节点都工作在半双工模式并且都配备单天线。

在每个时隙的开始，BS 和 U_1 的发送功率分别为 P_s 和 P_1，受系统的总功率 P 的约束，即 $P_s+P_1=P$。假设网络中所有链路的全局信道状态信息在接收端已知；所有信道在一个衰落块内保持恒定，但在不同衰落块之间独立变化。具体来说，BS-U_1、BS-U_2、BS-Eve、U_1-U_2 和 U_1-Eve 的信道系数由 $h_\theta, \theta \in \{1,2,\mathrm{se},\mathrm{r},u_1\mathrm{e}\}$ 表示，假设上述所有信道都经历独立的块 Nakagami-m 衰落。此外，不失一般性，假设所有用户处的高斯白噪声均值为零，功率为 $\sigma_i^2, i\in\{1,2\}$，Eve 处的高斯白噪声均值为零，功率为 σ_e^2。

2. 基于 AN 辅助的协同 NOMA 方案

NOMA 传输策略为一个时隙。在任意时隙 t，BS 发送叠加编码信号$[\sqrt{a_1P_s}x_1(t)+\sqrt{a_2P_s}x_2(t)]$给用户 U_1 和 U_2，其中 x_1 和 x_2 分别为用户 U_1 和 U_2 的归一化信号，即 $\mathbb{E}[|x_1|^2]=\mathbb{E}[|x_2|^2]=1$。$a_1$ 和 a_2 分别对应 U_1 和 U_2 的功率分配系数。假设 U_1 的信道条件优于 U_2，根据 NOMA 的基本原则，更多的功率分配给信道较差的用户，即 $a_1<a_2$，$a_1+a_2=1$，以更好地保持公平性和 QoS。

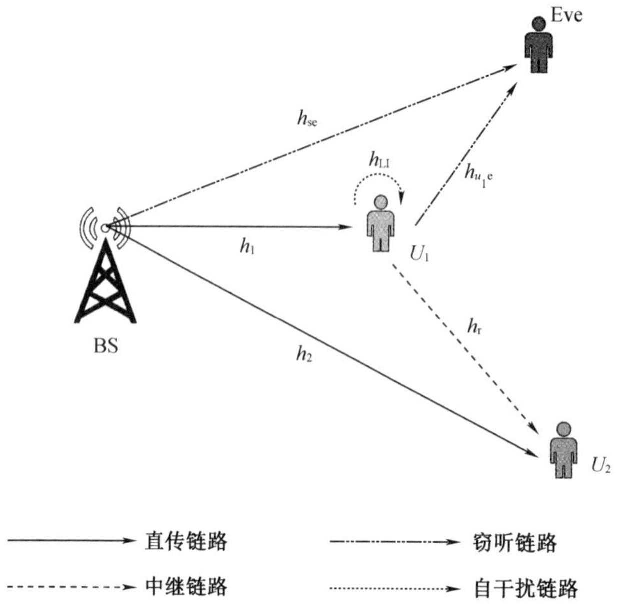

图 3-7　基于全双工中继和人工噪声辅助的协同 NOMA 系统模型图

为了进一步增强 U_2 的 SRT 性能，U_1 转发经重新编码的信号 x_2，其发送功率为 ξP_1，其中 $\xi \in [0,1]$ 表示信息功率占比。同时，剩余功率 $(1-\xi)P_1$ 用于发送 AN 信号 x_j，以混淆 Eve。与文献[26]一致，x_j 是由伪随机序列生成器生成且单位功率的归一化信号。此外，由于计算限制和实际条件的非理想性，当在 FD 模式下工作时，U_1 无法完全消除残余的环路自干扰（LI）。因此，U_1 将同时接收来自 BS 的叠加编码信号和 FD 引发的 LI 信号。因此，U_1 接收到的信号可以表示为

$$y_1^{\text{AN-CNOMA}}(t)=h_1[\sqrt{a_1P_s}x_1(t)+\sqrt{a_2P_s}x_2(t)]+ h_{LI}[\sqrt{\varphi\xi P_1}x_2(t-\tau)+\sqrt{\varphi(1-\xi)P_1}x_j(t-\tau)]+n_1(t) \tag{3-24}$$

式中，h_{LI} 表示环路自干扰信道，服从准静态瑞利衰落；τ 为处理时延，满足 $\tau \leqslant t$；φ 表示 LI 消除系数，$0<\varphi\leqslant 1$ 对应于 LI 信号的消除级别；n_1 为用户 i 处的高斯白噪声。假设 AN 仅对 U_1 已知，对 U_2 和 Eve 未知，以提供性能下界。

基于 SIC 技术，U_1 首先将信号 x_1 视为干扰，解码 x_2 的信号。在叠加混合信号中重建和减去提取的信号 x_2，然后解码自己的信号 x_1。假定在 U_1 处执行理想的 SIC，其解码信号 x_1 和 x_2 时，SINR 可以表示为

$$\gamma_{s,1,2}^{\text{AN-CNOMA}}=\frac{a_2\rho_s|h_1|^2}{a_1\rho_s|h_1|^2+\varphi\rho_1|h_{LI}|^2+1} \tag{3-25}$$

$$\gamma_{s,1,2}^{\text{AN-CNOMA}}=\frac{a_1\rho_s|h_1|^2}{\varphi\rho_1|h_{LI}|^2+1} \tag{3-26}$$

式中，$\rho_s=P_s/\sigma^2$；$\rho_1=P_1/\sigma^2$。

U_1 成功提取信号 x_2 后，将其转发给 U_2。因此，U_2 处来自直传链路和中继链路的接收信号可以分别表示为

$$y_{s,2}^{\text{AN-CNOMA}}(t)=h_2[\sqrt{a_1P_s}x_1(t)+\sqrt{a_2P_s}x_2(t)]+n_{s,2}(t) \tag{3-27}$$

$$y_{1,2}^{\text{AN-CNOMA}}(t)=h_r[\sqrt{\xi P_1}x_2(t-\tau)+\sqrt{(1-\xi)P_1}x_j(t)]+n_{1,2}(t) \tag{3-28}$$

基于 SIC 原理，U_2 被分配更多的功率，可以将信号 x_1 视为干扰，直接解码信号 x_2。由于直传链路和中继链路之间存在残余干扰，定义 κ 为残余干扰的影响系数。因此，U_2 处对应于直传链路和中继链路，用于解码 x_2 的接收 SINR 可以分别表示为

$$\gamma_{s,2,2}^{\text{AN-CNOMA}}=\frac{a_2\rho_s|h_2|^2}{a_1\rho_s|h_2|^2+\kappa\rho_1|h_r|^2+1} \tag{3-29}$$

$$\gamma_{1,2,2}^{\text{AN-CNOMA}}=\frac{\xi\rho_1|h_r|^2}{(1-\xi)\rho_1|h_r|^2+\kappa\rho_1|h_2|^2+1} \tag{3-30}$$

如文献[28]和[29]所述，来自 BS 的直传链路和来自 U_1 的中继链路的传输信号在时间上是分开的。根据文献[28]和[30]，假设 U_2 能够完全区分来自 U_1 和 BS 的信号，以获得实际 NOMA 系统的理论结果。这个假设与在无线系统中广泛使用的 Rake 接收器的理想操作以及文献[31]中引入的线性中继等理论方法一致。本章提供了式(1-29)和式(1-30)的上界，因此，式(1-29)和式(1-30)可以分别改写为

$$\gamma_{s,2,2}^{\text{AN-CNOMA}}=\frac{a_2\rho_s|h_2|^2}{a_1\rho_s|h_2|^2+1} \tag{3-31}$$

$$\gamma_{1,2,2}^{\text{AN-CNOMA}}=\frac{\xi\rho_1|h_r|^2}{(1-\xi)\rho_1|h_r|^2+1} \tag{3-32}$$

假设 U_2 采用选择式合并(SC)技术，选择质量最好的信号作为输出信号。因此，当 U_2 解调其目的信息 x_2 时，SINR 表示如下：

$$\gamma_{U_2,\text{SC}}^{\text{AN-CNOMA}}=\max\{\min(\gamma_{s,1,2}^{\text{AN-CNOMA}},\gamma_{1,2,2}^{\text{AN-CNOMA}}),\gamma_{s,2,2}^{\text{AN-CNOMA}}\} \tag{3-33}$$

与 U_2 类似，Eve 处接收来自直传链路和中继链路的信号，可以分别表示为

$$y_{s,e}^{\text{AN-CNOMA}}(t)=h_{se}[\sqrt{a_1P_s}x_1(t)+\sqrt{a_2P_s}x_2(t)]+n_{s,e}(t) \tag{3-34}$$

$$y_{1,e}^{\text{AN-CNOMA}}(t)=h_{u_1e}[\sqrt{\xi P_1}x_2(t-\tau)+\sqrt{(1-\xi)P_1}x_j(t)]+n_{1,e}(t) \tag{3-35}$$

根据文献[14]，本章考虑了 NOMA 网络中 Eve 拦截能力较弱的情况。即由于 NOMA 技术引起的用户间干扰，Eve 无法明确区分多用户数据流。因此，当 Eve 尝试解码 x_1(或 x_2)时，会受到 x_2(或 x_1)的干扰。由于 Eve 只能从直传链路窃取信号 x_1，其用于解码 x_1 的窃听 SINR 可表示为

$$\gamma_{s,e,1}^{\text{AN-CNOMA}}=\frac{a_1\rho_{se}|h_{se}|^2}{a_2\rho_{se}|h_{se}|^2+1} \tag{3-36}$$

Eve 可同时从直传链路和中继链路窃取，其 SINR 分别表示为

$$\gamma_{s,e,2}^{\text{AN-CNOMA}}=\frac{a_2\rho_{se}|h_{se}|^2}{a_1\rho_{se}|h_{se}|^2+1} \tag{3-37}$$

$$\gamma_{1,e,2}^{\text{AN-CNOMA}}=\frac{\xi\rho_{u_1e}|h_{u_1e}|^2}{(1-\xi)\rho_{u_1e}|h_{u_1e}|^2+1} \tag{3-38}$$

式中，$\rho_{se}=P_s/\sigma_e^2$；$\rho_{u_1e}=P_1/\sigma_e^2$。

在低复杂度的约束下，Eve 同样采用 SC 接收多次传输的信息，其窃听信息 x_2 的 SINR 可表示为

$$\gamma_{e,SC}^{AN-CNOMA}=\max\{\gamma_{s,e,2}^{AN-CNOMA},\gamma_{1,e,2}^{AN-CNOMA}\} \tag{3-39}$$

3. 性能分析

首先分析传输中断概率。当 U_1 无法解码信号 x_1 或 x_2 时，发生连接中断。U_1 的中断概率表示为

$$P_{out,U_1}^{AN-CNOMA}=1-\Pr(\gamma_{s,1,2}^{AN-CNOMA}>\gamma_o^2,\gamma_{s,1,1}^{AN-CNOMA}>\gamma_o^1) \tag{3-40}$$

式中，$\gamma_o^i=2^{R_o^i}-1$，其中 R_o^i 表示 U_i 的目标传输速率。信道系数 $|h_\theta|$ 服从独立同分布的 Nakagami-m 分布，因此 $|h_\theta|^2$ 服从伽马分布。U_1 的中断概率可表示为

$$P_{out,U_1}^{AN-CNOMA}=1-\frac{1}{\Omega_{LI}}\exp\left(-\frac{1}{\Omega_{LI}\varphi\rho_1}\right)\sum_{k=0}^{m_1-1}\left(\frac{m_1\varphi_1}{\Omega_1}\right)^k\frac{1}{k!}\frac{A_1{}^k}{A_2{}^{k+1}}\Gamma\left(k+1,\frac{A_2}{A_1}\right) \tag{3-41}$$

若 U_2 不能正确解调其目的信息 x_2，发生连接中断。U_2 的中断概率可表示为

$$\begin{aligned}P_{out,U_2}^{AN-CNOMA}&=\Pr(\gamma_{U_2,SC}^{AN-CNOMA}<\gamma_o^2)\\&=[1-\Pr(\gamma_{s,1,2}^{AN-CNOMA}>\gamma_o^2)\Pr(\gamma_{1,2,2}^{AN-CNOMA}>\gamma_o^2)]\Pr(\gamma_{s,2,2}^{AN-CNOMA}<\gamma_o^2)\\&=[1-Q_1Q_2]Q_3\end{aligned} \tag{3-42}$$

进行类似于式(3-41)的推导，可得

$$\begin{aligned}Q_1&=\Pr(\gamma_{s,1,2}^{AN-CNOMA}>\gamma_o^2)\\&=\frac{1}{\Omega_{LI}}\exp\left(\frac{1}{\varphi\rho_1\Omega_{LI}}\right)\sum_{k=0}^{m_1-1}\left(\frac{m_1\alpha_1}{\Omega_1}\right)^k\frac{1}{k!}\frac{(\varphi\rho_1)^k}{\left(\frac{m_1\alpha_1\varphi\rho_1}{\Omega_1}+\frac{1}{\Omega_{LI}}\right)^{k+1}}\Gamma\left(k+1,\frac{m_1\alpha_1}{\Omega_1}+\frac{1}{\varphi\rho_1\Omega_{LI}}\right)\end{aligned} \tag{3-43}$$

将式(3-30)和式(3-31)代入式(3-42)，可得

$$Q_2=\Pr(\gamma_{1,2,2}^{AN-CNOMA}>\gamma_o^2)=\frac{1}{\Gamma(m_r)}\Gamma\left[m_r,\frac{m_r}{\Omega_r}\frac{\gamma_o^2}{\xi\rho_1-(1-\xi)\rho_1\gamma_o^2}\right] \tag{3-44}$$

$$Q_3=\Pr(\gamma_{s,2,2}^{AN-CNOMA}<\gamma_o^2)=1-\frac{1}{\Gamma(m_2)}\Gamma\left(m_2,\frac{m_2}{\Omega_2}\alpha_1\right) \tag{3-45}$$

为了避免 $P_{out,U_2}^{AN-CNOMA}=1$，应该满足 $\gamma_o^2<\frac{\xi}{1-\xi}$。

当 Eve 的窃听信道容量大于机密编码器所需的保密传输速率差($R_o^i-R_s^i$)时，Eve 可以成功窃听在合法链路上传输的机密信息，其中 R_s^i 表示需要由安全编码器编码的安全速率。

基于上述，U_1 的截获概率表示为

$$P_{int,U_1}^{AN-CNOMA}=\Pr(\gamma_{s,e,1}^{AN-CNOMA}>\gamma_e^1) \tag{3-46}$$

式中，$\gamma_e^1=2^{R_o^1-R_s^1}-1$。

将式(3-13)代入式(3-46)，U_1 的截获概率的闭式表达式为

$$P_{int,U_1}^{AN-CNOMA}=\Pr\left[|h_{se}|^2>\frac{\gamma_e^1}{\rho_{se}(a_1-a_2\gamma_e^1)}\right]=\frac{1}{\Gamma(m_{se})}\Gamma\left[m_{se},\frac{m_{se}\gamma_e^1}{\Omega_{se}\rho_{se}(a_1-a_2\gamma_e^1)}\right] \tag{3-47}$$

为了避免 $P_{\text{int},U_1}^{\text{AN-CNOMA}}=0$，应该满足 $\gamma_e^1<\frac{a_1}{a_2}$。

U_2 的截获概率表示为

$$P_{\text{int},U_2}^{\text{AN-CNOMA}}=\Pr(\gamma_{e,SC}^{\text{AN-CNOMA}}>\gamma_e^2) \tag{3-48}$$

式中，$\gamma_e^2=2^{R_o^2-R_s^2}-1$。

将式(3-16)代入式(3-48)，U_2 的截获概率的闭式表达式为

$$P_{\text{int},U_2}^{\text{AN-CNOMA}}=1-\left\{1-\frac{1}{\Gamma(m_{se})}\Gamma\left[m_{se},\frac{m_{se}\gamma_e^2}{\Omega_{se}\rho_{se}(a_2-a_1\gamma_e^2)}\right]\right\}\times$$
$$\left(1-\frac{1}{\Gamma(m_{u_1e})}\Gamma\left\{m_{u_1e},\frac{m_{u_1e}\gamma_e^2}{\Omega_{u_1e}\rho_{u_1e}[\xi-(1-\xi)\gamma_e^2]}\right\}\right) \tag{3-49}$$

为了避免 $P_{\text{int},U_2}^{\text{AN-CNOMA}}=0$，应该满足$\frac{\gamma_e^2}{1+\gamma_e^2}<\xi\leqslant 1$。

4. 仿真结果与分析

图3-8给出了 $\varphi=0.1$、0.05、0.01 时，AN-CNOMA 方案和 NOMA 方案中强用户 U_1 的中断概率与发送信噪比 ρ 的关系。首先，仿真值与理论曲线相吻合，验证了理论推导的准确性。其次，在 AN-CNOMA 方案和 NOMA 方案中，U_1 的中断概率随着 ρ 的增加而减小，这是因为 U_1 解码信息 x_1 和 x_2 的有效 SINR 与 ρ 成正比。在高信噪比区域，NOMA 方案中有效 SINR 继续随 ρ 增加而增加，而在 AN-CNOMA 方案中趋于恒定。因此，NOMA 方案中 U_1 的性能持续提高，而 AN-CNOMA 方案中趋于稳定。此外，与 NOMA 方案相比，AN-CNOMA 方案中 U_1 的残余自干扰导致有效 SINR 减小，增加了 U_1 的中断概率。随着残余自干扰 φ 的减小，AN-CNOMA 方案与 NOMA 方案之间的性能差距逐渐减小。因此，当残余自干扰被抑制到足够小的时候，由 FD 引起的 U_1 的性能损失可以忽略不计。

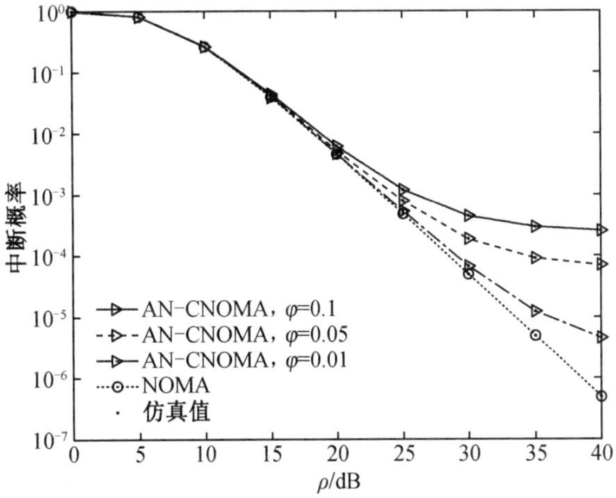

图3-8 AN-CNOMA 方案和 NOMA 方案中断概率与发送信噪比的关系

图 3-9 给出了 $\Omega_{LI}=-30$ dB、-15 dB、-5 dB 时，AN-CNOMA 方案中强用户 U_1 的中断概率与功率分配系数 a_1 的关系。由于 a_1 的增大对 U_1 解码信号 x_1 和 x_2 的有效 SINR 有着相反的作用。当 a_1 较小时，U_1 的中断概率主要受 $\gamma_{s,1}^1$ 的影响，导致中断概率呈下降趋势；当 a_1 较大时，U_1 的中断概率主要受 $\gamma_{s,1}^2$ 的影响，导致中断概率呈上升趋势。因此，基于中断概率的非凸特性，存在一种最佳功率分配方案来实现 U_1 的最优中断性能。此外，FD 引起的环路残余自干扰越大，中断概率越大，可靠性越差。

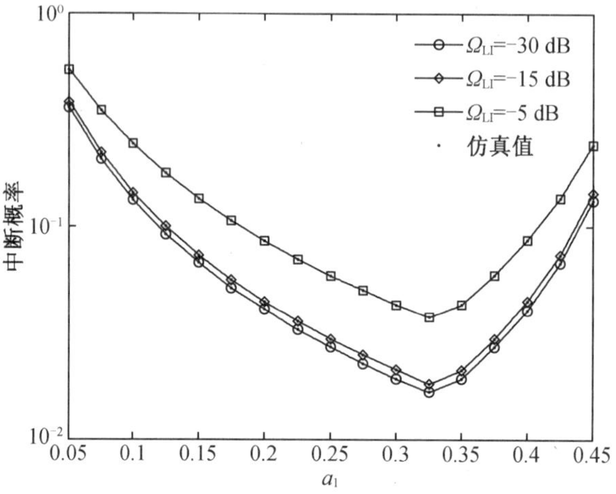

图 3-9　AN-CNOMA 方案中断概率与功率分配系数的关系

图 3-10 给出了 U_1 的中断概率与基站发送信噪比 ρ_s 和 LI 消除系数 φ 的关系。图 3-11 给出了截获概率与发送信噪比的关系，反映了强用户 U_1 的截获概率在不同发送信噪比 ρ 和不同 Nakagami-m 衰落参数 m_{se} 及目标传输速率 R_s^1 条件下的变化趋势。随着 ρ_s 的增加，U_1 的中断概率逐渐减小并最终趋于稳定。随着 φ 的减小，剩余自干扰降低，带来可靠性的改善。此外，当 ρ_s 较小时，φ 的变化对中断概率的作用更大。随着 m_{se} 的增加，BS-Eve 和 U_1-Eve 之间的信道变得更加稳定，且在高发射功率区域，性能改善更加明显。此外，U_1 的截获概率随着目标安全速率阈值 R_s^1 的增加而增大。

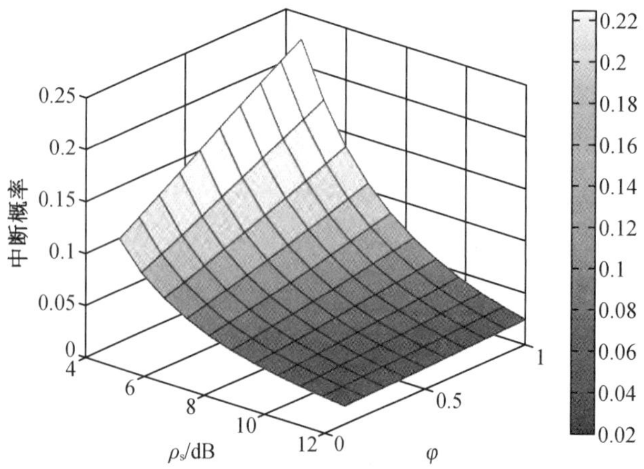

图 3-10　AN-CNOMA 方案中断概率与基站发送信噪比和 LI 消除系数的关系

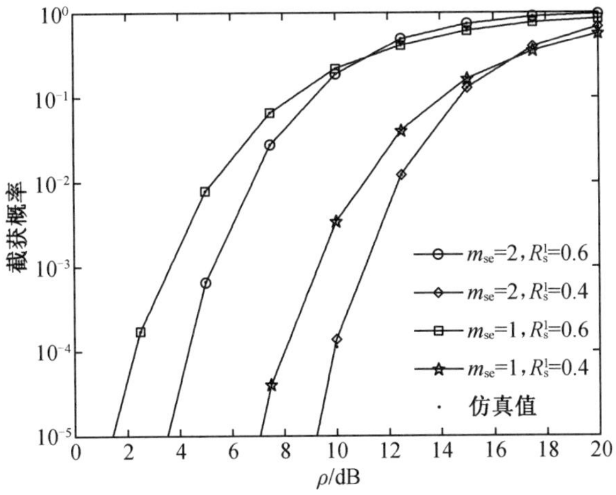

图 3-11　AN-CNOMA 方案截获概率与发送信噪比的关系

3.3.2　基于多天线全双工中继的物理层安全传输

1. 系统模型

如图 3-12 所示，系统模型包括一个基站（BS）、两个合法用户（U_1 和 U_2）、一个被动窃听者（Eve）和 1 个中继节点（R），实线和虚线分别表示直传链路和中继链路。假设两个合法用户对通信有不同的服务需求，其中 U_1 只需要满足 QoS 需求，而 U_2 需要保证安全传输。

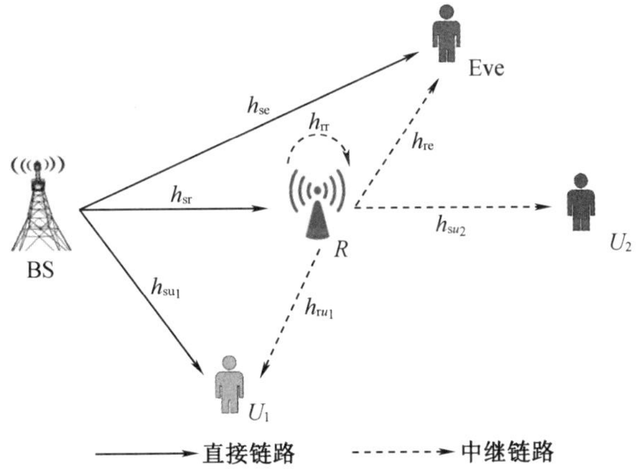

图 3-12　基于多天线全双工中继和逆向功率分配策略的协同 NOMA 系统模型图

假设 U_1 直接与 BS 通信，而 BS 和 U_2 间不存在直传链路，故采用中继辅助将信号 x_2 从基站转发至 U_2。R 处配备有 $M=M_R+M_T$ 根天线，为了减少 FD 中继器处的自干扰，M_R 根天线专用于接收信号，M_T 根天线专用于数据传输，R 工作在全双工模式，采用解码转发协议。网络中所有剩余节点都工作在半双工模式，并且都配备单天线。

假设所有无线链路都经历独立的瑞利衰落，即所有信道在一个衰落块中保持不变，但在不同的衰落块之间独立变化。此外，假设网络中所有链路的全局信道状态信息在接收端已知。

假设从节点 X 到节点 Y 之间的距离表示为 $d_{XY}=\sqrt{\beta d_{XY}^{-\alpha}}g_{XY}, X\in\{s,r\}, Y\in\{r,u_1,u_2,e\}$。$\alpha$ 为路径损耗指数;β 为参考距离 1 m 处的信道增益;g_{XY} 表示节点间归一化瑞利衰落系数。此外,假设所有接收端处的高斯白噪声均值为零,功率相等,且为 σ^2。

NOMA 传输策略为一个时隙。在任意时隙 t,基于 NOMA 准则,在 BS 处的叠加编码信号 $x(t)$ 可表示为 $x(t)=\sqrt{a_1P_s}x_1(t)+\sqrt{a_2P_s}x_2(t)$。其中,$x_1$ 和 x_2 分别为用户 U_1 和 U_2 的归一化信号,即$\mathbb{E}[|x_1|^2]=\mathbb{E}[|x_2|^2]=1$;$P_s$ 是 BS 的发送功率。a_1 和 a_2 分别对应 U_1 和 U_2 的功率分配系数。

假设 U_1 的信道质量优于 U_2,这不同于传统 NOMA 中将更多的功率分配给信道较差的用户。本章考虑了标准 NOMA 的反向功率分配并调整 SIC 解码顺序,即向 U_1 分配更多的发射功率,即 $a_1>a_2, a_1+a_2=1$,使得 U_2 的安全信息隐藏在 U_1 的信息之下,以提升 U_2 的安全性。

基于 SIC 技术,R 在收到叠加编码信号后,首先通过将 x_2 视为干扰来解码 x_1 的信号。从叠加的混合信号中重构减去提取的信号 x_1,然后解码信号 x_2。而后,R 将成功解码后的信号 x_2 转发给 U_2。由于 R 处存在 FD 的残余自干扰,则 R 处的接收信号可表示为

$$y_r^{FD}(t)=\boldsymbol{u}_r^\dagger\boldsymbol{h}_{sr}x(t)+\sqrt{P_r}\boldsymbol{u}_r^\dagger\boldsymbol{H}_{rr}\boldsymbol{w}x_2(t-\tau)+\boldsymbol{u}_r^\dagger\boldsymbol{n}_r \tag{3-50}$$

式中,τ 表示处理延迟,$\tau\leqslant t$;$\boldsymbol{h}_{sr}=\sqrt{\beta d_{sr}^{-\alpha}}\boldsymbol{g}_{sr}\in\mathbb{C}^{N_r\times 1}$,是从 BS 到 R 的信道矢量,$\boldsymbol{g}_{sr}\sim\mathcal{CN}(0,\boldsymbol{I})$ 表示 BS 和 R 之间的归一化瑞利衰落;$\boldsymbol{u}_r\in\mathbb{C}^{M_R\times 1}$,是 R 的接收预编码矢量,并满足 $\|\boldsymbol{u}_r\|^2=1$;P_r 是 R 的发送功率;$\boldsymbol{H}_{rr}\in\mathbb{C}^{M_R\times M_T}$,表示 R 处的衰落自干扰信道;$\boldsymbol{w}=\boldsymbol{h}_{ru_2}^\dagger/\|\boldsymbol{h}_{ru_2}\|$,是 R 的发送预编码矢量,利用 MRT 增强 U_2 的有效信道增益,同时能够降低对 U_1 的干扰并减少在窃听处的信息泄露;$\boldsymbol{n}_r\in\mathbb{C}^{M_R\times 1}$,是 R 的 AWGN 向量,遵循$\mathcal{CN}(0,\sigma_r^2\boldsymbol{I}_{M_R})$。

为了消除 FD 继电器处的自干扰,获得更好的性能,应满足以下条件:

$$\boldsymbol{u}_r^\dagger\boldsymbol{H}_{rr}\boldsymbol{w}=0 \tag{3-51}$$

只有当变量的数量不小于方程的数量时,上式齐次线性方程才有解。上式方程的数量为 1,变量的数量为 M_R-1+M_T-1。根据代数原理,当式(3-51)有解时,需满足 $M_R+M_T-2\geqslant 1$,即 $M_R+M_T\geqslant 3$。

U_2 接收来自 R 的信息,可表示为

$$y_{u_2}^{FD}(t)=\sqrt{P_r}\boldsymbol{h}_{ru_2}\boldsymbol{w}x_2(t-\tau)+n_{u_2}(t-\tau) \tag{3-52}$$

式中,$\boldsymbol{h}_{ru_2}=\sqrt{\beta d_{ru_2}^{-\alpha}}\boldsymbol{g}_{ru_2}\in\mathbb{C}^{1\times M_T}$,是从 R 到 U_2 的信道矢量,$\boldsymbol{g}_{ru_2}\sim\mathcal{CN}(0,\boldsymbol{I})$ 表示 R 和 U_2 之间的归一化瑞利衰落;$n_{u_2}\sim\mathcal{CN}(0,{\sigma_2}^2)$ 是 U_2 处的 AWGN。

假设 U_1 和 Eve 都采用 MRC 方案接收来自 BS 和 R 的信号。因此,U_1 和 Eve 的接收信号可表示为

$$y_i^{FD}(t)=h_{si}x(t)+\sqrt{P_r}\boldsymbol{h}_{ri}\boldsymbol{w}x_2(t-\tau)+n_i, i\in\{u_1,e\} \tag{3-53}$$

式中,$h_{si}=\sqrt{\beta d_{si}^{-\alpha}}g_{si}, g_{si}\sim\mathcal{CN}(0,1)$ 为从 BS 到 i 的信道系数;$\boldsymbol{h}_{ri}=\sqrt{\beta d_{ri}^{-\alpha}}\boldsymbol{g}_{ri}\in\mathbb{C}^{1\times M_T}$,是从 R 到

i 的信道矢量，$\boldsymbol{g}_{ri} \sim \mathcal{CN}(0,\boldsymbol{I})$ 表示 R 和 i 之间的归一化瑞利衰落；$n_i \sim \mathcal{CN}(0,\sigma_i^2)$ 是 i 处的 AWGN。

基于 NOMA 原理，R 处先解码信号 x_1，其 SINR 可以表示为

$$\gamma_{\mathrm{r},x_1}^{\mathrm{FD}} = \frac{|\boldsymbol{u}_{\mathrm{r}}^{\dagger}\boldsymbol{h}_{\mathrm{sr}}|^2 a_1 P_{\mathrm{s}}}{|\boldsymbol{u}_{\mathrm{r}}^{\dagger}\boldsymbol{h}_{\mathrm{sr}}|^2 a_2 P_{\mathrm{s}} + \sigma^2} \tag{3-54}$$

在理想 SIC 的条件下，消除信号 x_1 的干扰后，R 处解码 x_2 的 SNR 可以表示为

$$\gamma_{\mathrm{r},x_2}^{\mathrm{FD}} = \frac{|\boldsymbol{u}_{\mathrm{r}}^{\dagger}\boldsymbol{h}_{\mathrm{sr}}|^2 a_2 P_{\mathrm{s}}}{\sigma^2} \tag{3-55}$$

由于改变 $\boldsymbol{u}_{\mathrm{r}}$ 不会影响 Eve 的有效窃听 SINR，可以建立以下问题优化解码向量 $\boldsymbol{u}_{\mathrm{r}}$，来进一步增强 U_2 在中继器处的传输可靠性：

$$\begin{cases} \max\limits_{u_{\mathrm{r}}} \gamma_{\mathrm{r},x_2}^{\mathrm{FD}} \\ \text{s. t.} \quad \boldsymbol{u}_{\mathrm{r}}^{\dagger}\boldsymbol{H}_{\mathrm{rr}}\boldsymbol{w} = 0,\ \|\boldsymbol{u}_{\mathrm{r}}\|^2 = 1 \end{cases} \tag{3-56}$$

上式最优解可以表示为

$$\boldsymbol{u}_{\mathrm{r}} = \frac{\boldsymbol{T}\boldsymbol{h}_{\mathrm{sr}}}{\sqrt{\boldsymbol{h}_{\mathrm{sr}}^{\dagger}\boldsymbol{T}\boldsymbol{h}_{\mathrm{sr}}}} \tag{3-57}$$

式中，$\boldsymbol{T} = \boldsymbol{I}_{N_{\mathrm{r}}} - \boldsymbol{B}(\boldsymbol{B}^{\dagger}\boldsymbol{B})^{-1}\boldsymbol{B}^{\dagger}$，$\boldsymbol{B} = \boldsymbol{H}_{\mathrm{rr}}\boldsymbol{w}$。

基于式(3-52)，U_2 处解码信号 x_2 的 SNR 可以表示为

$$\gamma_{u_2,x_2}^{\mathrm{FD}} = \frac{P_{\mathrm{r}}|\boldsymbol{h}_{\mathrm{r}u_2}\boldsymbol{w}|^2}{\sigma^2} \tag{3-58}$$

基于式(3-53)，U_1 处解码信号 x_1 的 SINR 可以表示为

$$\gamma_{u_1,x_1}^{\mathrm{FD}} = \frac{|h_{\mathrm{s}u_1}|^2 a_1 P_{\mathrm{s}}}{|h_{\mathrm{s}u_1}|^2 a_2 P_{\mathrm{s}} + P_{\mathrm{r}}|\boldsymbol{h}_{\mathrm{r}u_1}\boldsymbol{w}|^2 + \sigma^2} \tag{3-59}$$

Eve 处窃取信号 x_2 时，其 SINR 可表示为

$$\gamma_{\mathrm{e},x_2}^{\mathrm{FD}} = \frac{|h_{\mathrm{se}}|^2 a_2 P_{\mathrm{s}} + P_{\mathrm{r}}|\boldsymbol{h}_{\mathrm{re}}\boldsymbol{w}|^2}{|h_{\mathrm{se}}|^2 a_1 P_{\mathrm{s}} + \sigma^2} \tag{3-60}$$

2. 性能分析

根据末端传输，当 R 或 U_2 处不能正确地解调信号 x_2 时，都会造成连接中断事件。因此，安全需求用户 U_2 的中断概率为

$$P_{\mathrm{out},u_2}^{\mathrm{FD}} = \Pr\left[\min\left(\frac{|\boldsymbol{u}_{\mathrm{r}}^{\dagger}\boldsymbol{h}_{\mathrm{sr}}|^2 a_2 P_{\mathrm{s}}}{\sigma^2}, \frac{P_{\mathrm{r}}|\boldsymbol{h}_{\mathrm{r}u_2}\boldsymbol{w}|^2}{\sigma^2}\right) < \gamma_{\mathrm{o},2}^{\mathrm{FD}}\right] \tag{3-61}$$

式中，$\gamma_{\mathrm{o},2}^{\mathrm{FD}} = 2^{R_{\mathrm{o}}^2} - 1$，$R_{\mathrm{o}}^2$ 表示 U_2 的目标传输速率；$|\boldsymbol{u}_{\mathrm{r}}^{\dagger}\boldsymbol{h}_{\mathrm{sr}}|^2$ 服从$(M_{\mathrm{R}}-1,\theta_1)$的伽马分布；$|\boldsymbol{h}_{\mathrm{r}u_2}\boldsymbol{w}|^2$ 服从$(M_{\mathrm{T}},\theta_2)$的伽马分布，其中，$\theta_2 = \beta d_{\mathrm{r}u_2}^{-\alpha}$。可得，$U_2$ 的中断概率的闭式表达式为

$$P_{\mathrm{out},u_2}^{\mathrm{FD}} = 1 - A_1^{\mathrm{FD}} * A_2^{\mathrm{FD}} \tag{3-62}$$

式中

$$A_1^{\rm FD}=\Pr\left(|\boldsymbol{u}_{\rm r}^{\dagger}\boldsymbol{h}_{\rm sr}|^2\geqslant\frac{\gamma_{{\rm o},2}^{\rm FD}\sigma^2}{a_2P_{\rm s}}\right)=\exp\left(-\frac{\gamma_{{\rm o},2}^{\rm FD}\sigma^2}{a_2P_{\rm s}\theta_1}\right)\sum_{i=0}^{M_{\rm R}-2}\frac{1}{i!}\left(\frac{\gamma_{{\rm o},2}^{\rm FD}\sigma^2}{a_2P_{\rm s}\theta_1}\right)^i \tag{3-63}$$

$$A_2^{\rm FD}=\Pr\left(|\boldsymbol{h}_{ru_2}\boldsymbol{w}|^2\geqslant\frac{\gamma_{{\rm o},2}^{\rm FD}\sigma^2}{P_{\rm r}}\right)=\exp\left(-\frac{\gamma_{{\rm o},2}^{\rm FD}\sigma^2}{P_{\rm r}\theta_2}\right)\sum_{i=0}^{M_{\rm T}-1}\frac{1}{i!}\left(\frac{\gamma_{{\rm o},2}^{\rm FD}\sigma^2}{P_{\rm r}\theta_2}\right)^i \tag{3-64}$$

令 $R_{\rm s}^2$ 表示 U_2 的目标保密速率，当窃听信道的瞬时容量大于安全编码冗余阈值（$R_{\rm o}^2-R_{\rm s}^2$）时，窃听者可以截获所传输的加密信息。由于 $|h_{\rm se}|^2$ 服从参数 $\lambda_{\rm se}=1/\sqrt{\beta d_{\rm se}^{-\alpha}}$ 的指数分布，$|\boldsymbol{h}_{\rm re}\boldsymbol{w}|^2$ 服从参数 $\lambda_{\rm re}=1/\sqrt{\beta d_{\rm re}^{-\alpha}}$ 的指数分布。因此，安全需求用户 U_2 的截获概率可表示为

$$P_{{\rm int},{\rm u}_2}^{\rm FD}=\Pr(\gamma_{{\rm e},x_2}^{\rm FD}>\gamma_{{\rm e},2}^{\rm FD})=\frac{\lambda_{\rm se}}{\lambda_{\rm se}+\lambda_{\rm re}B_1}\exp(-\lambda_{\rm re}B_2) \tag{3-65}$$

式中，$\gamma_{{\rm e},2}^{\rm FD}=2^{(R_{\rm o}^2-R_{\rm s}^2)}-1$；$B_1=\dfrac{a_1P_{\rm s}\gamma_{{\rm e},2}^{\rm FD}-a_2P_{\rm s}}{P_{\rm r}}$；$B_2=\dfrac{\gamma_{{\rm e},2}^{\rm FD}\sigma^2}{P_{\rm r}}$。

为了更准确地分析网络的综合性能，有必要对 U_2 的安全性和可靠性折中性能进行评估。此时，U_2 的 SRT 可表示为

$$\text{SRT}_{u_2}^{\rm FD}=(1-P_{{\rm out},u_2}^{\rm FD})\times(1-P_{{\rm int},{\rm u}_2}^{\rm FD}) \tag{3-66}$$

当 Qos 用户 U_1 不能正确地解调到其目的信息 x_1 时，就会发生连接中断事件。基于 $|h_{su_1}|^2$ 服从参数 $\lambda_{su_1}=1/\sqrt{\beta d_{su_1}^{-\alpha}}$ 的指数分布，$|\boldsymbol{h}_{ru_1}\boldsymbol{w}|^2$ 服从参数 $\lambda_{ru_1}=1/\sqrt{\beta d_{ru_1}^{-\alpha}}$ 的指数分布，因此，U_1 的中断概率可表示为

$$P_{{\rm out},u_1}^{\rm FD}=\Pr(\gamma_{u_1,x_1}^{\rm FD}<\gamma_{{\rm o},1}^{\rm FD})=1-\frac{\lambda_{ru_1}}{\lambda_{ru_1}+\lambda_{su_1}C_1}\exp(-\lambda_{su_1}C_2) \tag{3-67}$$

式中，$\gamma_{{\rm o},1}^{\rm FD}=2^{R_{\rm o}^1}-1$；$R_{\rm o}^1$ 表示 U_1 的目标传输速率；$C_1=\dfrac{P_{\rm r}\gamma_{{\rm o},1}^{\rm FD}}{a_1P_{\rm s}-a_2P_{\rm s}\gamma_{\rm b1}}$；$C_2=\dfrac{\sigma_1^2}{a_1P_{\rm s}-a_2P_{\rm s}\gamma_{{\rm o},1}^{\rm FD}}$。

3. 仿真结果与分析

图 3-13 显示了两个用户的中断概率和截获概率与功率分配系数 a_2 的关系。理论结果与仿真结果的一致性验证了本章理论推导的正确性。对于 QoS 需求用户 U_1，随着 a_2 的增加，分配给 U_1 的功率减少，导致中断概率呈上升趋势。对于安全需求用户 U_2，随着 a_2 的增加，U_2 和窃听者 Eve 处解码信号 x_2 的有效 SINR 同时增加，导致中断概率呈下降趋势，截获概率呈上升趋势。

基于上述结果，本节首先设计了一种逆向功率分配策略，即 $a_2<a_1$，以满足 U_2 的安全性要求和 U_1 的可靠性要求。其次，通过利用全双工多天线中继和预编码设计，进一步提高了 U_2 和 U_1 的可靠性。最后，对比了所提出的基于多天线全双工中继的协同 NOMA 方案（FD-MA）与基于多天线半双工中继的协同 NOMA 方案（HD-MA）、半双工单天线中继方案（HD-SA）和文献中的全双工发射干扰方案（FD-Jam）的性能。

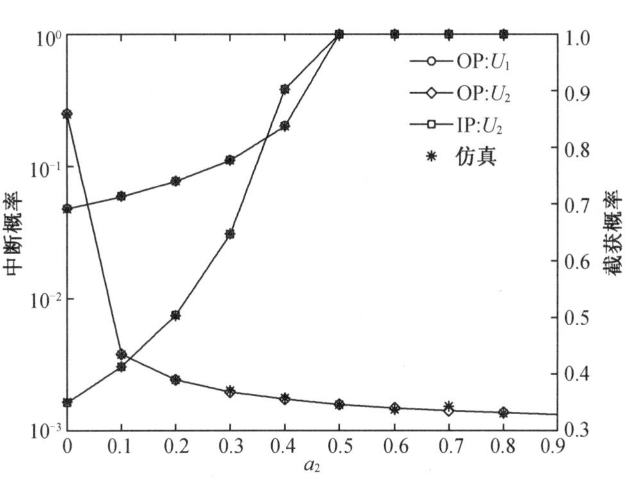

图 3-13 用户中断概率和截获概率与功率分配系数 a_2 的关系

图 3-14 给出了 FD-MA 方案、HD-MA 方案、HD-SA 方案和 FD-Jam 方案中安全需求用户 U_2 的中断概率与系统总传输功率 P 的关系。首先,在四种方案中,随着 P 的增加,中断概率曲线呈下降趋势。这是因为随着 P 的增加,合法用户的有效 SINR 同时增大。其次,FD-MA 方案、HD-MA 方案和 FD-Jam 方案下的中断性能优于 HD-SA 方案。这是因为相比于单天线,多天线技术直接增加了信号强度。同时,中断性能随着天线数量的增加,可以进一步提升。再次,FD-MA 方案和 HD-MA 方案优于 FD-Jam 方案。这是因为逆向功率分配策略增强了 R 处接收到的信号 x_2 的强度。最后,基于 FD-MA 方案中的接收机预编码设计,FD-MA 方案下的中断性能优于 HD-MA 方案。

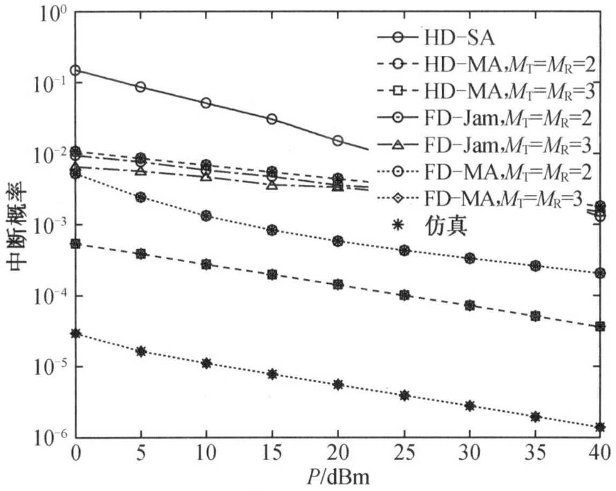

图 3-14 四种方案 U_2 中断概率性能图

图 3-15 给出了 FD-MA 方案、HD-MA 方案、HD-SA 方案和 FD-Jam 方案中安全需求用户 U_2 的截获概率与系统总传输功率 P 的关系。首先,FD-MA 中的截获概率明显低于 HD-MA 方案,这是因为 Eve 主要依赖于从 R 处的窃听信号 x_2,而在 FD-MA 方案中,来自基站 BS 的信号 x_1 能够作为干扰信号使用,从而明显降低了窃听信道的性能。并且,随着 P 的

增加,这种优势变得更加显著。其次,与 FD-Jam 方案相比,FD-MA 方案的安全性能更好。这是因为 FD-Jam 方案中给 U_2 分配了更多的功率,同时增加了 U_2 的可靠性和 Eve 的截获概率。为了增强安全性,需要以额外的功率发送干扰信号。因此,相比于 FD-Jam 方案,所提出的 FD-MA 方案在节约功率消耗方面表现出较大优势。最后,HD-SA 方案中的截获概率趋于稳定。这是因为随着 P 的增加,Eve 接收到的有效信号和干扰信号的强度同时增加。

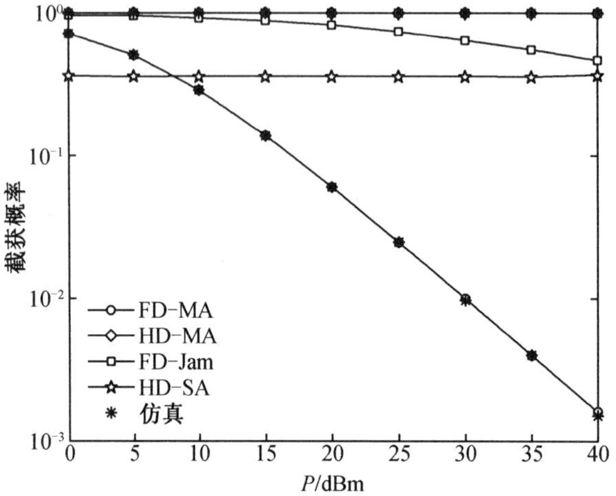

图 3-15　四种方案 U_2 截获概率性能图

3.4　小　　结

本章为实现广覆盖和高安全的需求,围绕协同非正交多址接入系统中的物理层安全传输,设计了适用于协同 NOMA 系统的三种物理层安全传输方案。针对远端内部窃听场景,提出了一种最优功率分配方案;针对外部窃听场景,分别提出了全双工中继和人工噪声的协同干扰方案以及基于多天线中继和功率分配策略的安全传输方案。理论分析和仿真结果均表明,所提方案提升了用户的安全性能。

思考与探究

1. 请将无线通信环境对物理层安全技术产生的影响与传统基于密钥的安全机制进行对比分析。

2. 讨论物理层安全技术在实际部署应用中可能遇到的挑战,并提出相应的解决方案或改进方向。

参考文献

[1] LIU Y, CHEN H H, WANG L. Physical layer security for next generation wireless networks: theories, technologies, and challenges[J]. IEEE Communications Surveys & Tutorials, 2016, 19(1): 347-376.

[2] ZOU Y. Physical-layer security for spectrum sharing systems[J]. IEEE Transactions on Wireless Communications, 2016, 16(2): 1319-1329.

[3] LI H, RU G, KIM Y, et al. OFDMA capacity analysis in MIMO channels[J]. IEEE Transactions on Information Theory, 2010, 56(9): 4438-4446.

[4] WYNER A D. The wire-tap channel[J]. The Bell System Technical Journal, 1975, 54(8): 1355-1387.

[5] MAKKI B, CHITTI K, BEHRAVAN A, et al. A survey of NOMA: current status and open research challenges[J]. IEEE Open Journal of the Communications Society, 2020, 1: 179-189.

[6] YANG L. Artificial noise aided secure precoding for MIMO untrusted two way relay systems with perfect and imperfect channel state information[J]. IEEE Transactions on Information Forensics and Security, 2018, 13(10): 2628-2638.

[7] LÜ L, JIANG H, DING Z, et al. Secrecy-enhancing design for cooperative downlink and uplink NOMA with an untrusted relay[J]. IEEE Transactions on Communications, 2019, 68(3): 1698-1715.

[8] ARAFA A, SHIN W, VAEZI M, et al. Secure relaying in non-orthogonal multiple access: Trusted and untrusted scenarios[J]. IEEE Transactions on Information Forensics and Security, 2019, 15: 210-222.

[9] ZHANG C, JIA F, ZHANG Z, et al. Physical layer security designs for 5G NOMA systems with a stronger near-end internal eavesdropper[J]. IEEE Transactions on Vehicular Technology, 2020, 69(11): 13005-13017.

[10] CAO K, WANG B, DING H, et al. Optimal relay selection for secure NOMA systems under untrusted users[J]. IEEE Transactions on Vehicular Technology, 2019, 69(2): 1942-1955.

[11] CHEN J, YANG L, ALOUINI M S. Physical layer security for cooperative NOMA systems[J]. IEEE Transactions on Vehicular Technology, 2018, 67(5): 4645-4649.

[12] ELHALAWANY B M, WU K. Physical-layer security of NOMA systems under untrusted users[C]//2018 IEEE Global Communications Conference (GLOBECOM). 2018: 1-6.

[13] SU B, YU W, LIU H, et al. Secure transmission design for cooperative NOMA in the presence of internal eavesdropping[J]. IEEE Wireless Communications Letters, 2022,

11(5): 878-882.

[14] LI M, YUAN H, MAPLE C, et al. Physical layer security analysis of cognitive NOMA internet of things networks[J]. IEEE Systems Journal, 2022, 17(1): 1045-1055.

[15] ZHUO B, DUAN W, GU J, et al. Partial-NOMA based physical layer security: forwarding design and secrecy analysis [J]. IEEE Transactions on Intelligent Transportation Systems, 2023, 24(7): 7471-7484.

[16] CHEN B, CHEN Y, CAO Y, et al. Security enhancement using a novel two-slot cooperative NOMA scheme[J]. IEEE Transactions on Vehicular Technology, 2020, 69(3): 3470-3475.

[17] MIANDOAB F T, FAZEL M S, MAHDAVI M. Outage analysis of multiuser MIMO-NOMA transmissions in uplink full-duplex cooperative system [J]. IEEE Wireless Communications Letters, 2022, 11(10): 2076-2079.

[18] DENG C, LIU M, LI X, et al. Hardware impairments aware full-duplex NOMA networks over Rician fading channels[J]. IEEE Systems Journal, 2020, 15(2): 2515-2518.

[19] PEI X, YU H, WEN M, et al. Secure outage analysis for cooperative NOMA systems with antenna selection[J]. IEEE Transactions on Vehicular Technology, 2020, 69(4): 4503-4507.

[20] QI Y, VAEZI M. Signaling design for MIMO-NOMA with different security requirements [J]. IEEE Transactions on Signal Processing, 2022, 70: 1389-1401.

[21] CHAI L, BAI L, BAI T, et al. Secure RIS-aided MISO-NOMA system design in the presence of active eavesdropping[J]. IEEE Internet of Things Journal, 2023, 12(3): 2319-2324.

[22] RUBY R, PHAM Q V, WU K, et al. Enhancing secrecy performance of cooperative NOMA-based IoT networks via multiantenna-aided artificial noise[J]. IEEE Internet of Things Journal, 2021, 9(7): 5108-5127.

[23] GONG C, YUE X, ZHANG Z, et al. Enhancing physical layer security with artificial noise in large-scale NOMA networks[J]. IEEE Transactions on Vehicular Technology, 2021, 70(3): 2349-2361.

[24] CAO Z, JI X, WANG J, et al. Artificial noise aided secure communications for cooperative NOMA networks[J]. IEEE Transactions on Cognitive Communications and Networking, 2021, 8(2): 946-963.

[25] WANG H M, ZHANG X. UAV secure downlink NOMA transmissions: a secure users oriented perspective [J]. IEEE Transactions on Communications, 2020, 68(9): 5732-5746.

[26] WANG H M, ZHANG X, YANG Q, et al. Secure users oriented downlink MISO NOMA [J]. IEEE Journal of Selected Topics in Signal Processing, 2019, 13(3): 671-684.

[27] ZOU Y. Physical-layer security for spectrum sharing systems[J]. IEEE Transactions on

Wireless Communications, 2016, 16(2): 1319-1329.

[28] OSORIO D P M, OLIVO E E B, ALVES H, et al. Exploiting the direct link in full-duplex amplify-and-forward relaying networks[J]. IEEE Signal Processing Letters, 2015, 22(10): 1766-1770.

[29] RIIHONEN T, WERNER S, WICHMAN R. Hybrid full-duplex/half-duplex relaying with transmit power adaptation[J]. IEEE transactions on wireless communications, 2011, 10(9): 3074-3085.

[30] ZHANG Z, MA Z, XIAO M, et al. Full-duplex device-to-device-aided cooperative nonorthogonal multiple access[J]. IEEE Transactions on Vehicular Technology, 2016, 66(5): 4467-4471.

[31] EL GAMAL A, MOHSENI M, ZAHEDI S. Bounds on capacity and minimum energy-per-bit for AWGN relay channels[J]. IEEE Transactions on information theory, 2006, 52(4): 1545-1561.

第3章参考资料

第 4 章　多域抗干扰

干扰攻击作为无线通信安全的重要威胁，主要通过电磁辐射信号影响和破坏用户对有用信号的检测，从而使得系统性能严重下降。尤其是在军事无线通信领域，其受限于电磁环境复杂化、侦查全时全方位化、干扰认知化网络化等因素。未来的战场是一种充满对抗性的复杂作战环境，而恶劣电磁环境条件下的通信抗干扰能力作为军事无线通信的基本要求，将会成为决定现代战争胜负的重要因素。本章首先介绍了抗干扰的研究现状，然后从单域和多域两个角度，利用机器学习、凸优化、博弈学习和多臂老虎机等方法，对问题进行求解，实现智能抗干扰决策优化，有效提升数据可靠传输能力。

4.1　抗干扰的研究现状

4.1.1　常见的干扰模型与分类

理想的干扰模型应具有高成功率、低检测概率和低功耗等特点。从干扰来源来看，干扰主要分为无意干扰和恶意干扰两种。其中，无意干扰主要来自用户对频谱的竞争以及频谱泄漏。而恶意干扰主要来自敌方攻击者，其目的是压制我方的正常通信，因此对通信安全构成较大威胁。恶意干扰最早可追溯到 20 世纪初在战场上对军用无线电报的攻击。在二战中，恶意干扰在干扰敌军无线广播和误导飞行员方面发挥了重要作用。常见的干扰分类如表 4-1 所示。

表 4-1　常见的干扰分类

分类标准	干扰类型
干扰源类型	自然干扰、人为干扰
干扰传播途径	传导干扰、辐射干扰
干扰功能	无意干扰、有意干扰
干扰所攻击的频率范围	宽带干扰、窄带干扰
干扰频率选择方式	静态干扰、扫频干扰、随机干扰、马尔科夫干扰
干扰工作方式	主动式、欺骗式、反应式

按照干扰源类型，干扰可分为自然干扰与人为干扰。自然干扰主要是自然现象，如雷

电、宇宙射线等引起的电磁噪声等。人为干扰主要是人工制造的各种设备和装置发射、转发、反射或吸收电磁能所形成的对电子设备的干扰。从干扰功能来说，自然干扰一般为无意干扰。人为干扰又可分为有意干扰和无意干扰两种类型。其中，无意干扰是由工业设备、运输工具、家用电器等电磁辐射引起的对各种电子设备的干扰，以及各类电子设备工作时所引起的互扰；有意干扰是为破坏敌方电子设备的工作，使敌方无线电通信中断、雷达迷盲、制导武器失控等而故意释放的干扰。

按照干扰传播途径，干扰可分为传导干扰和辐射干扰。其中传导干扰是指电子设备产生的干扰信号通过导电介质或公共电源线互相产生干扰。辐射干扰则是干扰信号通过空间耦合的形式传给另外的电子设备。

按照干扰所攻击的频率范围，干扰可分为宽带干扰和窄带干扰两种。在总功率一定的条件下，所攻击的频带越宽，整体的功率谱密度则会越低。

按照干扰频率选择方式，干扰可分为静态干扰、扫频干扰、随机干扰和马尔科夫干扰等，干扰样式如图 4-1 所示。其中，静态干扰始终以特定频带为目标；扫频干扰一般按照预先设定好的顺序，周期性地扫描特定频谱；随机干扰是从目标频带集合中随机选择要干扰的频带，这种方式较为盲目，因此也较为低效。除了上述干扰，马尔科夫干扰也在学术研究中经常被提到，如文献[1-3]所述。顾名思义，此干扰信道选择服从马尔科夫性，干扰按照当前状态依概率选择下一时刻的干扰信道。

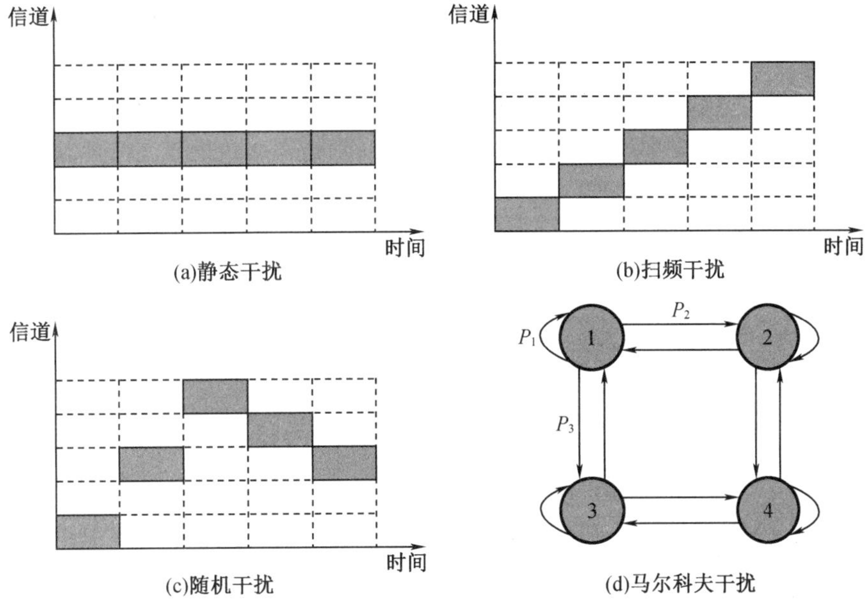

图 4-1 几种常见的干扰样式

按照工作方式，干扰可分为主动式、欺骗式和反应式等类型。主动式又称为非反应式，表示干扰机不需要感知频谱环境，只需要按照预设参数实施干扰攻击。欺骗式是指干扰机知道目标网络的现有协议，它在一段时间内以高速率持续传输合法数据包[4]，因此网络将认为存在合法的数据包，并将保持在接收状态。欺骗式干扰被认为是一种主要的用户模拟攻击。反应式干扰被认为是当前最有效的干扰方式之一，有隐蔽性好、能耗低的优点，当其在检测到无线信道有活动时才实施干扰，因此其干扰成功率直接受检测灵敏度的影响。

4.1.2 智能抗干扰研究现状

目前，较为常用的传统抗干扰技术手段有直接序列扩频（DSSS）、跳频扩频（FHSS）和跳时扩频（THSS）等。其中，DSSS 具有抗干扰、抗衰落、低截获、码分多址等特点；FHSS 则是在较宽的频带中进行通信频点的快速跳变，从而使干扰方难以进行跟踪式干扰；THSS 则是利用时域进行抗干扰，通过增加干扰机的干扰代价实现抗干扰的目的。随着信息化战争的快速发展，复杂电磁干扰不再是单一模式的干扰或者两三种干扰模式周期性切换，而是多种干扰进行无规律的交替变换（动态干扰），或者干扰机具有一定智能性，能够依据感知到的通信用户信息自动更改干扰策略（智能干扰）。传统抗干扰技术在应对动态干扰或智能干扰方面具有一定的局限性，如果不具备相应的智能对抗技术，无线通信的安全性和可靠性将面临严峻挑战。综上所述，干扰技术和抗干扰技术作为“矛”和“盾”始终对立存在着，抗干扰技术的发展不仅要结合自身实际，更要紧盯干扰技术的发展，正所谓知彼者百战百胜，方能保证无线通信的安全性和可靠性。

1. 单域抗干扰

与干扰分类类似，可参照干扰来源、干扰意图、干扰手段、合作方式和抗干扰维域等划分标准，对智能抗干扰技术进行分类，如图 4-2 所示。基于不同的抗干扰维域，将抗干扰技术归纳为时域抗干扰、功率域抗干扰、频率域抗干扰、空间域抗干扰、编码域抗干扰和多域抗干扰等技术。其中，时域抗干扰主要是以外界干扰的时域特性为依据对用户数据传输时隙的选择。文献[5-6]通过在收发端之间建立定时信道来对信息进行编码，以此来提升传输稳定性和系统能效。文献[7]提出了一种利用定时信道来对抗能量受限的反应干扰机的方法。

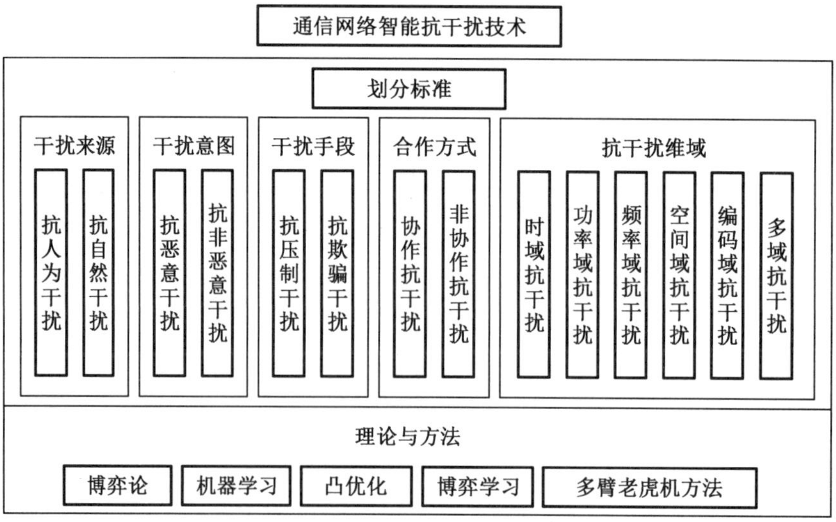

图 4-2 智能抗干扰技术分类示意图

(1)功率域抗干扰

功率域抗干扰指用户通过增加发射功率提高接收端的SINR,从而使信号达到接收门限,实现正常解调。研究者们主要利用博弈理论研究功率域抗干扰策略,手段包括非零和博弈、斯坦伯格(Stackelberg)博弈、贝叶斯博弈等。考虑用户和干扰的传输代价,文献[8]将用户和干扰间的对抗问题建模为一个非零和博弈。文献[9]提出用随机博弈来建模时变环境中的抗干扰问题。文献[10]在认知无线电环境中,将次级用户和干扰之间的交互关系建模为零和博弈,针对两种信道接入方案,给出次级用户不同的抗干扰策略。在文献[11-12]中,作者将功率域抗干扰问题建模为斯坦伯格博弈,其中用户作为领导者,干扰作为跟随者,干扰基于感知到的用户策略进行决策,以实现干扰效用的最大化;用户由于自身的优先级特性,以更加智能的方式,在已知当前状态下的最佳干扰策略的条件下进行功率决策优化,从而实现可靠通信。

但是,由于实际通信过程中用户和干扰的对立特性,双方难以获得对方的准确信息,基于此,文献[13]考虑了存在一定观测误差条件下的功率抗干扰问题,即用户、干扰都无法得到对方传输功率的准确信息,并分析了观测误差对双方效用的影响。文献[14]对抗干扰通信模型进一步优化,同时考虑了传输功率、信道增益和传输成本的不确定性,从多方面对抗干扰性能进行分析。文献[15-16]考虑了无人机通信背景下的功率域抗干扰问题,将干扰机作为领导者,用户作为跟随者,基于无人机的动态特性,实现了不完全信息下的多用户功率决策优化。文献[17]考虑了两种不同模式下的多用户抗干扰通信问题,并将两种场景下得到的斯坦伯格均衡解(Stackelberg equilibrium)和纳什均衡解(Nash equilibrium)进行比较,进一步分析系统抗干扰性能。考虑到实际无线通信场景中用户多数采用离散功率策略的特点,如3GPP LTE 网络、IS-95 系统等[18-20],文献[21]区别于传统的凸优化等理论方法,基于 Q 学习理论,提出了一种分层功率控制优化算法,不仅考虑了观测误差的存在,更对传统的不确定因子进行了优化,引入概率矩阵分析离散功率策略下不确定信息带来的影响,实现了离散功率的混合策略优化。

(2)频率域抗干扰

频率域抗干扰主要通过两种方式,其一是用户通过干扰躲避将待传信号切换到与干扰信号不同维度的信号空间来躲避或降低干扰带来的影响;其二是利用干扰消除对复杂的信号进行处理,通过自适应滤波、盲源分离等技术将接收信号中所包含的干扰尽可能消除,从而达到抗干扰的目的。频率域抗干扰的研究对象既有用户间的互扰,也有外界恶意干扰。文献[22-24]只考虑互干扰的消除而不考虑恶意干扰的存在,并将干扰消除问题建模为精确势能博弈。文献[25-26]提出了基于博弈论的抗干扰信道选择方案,用于对抗恶意干扰。文献[27-28]提出了基于消息驱动的跳频方式,在一定程度上提升了系统对于恶意干扰的鲁棒性。然而,这些方法普遍缺乏对干扰智能性的考虑,无法应对动态智能干扰。另外,以往的研究通常将内部干扰消除和外部干扰对抗分开考虑,为了进一步提高系统抗干扰能力,需要将两者进行联合优化。文献[29]同时考虑了互扰消除和干扰对抗问题,利用斯坦伯格博弈进行建模。然而,在联合考虑互扰消除和干扰对抗后,斯坦伯格均衡的求解变得十分困难。因此,采用学习算法求解,作者提出了一种随机学习算法(SLA)的分层学习算法，用于解决随机环境且无信息交互的抗干扰通信问题。

(3)空间域抗干扰

空间域抗干扰指用户通过改变天线方向的方式以减少对干扰信号的接收。由于空间域抗干扰要求根据干扰信号的特质实时改变定向天线的传输角度，从而实现躲避干扰的目的。但在实际场景中收发双方很难知道确切位置，实时改变角度较难实现，这也使空域抗干扰的实际应用带来了一定的限制。文献[30]研究了空间域干扰消除问题，并研究了最佳干扰信号设计，为空间域抗干扰研究提供了一些有意义的见解。

2. 多域联合抗干扰

考虑到单域抗干扰方法具有一定的局限性，越来越多的研究者通过多域联合实现抗干扰。多域抗干扰是指通过多维度联合决策，在多种不同抗干扰维度上实现可靠通信。图 4-3 为多域抗干扰基本架构。首先，接收机通过接收特定的信号来实现对频谱环境的感知。感知到的通信环境信息主要包括信道状态信息、地理位置信息、业务信息类型和频谱能量。信道可用状态是指当前信道是否已经被占用。位置信息主要是指用户与干扰机之间的距离。访问内容与业务类型(如数据、图像等)相关。能量与干扰功率以及发射功率有关。根据所获得的场景信息，多域抗干扰方案可以结合频率、功率、空间等多域联合决策，灵活地应对干扰攻击。

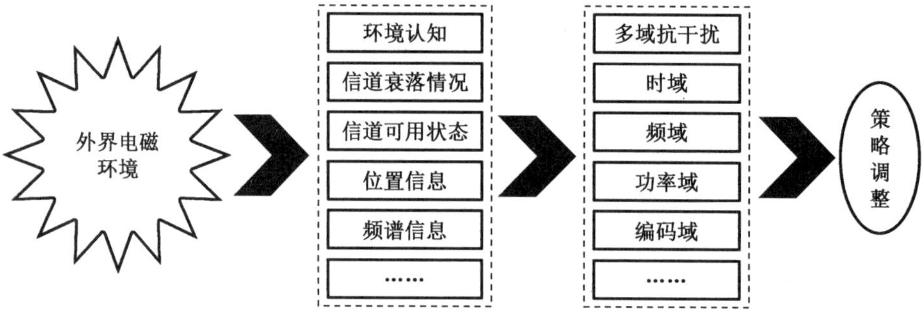

图 4-3　多域抗干扰架构示意图

文献[31]提出一种在无人机场景下的深度强化学习抗干扰算法，该算法主要是通过对无人机进行中继选择以及增大通信传输功率的联合决策实现无人机群内部的抗干扰通信。文献[32]提出一种在无人机场景下的深度强化学习抗干扰算法，该算法主要使无人机进行中继节点以及通信传输功率的联合决策选择实现无人机群内部的抗干扰通信。

4.2　功率域智能抗干扰

本节以中继通信网络为研究对象，针对现有功率优化方法，对先验信息要求较高，基本假设完美无误，实际中用户和干扰机难以获得通信相关功率和信道增益等信息，或者先验信息中具有一定的误差，重点分析不确定信道状态信息下的连续功率决策，离散功率决策的成果见文献[33]。

4.2.1 多用户抗干扰模型

考虑中继通信抗干扰网络中的功率控制优化问题，如图 4-4 所示，假设中继通信系统中存在多个主用户、一个中继和一个智能干扰机，其中中继具有多个天线，并且每个天线作为中继用户协助主用户转发消息至合法接收端。每个用户对包含一个主用户和一个中继用户，在同一信道上传输信息。为了避免同信道间的相互干扰，将信道预先分配给所有用户对以确保每个用户对都享有独立的信道。用户和干扰机都具有感知功率的能力，通过功率策略的优化以实现效用的最大化。在所提模型中，主用户首先对外广播信息，然后中继用户在接收到主用户信号后进行转发，最后干扰机基于感知结果进行干扰功率决策。

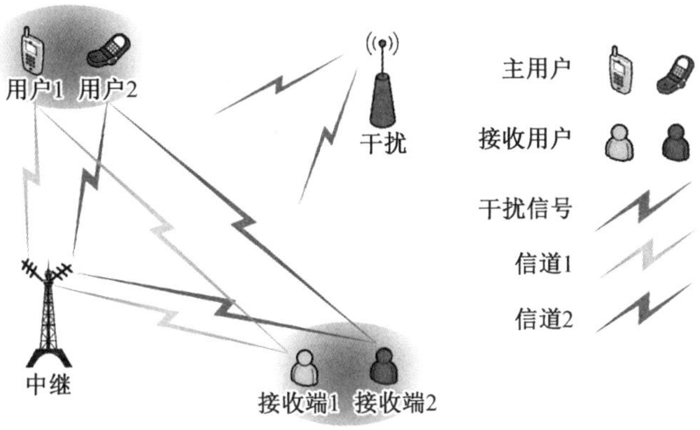

图 4-4 多用户中继通信抗干扰系统模型

在上述模型中，假设系统中共有 M 个主用户，N 个中继用户，其对应的功率集分别为 $P=[p_1,p_2,\cdots,p_m]$，$Q=[q_1,q_2,\cdots,q_n]$。干扰机同时在所有信道上释放干扰信号，即干扰功率平均分配至各个信道，并满足以下能量约束条件：

$$\begin{cases} J_1 = J_2 = \cdots = J_K \\ \sum_{k=1}^{K} J_k < J_{\max} \end{cases} \tag{4-1}$$

式中，J_k 表示在第 k 个信道上的干扰功率；$J_{\max}$ 表示干扰机的最大干扰功率。

4.2.2 基于贝叶斯三层斯坦伯格博弈的功率优化方法[34]

在中继通信网络中，由多个用户对组成的合作群体与恶意干扰机之间进行相互对抗。考虑到分层竞争关系和不确定信息约束，利用斯坦伯格博弈构建抗干扰模型，以实现功率决策的优化。提出了一种贝叶斯三层斯坦伯格博弈，其中主用户作为领导者，中继用户作为次领导者，干扰机作为跟随者。主用户首先采取行动，它具有先发优势来选择一定的功率策略，以实现效用的最大化。然后中继用户基于对主用户功率的感知结果选择最优功率策略，使中继效用最大并实现次领导者子博弈均衡。最后干扰机通过感知主用户和中继用户的传输功率，更新干扰功率，使跟随者子博弈收敛至均衡状态。通过多次循环迭代达到三层博弈均衡状态,可以分别得到主用户、中继用户和干扰机的联合最优功率策略。该功率优化问题可以利用三层框架进行分析,如下所示:

$$\begin{cases} \max\limits_{p_m} U_m(p_m, q_m, J_m) \\ \text{subject to}: p_m \leqslant P_{m\max} \\ \text{The optimal solution}: (q_m^*, J_m^*) \\ \begin{cases} \max\limits_{q_n} R(\mathcal{P}, q_n, q_{-n}, J) \\ \text{subject to}: \sum\limits_{n=1}^{N} q_n \leqslant q_{\max} \\ \text{The optimal solution}: (J^*) \\ \begin{cases} \max\limits_{J} V(\mathcal{P}, Q, J) \\ \text{subject to}: J \leqslant J_{\max} \end{cases} \end{cases} \end{cases} \tag{4-2}$$

式中,U_m 为第 m 个主用户的效益函数;R 为中继的效用函数(各个中继用户效用的总和);V 为不确定信息下干扰的效用函数。

$$U_m = \sum_{x=1}^{X}\sum_{y=1}^{Y}\pi_m(\beta_x, C_{my})\left(\frac{\alpha_m p_m + \eta_m q_m}{N_0 + \beta_x \widetilde{J}_m} - C_{my}p_m\right) \tag{4-3}$$

$$R = \sum_{i=1}^{M}\sum_{x=1}^{X}\sum_{z=1}^{Z}v_i(\beta_x, D_{iz})\left(\frac{\alpha_i p_i + \eta_i q_i}{N_0 + \beta_x \widetilde{J}_i} - D_{iz}q_i\right) \tag{4-4}$$

$$V = -\sum_{i=1}^{M}\sum_{h=1}^{H}\sum_{l=1}^{L}\sum_{t=1}^{T}\sigma(\alpha_{ih}, \eta_{il}, E_t)\frac{\alpha_{ih}\widetilde{p}_i + \eta_{il}\widetilde{q}_i}{N_0 + \beta J_i} - \sum_{h=1}^{H}\sum_{l=1}^{L}\sum_{t=1}^{T}\sigma(\alpha_{ih}, \eta_{il}, E_t)E_t J \tag{4-5}$$

其中,背景噪声功率为 N_0,第 m 个主用户、第 n 个中继用户到合法接收端的信道增益分别为 α_m、η_n,干扰链路的信道增益表示为 β。对于主用户和中继用户来说,考虑不确定信息带来的影响,干扰链路的信道增益 β 有 X 种状态。第 m 个主用户、第 n 个中继用户的传输成本 C_m、D_n 分别有 Y 和 Z 种状态。β 和 C_m 的联合概率分布为 $\pi_m(\beta_x, C_{my})$,且满足

$$\sum_{x=1}^{X}\sum_{y=1}^{Y}\pi_m(\beta_x, C_{my}) = 1 \tag{4-6}$$

β 和 D_n 的联合概率分布为 $v_n(\beta_x, D_{nz})$,且满足

$$\sum_{x=1}^{X}\sum_{z=1}^{Z}v_n(\beta_x, D_{nz}) = 1 \tag{4-7}$$

但对于干扰机而言,考虑用户信息的不确定性,第 m 个主用户、第 n 个中继用户到合法接收端的信道增益分别存在 H 和 L 个状态。干扰的传输成本 E 有 T 种状态,α_m、η_n 和 E 的联合概率分布为 $\sigma(\alpha_{mh}, \eta_{nl}, E_t)$,且满足 $\sum\limits_{h=1}^{H}\sum\limits_{l=1}^{L}\sum\limits_{t=1}^{T}\sigma(\alpha_{mh}, \eta_{nl}, E_t) = 1$。

斯坦伯格均衡的功率收敛过程如图 4-5 所示。在所提博弈初期,两个主用户选择初始功率 p_1、p_2 来传输消息。为了保证通信质量,两个中继用户选择最佳功率协助 q_1、q_2 转发信息。随后干扰机增加干扰功率 J 以破坏正常通信,并导致了用户传输功率的下降。经过大

约 15 次迭代后,所有用户和干扰机的功率策略都已收敛至斯坦伯格均衡,也证明了斯坦伯格均衡的存在性。

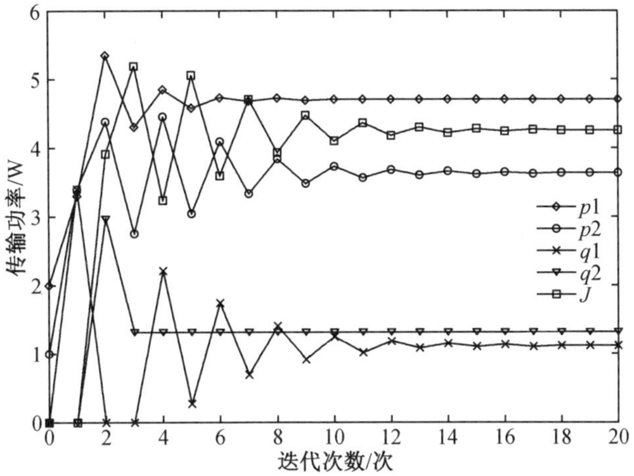

图 4-5　斯坦伯格均衡的功率收敛过程

图 4-6 分析了波动半径 d 对初级用户效用的影响,其中波动半径表示感知结果与实际信道增益之间误差所占的比例,用来描述信道增益的不确定性。从图中可以看出,初级用户的效用是一个关于 d 的增函数,即波动半径越大,用户的效用越高,这时用户被干扰机观测到的信息就越不准确。当波动半径为 0 时,意味着干扰机能够得到信道增益的准确信息,则此时初级用户的效用最低。

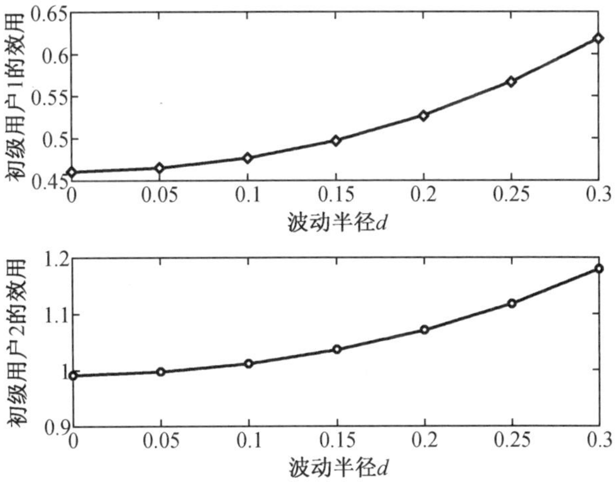

图 4-6　不确定信息对初级用户效用的影响

4.3 频率域智能抗干扰

本节基于强化学习解决动态频谱抗干扰问题,特别考虑信道衰落、多用户协作等因素对频率域抗干扰的影响,提升频率域抗干扰的性能。现有的动态频谱抗干扰研究大都假定信道环境是理想的,没有考虑无线信道实时变化的特性,如多径效应衰落、多普勒频移等因素的影响。针对该问题,将衰落环境的信道选择过程建模为马尔科夫决策过程,为了同时考虑干扰和信道速率的动态变化,提出了一种评估函数延时更新的强化学习方法来实现动态频谱抗干扰。与现有工作不同的是,所提算法不仅能学习干扰的变化模式,还可以通过信道的历史传输经验学习信道的变化规律。

考虑如图 4-7 所示的一个无线通信系统,系统由 M 个可用信道、1 个发射机(学习节点)、1 个接收机(认知节点)和 1 个干扰机组成。干扰机可以产生快速变化的扫频、梳状和随机等模式的干扰信号。发射机与接收机通过数据链路传输数据帧,通过控制链路传输控制信息。接收机通过数据通信和宽带频谱感知获得信道信息,并利用这些信息执行强化学习算法来优化信道选择策略。发射机与接收机将传输时隙作为最小的传输时间单元,在每个时隙的开始调整接入的信道,之后在该信道上通信一个时隙长度。

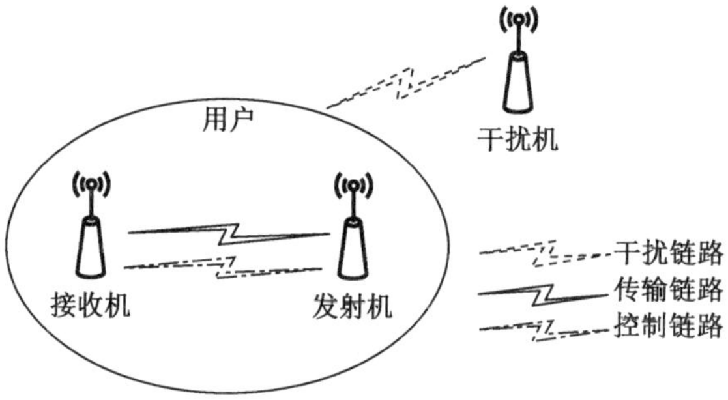

图 4-7　无线通信系统模型

考虑信道的慢衰落特性,假设信道在一帧数据的传输过程中保持不变,在不同帧之间动态变化,每帧数据的传输时间是固定的,定义为 T_d。假定系统采用自适应编码调制机制(adaptive modulation and coding,AMC),即依据信道特性选择恰当的调制方式,此时信道传输速率可变,信道传输速率集合为$\mathcal{R}=\{R_0,\cdots,R_n,\cdots,R_{N-1}\}$,$R_n$ 代表传输速率,共可分为 N 个状态。在此基础上,建立了有限状态的马尔科夫信道模型(FSMC)来刻画信道传输速率的动态变化。各传输模式之间的 Markov 状态转移如图 4-8 所示,传输速率从 R_n 到 R_{n+1} 的转移概率为 $p_{n,n+1}$,到 R_{n-1} 状态的转移概率为 $p_{n,n-1}$,保持状态不变的概率为 $p_{n,n}$。

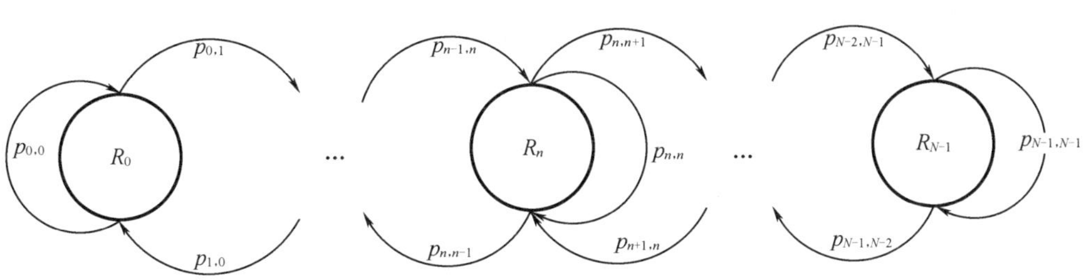

图 4-8　信道速率状态转移 Markov 链

假定 k 时隙 m 信道的传输速率为 $v_m(k)$，每个信道的传输速率 $v_m(k)$ 在不同的时隙间呈随机动态变化，且不同信道的速率变化独立，用户只有传输数据后，才能获得当前接入信道的即时传输速率。通过在线学习，最大化当前状态下干净（不被干扰）且传输速率高的信道的选择概率，提高吞吐量性能。强化学习算法在接收机内部执行，在单个时隙 T_s 内部的实现过程如图 4-9 所示。

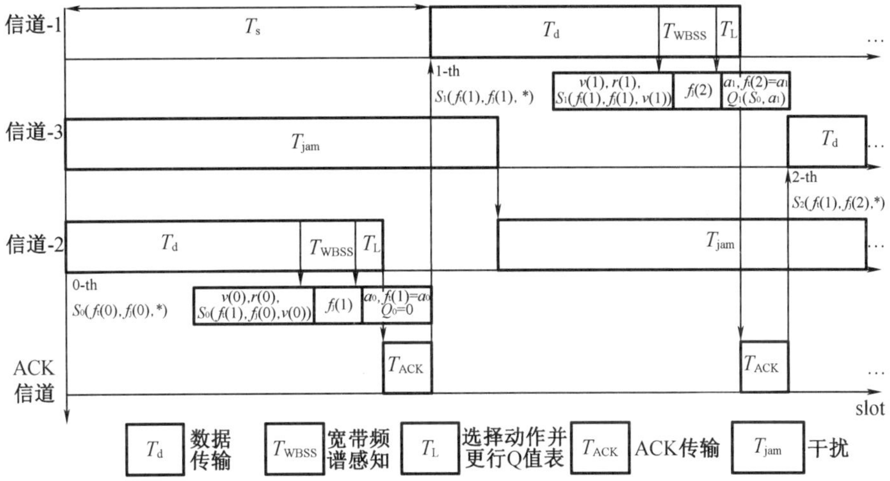

图 4-9　强化学习时隙结构设计

干扰机按照扫频、梳状、随机等其中的一种模式产生干扰信号，干扰的时隙长度为 T_{jam}；用户按照传输时隙 T_s 进行强化学习，选择并调整通信信道。用户初始状态为 $S_0(f_t(0),f_j(0),*)$，在 0-th 时隙的前 T_d 时间，在指定 $f_t(0)$ 信道上传输数据，获得当前传输信道的传输速率 $v(0)$，同时计算出当前工作信道的回报值 $r(0)$，此时用户状态完整为 $S_0(f_t(0),f_j(0),v(0))$；之后 T_{WBSS} 时间，通过宽带频谱感知，获得当前时刻的干扰信道 $f_j(1)$；之后通过强化学习决策出新的传输信道 $f_t(1)$，当前 Q 值表为全零矩阵，所需时间 T_L 可以忽略不计。最后 T_{ACK} 时间，传输 ACK 反馈信息至发射机端，来协调下一时刻的数据信道，此时用户状态达到 $S_1(f_t(1),f_j(1),*)$。

在 1-th 时隙内，用户继续在 $f_t(1)$ 信道上传输数据，并通过感知获得干扰信道，然后进行强化学习选择信道。不同的是此时对前一状态 $S_0(f_t(0),f_j(0),r(0))$ 下选择 $f_t(1)$ 动作的 Q 值进行了更新，且在后续时隙中均按照这个更新规则进行 Q 值更新。由于 Q 值表的更新延迟了一个时隙，故本书将这种更新规则称之为评估函数延时更新方式。之后的每个时隙，如此循环执行，通过强化对环境的认知，最终在动态变化的环境中达到最优策略的状态。在所提强化学习算法的执行过程中，用户会维护一个 $Q(S,a)$ 值表，用于评估不同状态下各个动作的好坏，并随着用户与环境的交互，不断地更新 Q 值表，直至强化学习结束，Q 值表中的值将趋于一种稳定状态。其中任意 k 时隙，Q 值表的更新公式为

$$Q_{k+1}(S_k,a_{k+1})=Q_k(S_k,a_{k+1})+\alpha[r_k+\gamma\Phi-Q_k(S_k,a_{k+1})] \tag{4-8}$$

式中，α 为学习速率；γ 为折扣因子；r_k 为当前状态 S_k 的即时回报值；Φ 为 S_{k+1} 状态下所有动作的最大 Q 值，即智能体记忆里最大的利益。智能体在选择并执行动作 a_{k+1} 后，在 $k+1$ 时隙到达 S_{k+1} 状态。其中，r_k 和 Φ 的计算公式如下：

$$r_k=\frac{v(k)T_{\mathrm{succ}}}{\max(\mathcal{R})T_{\mathrm{s}}} \tag{4-9}$$

$$\Phi=\max Q_k(S_{k+1},\tilde{a}),\ \forall\tilde{a}\in\mathcal{M} \tag{4-10}$$

式中，$v(k)$ 为 k 时隙 f_{t} 信道的传输速率；$\max(\mathcal{R})$ 为信道传输速率集中的最大值；T_{succ} 为一个 T_{s} 时隙长度内的成功传输时间(未被干扰)；$\tilde{a}$ 为状态 S_{k+1} 下的可选信道。信道选择概率向量 $P(k)=[p_1(k),\cdots,p_M(k)]$ 的更新公式为

$$p_m(k+1)=\frac{\exp[\beta Q(S_k,m)]}{\sum\limits_{m\in\mathcal{M}}\exp[\beta Q(S_k,m)]},\ \forall m\in\mathcal{M} \tag{4-11}$$

式中，β 为玻尔兹曼常量；$p_m(k+1)$ 为 $k+1$ 时隙选择信道 m 的概率。

如表 4-2 所示为基于强化学习的动态频谱抗干扰算法。

表 4-2　基于强化学习的动态频谱抗干扰算法

初始化
设置参数 α、γ，仿真时隙数为 $K>0$，设置初始时隙 $k=0$，初始化 Q 值表为全零矩阵，初始工作状态为 $S_0(f_{\mathrm{t}}(0),f_{\mathrm{j}}(0),*)$，其中 $f_{\mathrm{j}}(0)$ 由宽带频谱感知获得，$f_{\mathrm{t}}(0)$ 从空闲信道中随机选择，* 代表 $f_{\mathrm{t}}(0)$ 信道的传输速率未知。
循环开始　$k=0,1,2,\cdots,K-1$
Step 1. 在 $f_{\mathrm{t}}(k)$ 信道上接收数据，获得 $f_{\mathrm{t}}(k)$ 信道的传输速率 $v(k)$，状态完整为 $S_k(f_{\mathrm{t}}(k),f_{\mathrm{j}}(k),v(k))$，根据公式(4-9)计算回报值 r_k。
Step 2. 通过宽带频谱感知获得干扰信道 $f_{\mathrm{j}}(k+1)$。
Step 3. 根据公式(4-11)更新信道选择概率向量 $\boldsymbol{P}(k)$，并根据 $\boldsymbol{P}(k)$ 探索选择下一时隙的工作信道 $a(k)=f_{\mathrm{t}}(k+1)$。
Step 4. 当 $k>0$ 时，根据公式(4-8)更新 Q 值表。
Step 5. 发送 ACK 反馈，协调下一时隙发射机与接收机之间的数据信道 $f_{\mathrm{t}}(k+1)$。
循环结束

在扫频干扰环境中，利用所提 Q 学习算法对动态频谱抗干扰系统进行仿真，用户与干

扰的时频图如图 4-10 所示。其中浅色块代表用户信号,深色块代表干扰信道,深色和浅色重叠使得颜色更深的块代表用户被干扰。在 Q 学习初期,如图 4-10(a)所示,因为随机选择信道,用户与干扰碰撞概率较大。而在 Q 学习后期,如图 4-10(b)所示,用户基本避开了干扰机的干扰,达到了抗干扰的目的。

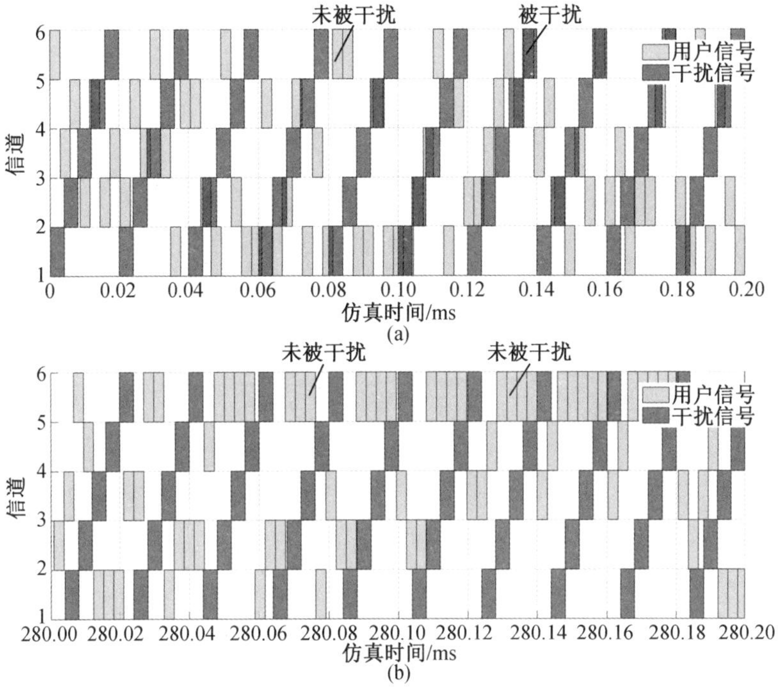

图 4-10　用户与干扰的时频图-强化学习

在多普勒频移 $f_d = 10$ Hz、传输时间 $T_d = 2$ ms 条件下,为了分析平均信噪比 $\bar{r}$ 对系统吞吐量性能的影响,基于不同平均信噪比,对基于感知和基于所提 Q 学习算法的两个系统的吞吐量性能分别进行了仿真分析,如图 4-11 所示。结果表明:

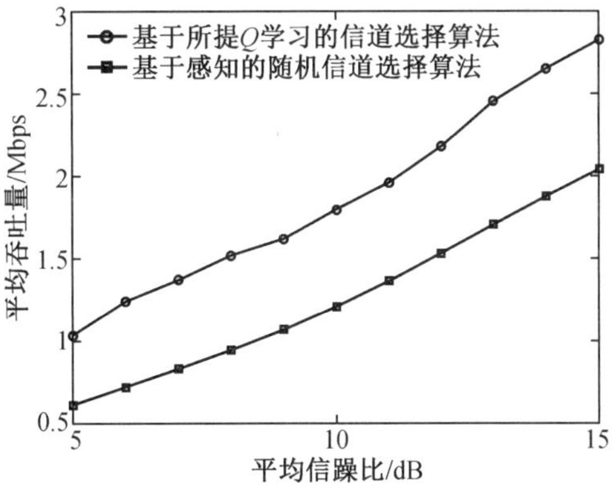

图 4-11　不同平均信噪比下系统吞吐量变化曲线

(1)两个系统的吞吐量性能与平均信噪比水平呈正相关关系,平均信噪比越高,系统吞吐量性能也越好,反之平均信噪比越低,系统吞吐量性能越差。

(2)在同一信噪比条件下,基于所提 Q 学习信道选择算法的系统吞吐量性能优于基于感知的信道选择算法,性能提升了 40%以上。

在平均信噪比 $\bar{r}=10$ dB、传输时间 $T_d=2$ ms 条件下,基于不同多普勒频移 f_d,对基于感知和基于所提 Q 学习算法的两个系统的吞吐量性能分别进行了仿真分析,如图 4-12 所示。结果表明:

(1)随着多普勒频移的增加,基于感知的系统吞吐量性能基本没有发生变化,基于所提 Q 学习算法的系统吞吐量性能略有下降但不明显,这表明多普勒频移的变化对两个系统的吞吐量性能影响不大。

(2)对于不同的多普勒频移,基于所提 Q 学习的系统吞吐量性能均要比基于感知的性能提升了 46%左右,表明算法可以适用于移动性较强的动态网络。

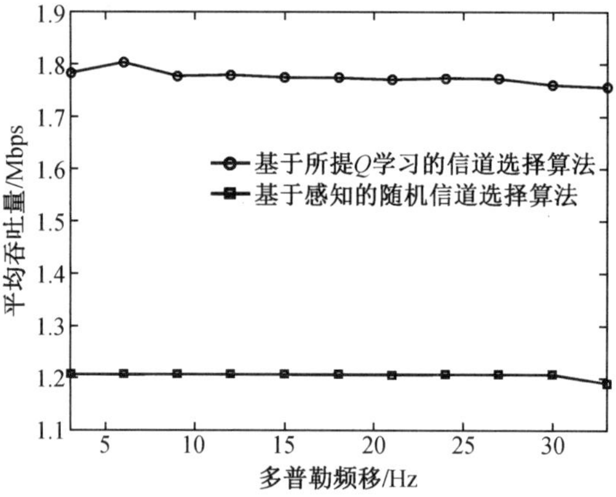

图 4-12　不同多普勒频移条件下系统吞吐量变化曲线

4.4　空间域智能抗干扰

以波束形成技术(beamforming)为代表的空域抗干扰技术,通过改变阵列不同阵元的权重矢量,使得阵列天线主瓣对准期望信号方向,同时干扰方向形成零陷以抑制干扰,具有较好的抗干扰效果。跳频、跳时、直扩等时域频域抗干扰技术的出发点主要是隐藏自身或被动地躲避干扰,没有正面对抗干扰,而空间域抗干扰技术从空间域角度出发,通过灵活地调整波束指向和形成零陷来灵活地对抗和抵消干扰,兼具抗干扰和抗截获的优点。

作为阵列信号处理中一个重要的研究方向,波束形成的研究内容是设计一个空域滤波器。该空域滤波器需使得特定方向上的期望信号可以无失真地通过,同时降低环境噪声的影响,并在存在干扰的方向形成零陷,从而使干扰得到充分抑制。根据加权向量计算方式的不同,波束形成技术可以分为静态波束形成与自适应波束形成。静态波束形成器的加权向量与接收数据无关,往往通过一定的设计准则来保证期望方向响应无失真并兼顾波束的主瓣宽度与旁瓣高度，其算法复杂度较低，但其抗干扰能力较差。在实际应用中，干扰的方向与功率等参数往往是时变的，这就需要波束形成器能够根据接收数据自动地计算加权向量从而抑制干扰，此类波束形成器被统称为自适应波束形成器，也被称为数据驱动的波束形成器。自适应波束形成器相比于静态波束形成器，拥有更强的干扰抑制能力以及更加灵活的适用范围。Capon 波束形成器作为一种最著名的自适应波束形成器，可在保证主瓣无失真的前提下最小化阵列输出功率，从而实现传感器阵列输出 SINR 的最大化。

自适应波束成形技术旨在根据接收数据自动地调整阵列的加权向量，使得主瓣对准期望信号方向的同时抑制空间干扰及噪声，从而得到期望信号方向上的波束输出。和静态波束成形相比，自适应波束成形的"自适应"特性一般体现在以下两方面：第一是自适应波束成形器可以根据接收数据，自动地将主瓣对准期望信号方向并抑制空间干扰；第二是自适应波束成形器在计算加权向量的过程中，采用自适应迭代的方式不断更新波束成形器的加权向量，直至达到预设的收敛条件。在不同的应用背景下，一般采用不同的设计准则来设计加权向量，如最大输出信干噪比（MSINR）、最小均方误差（MMSE）、线性约束最小方差（LCMV）准则等。

4.4.1 MSINR 准则

假设均匀直线阵列设阵元个数为 M，阵元间距为 d，某信号来波方向与直线阵法线方向夹角为 θ，则阵列天线对该信号的导向矢量为

$$\boldsymbol{a}(\theta)=[1 \quad \mathrm{e}^{j2\pi\frac{d\sin\theta}{\lambda}},\cdots,\mathrm{e}^{j2\pi\frac{(M-1)d\sin\theta}{\lambda}}]^{\mathrm{T}}=[a_1(\theta) \quad a_2(\theta) \quad \cdots \quad a_M(\theta)]^{\mathrm{T}} \tag{4-12}$$

式中，λ 为信号波长。设期望信号为 $s_0(t)$，来波方向为 θ_0，L 个干扰信号为 $s_1(t),\cdots,s_L(t)$，来波方向为 $\theta_1,\cdots,\theta_L$，则阵列的接收信号表示为

$$\boldsymbol{x}(t)=\boldsymbol{a}(\theta_0)s_0(t)+\sum_{l=1}^{L}\boldsymbol{a}(\theta_l)s_l(t)+\boldsymbol{x}_{\mathrm{n}}(t)=\boldsymbol{x}_{\mathrm{s}}(t)+\boldsymbol{x}_{\mathrm{i}}(t)+\boldsymbol{x}_{\mathrm{n}}(t) \tag{4-13}$$

式中，$\boldsymbol{x}_{\mathrm{s}}(t)$、$\boldsymbol{x}_{\mathrm{i}}(t)$、$\boldsymbol{x}_{\mathrm{n}}(t)$ 分别代表接收信号矢量中的期望信号、干扰、噪声成分。假设接收阵列用加权矢量 $\boldsymbol{w}$ 处理接收到的信号矢量 $\boldsymbol{x}(t)$，则阵列输出为

$$\boldsymbol{y}(t)=\boldsymbol{w}^{\mathrm{H}}\boldsymbol{x}(t)=\boldsymbol{w}^{\mathrm{H}}\boldsymbol{x}_{\mathrm{s}}(t)+\boldsymbol{w}^{\mathrm{H}}\boldsymbol{x}_{\mathrm{i}}(t)+\boldsymbol{w}^{\mathrm{H}}\boldsymbol{x}_{\mathrm{n}}(t) \tag{4-14}$$

最大信干噪比准则即要求信号与干扰加噪声功率比最大，即

$$\max_{\boldsymbol{w}}\mathrm{SINR}=\frac{E[\boldsymbol{w}^{\mathrm{H}}\boldsymbol{x}_{\mathrm{s}}(t)\boldsymbol{x}_{\mathrm{s}}^{\mathrm{H}}(t)\boldsymbol{w}]}{E\{\boldsymbol{w}^{\mathrm{H}}[\boldsymbol{x}_{\mathrm{i}}(t)+\boldsymbol{x}_{\mathrm{n}}(t)][\boldsymbol{x}_{\mathrm{i}}(t)+\boldsymbol{x}_{\mathrm{n}}(t)]^{\mathrm{H}}\boldsymbol{w}\}}=\frac{\boldsymbol{w}^{\mathrm{H}}\boldsymbol{R}_{\mathrm{s}}\boldsymbol{w}}{\boldsymbol{w}^{\mathrm{H}}\boldsymbol{R}_{\mathrm{i+n}}\boldsymbol{w}} \tag{4-15}$$

期望信号协方差矩阵 $\boldsymbol{R}_{\mathrm{s}}$ 为

$$\boldsymbol{R}_{\mathrm{s}}(t)=E[\boldsymbol{x}_{\mathrm{s}}(t)\boldsymbol{x}_{\mathrm{s}}^{\mathrm{H}}(t)]=E[\boldsymbol{a}(\theta_0)s_0(t)s_0^*(t)\boldsymbol{a}^{\mathrm{H}}(\theta_0)]=\sigma_{\mathrm{s}}^2\boldsymbol{a}(\theta_0)\boldsymbol{a}^{\mathrm{H}}(\theta_0) \tag{4-16}$$

式中，σ_{s}^2 为期望信号功率。式(4-15)中干扰加噪声协方差矩阵 $\boldsymbol{R}_{\mathrm{i+n}}$ 为

$$\boldsymbol{R}_{\mathrm{i+n}}(t)=E\{[\boldsymbol{x}_{\mathrm{i}}(t)+\boldsymbol{x}_{\mathrm{i}}(t)][\boldsymbol{x}_{\mathrm{i}}(t)+\boldsymbol{x}_{\mathrm{i}}(t)]^{\mathrm{H}}\}=\sum_{l=1}^{L}\sigma_l^2\boldsymbol{a}(\theta_l)\boldsymbol{a}^{\mathrm{H}}(\theta_l)+\sigma_{\mathrm{n}}^2\boldsymbol{I} \tag{4-17}$$

式中，$\sigma_l^2(l=1,2,\cdots,L)$ 为干扰信号功率。将式(4-17)代入式(4-15)可得

$$\max_{\boldsymbol{w}}\mathrm{SINR}=\frac{\sigma_{\mathrm{s}}^2|\boldsymbol{w}^{\mathrm{H}}\boldsymbol{a}(\theta_0)|^2}{\boldsymbol{w}^{\mathrm{H}}\boldsymbol{R}_{\mathrm{i+n}}\boldsymbol{w}} \tag{4-18}$$

式(4-18)等价于

$$\begin{cases}\min\limits_{w} & w^{H}R_{i+n}w \\ \text{s.t.} & w^{H}a(\theta_0)=1\end{cases} \tag{4-19}$$

用拉格朗日法求解,目标函数为

$$g(w)=\frac{1}{2}w^{H}R_{i+n}w+\lambda[1-w^{H}a(\theta_0)] \tag{4-20}$$

使 $g(w)$ 对 w 求导结果为0,即得

$$w_{opt}=\lambda R_{i+n}^{-1}a(\theta_0) \tag{4-21}$$

式(4-21)所得结果 w_{opt} 即为MSINR准则下理论最优滤波加权矢量,其中常数 λ 不影响输出信干噪比。利用 w_{opt} 对阵列接收信号进行处理可以很好地抑制干扰,提升输出信干噪比。

4.4.2 仿真实验

采用MSINR准则和LCMV准则进行简单的仿真实验,假设干扰加噪声协方差矩阵 R_{i+n} 能够准确得到的理想情况。图4-13为存在三个干扰信号时基于MSINR准则进行加权矢量设计的直线阵列天线直角坐标方向图。期望信号来自30°方向,三个干扰信号分别来自-60°、0°、60°方向。由图可知期望信号方向的功率响应最高,而干扰信号方向的功率响应最低,方向图在干扰方向上形成零陷,表明MSINR准则设计的加权矢量对干扰信号有良好的抑制能力。

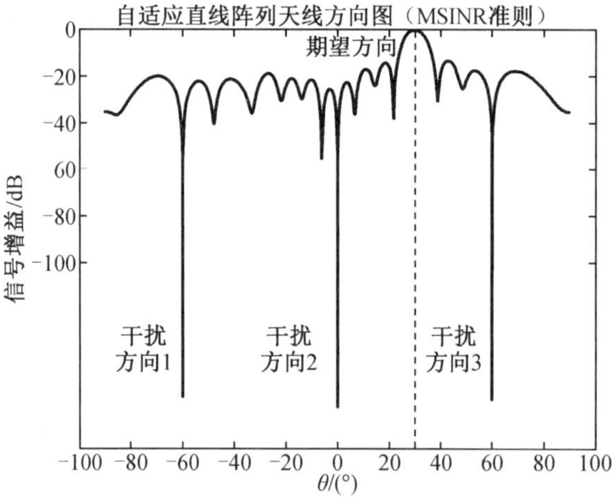

图4-13 存在三个干扰信号时基于MSINR准则进行加权矢量设计的直线阵列天线直角坐标方向图

图4-14和图4-15分别为存在四个干扰信号时基于LCMV准则进行加权矢量设计的直线阵列天线直角坐标方向图和极坐标方向图。三个期望信号分别来自-40°、0°、50°方向,四个干扰信号分别来自-60°、-30°、30°、60°方向。由图可知三个期望信号方向的功率响应都较高,而干扰信号方向的功率相应最低,方向图在干扰方向上形成零陷,表明LCMV准则设计的加权矢量对干扰信号也有良好的干扰抑制能力。

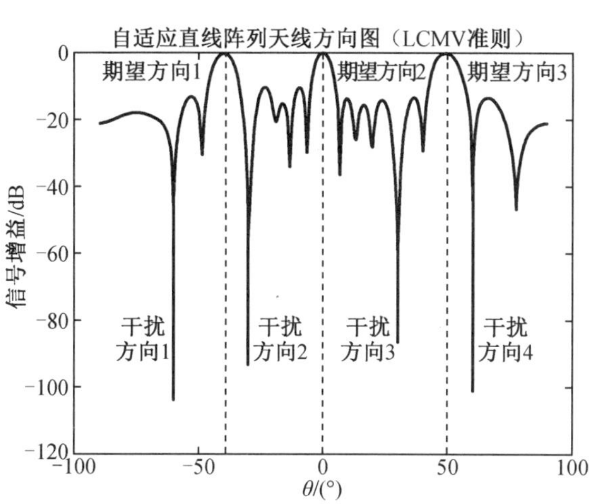

图 4-14　存在四个干扰信号时基于 LCMV 准则进行加权矢量设计的直线阵列天线直角坐标方向图

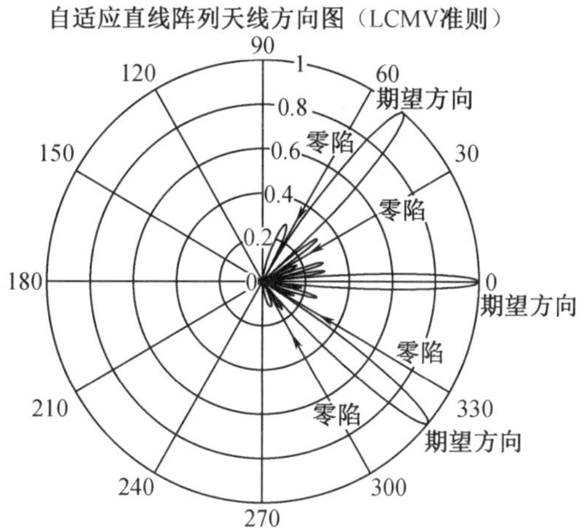

图 4-15　存在四个干扰信号时基于 LCMV 准则进行加权矢量设计的直线阵列天线极坐标方向图

4.5　联合域智能抗干扰

4.5.1　动态干扰下的中继信道联合决策方法

1. 问题建模

在现有抗干扰通信研究中，通常假设干扰机的干扰模式或其所在位置是固定的。然而，随着人工智能和无人终端设备在通信领域的迅速发展，可预见的是未来干扰机可以同时包含动态位置和自适应策略等干扰样式。本小节考虑搭载于移动载体的干扰机具备感知用户信号并自适应切换干扰模式的能力。干扰机的移动模式包括固定移动模式和智能移动模式两种，如图 4-16 所示。在固定移动模式下，干扰机按固定的移动轨迹进行移动。在智能移动模式下，干扰机维持一个移动方向的集合$\mathcal{J}=\{p_1,p_2,p_3,\cdots,p_m\}$，其中 p_m 表示从当前干扰机位置至中继 Re^m 位置连线所表示的移动方向。干扰机通过更新 p_m 的值来更新移动策略，并在 t 时刻选择移动方向 p_t，其中 $p_t=\max\{p_1,p_2,p_3,\cdots,p_m\}$。当在某一时刻干扰机选择移动方向的动作 $a_J^t\in\mathcal{J}$，假设干扰会获得干扰效用 u_t^j，并更新集合 $\mathcal{J}$ 的 $p_m\leftarrow p_m+u_t^j$。

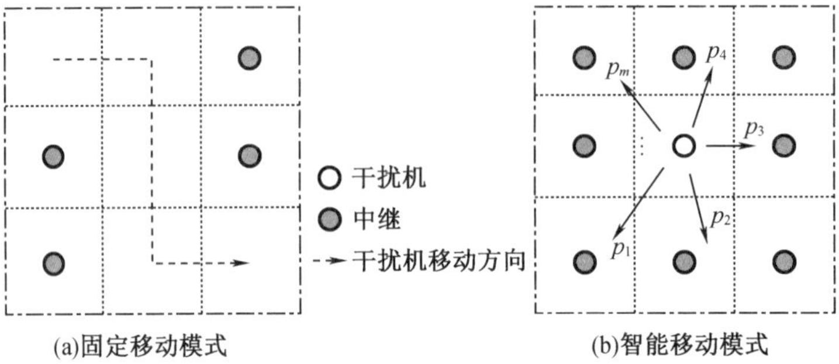

图 4-16　干扰机移动模式

干扰机具备在频域释放不同模式干扰的能力，如图 4-17 所示。图中的颜色从深至浅表示在频点上的能量大小，不同的干扰信号与用户信号也均已标出。在固定干扰模式下，干扰机释放扫频干扰和疏状干扰以固定周期交替的干扰信号。当干扰机距离足够近时，假设干扰机能够准确感知用户的信道，开启智能模式，采用跟踪干扰，其范围为 d_{th}。从图中可以看出，当干扰机靠近转发中继时$[d(l_t,j_t)<d_{\text{th}}]$，干扰会立即切换至跟踪干扰模式，此时有干扰效用 $u_t^j=1$。当 $d(l_t,j_t)\geqslant d_{\text{th}}$ 时，干扰效用取决于当前干扰信号所处频率，干扰机会根据感知到的信号强度（received signal strength，RSS）评估干扰效用，此时

$$u_t^j=RSS_t^j/RSS_0^j \tag{4-22}$$

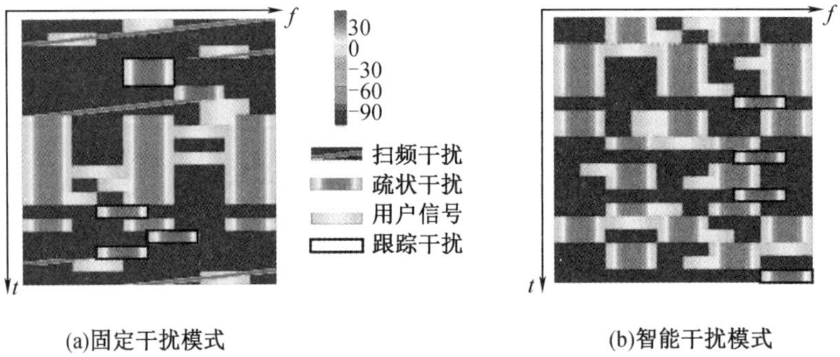

图 4-17　频域干扰模式

用户将历史感知的频谱信息作为决策依据，并将中继信道联合决策拆分为中继选择与信道选择两个子问题。解决该场景的联合选择问题时的挑战主要包括：首先，环境状态变化难以准确建模。在没有干扰信道和干扰模式信息的情况下，环境状态的转移概率对用户来说是未知的。其次，由于干扰机的位置和干扰频率的多样性，频谱环境的状态空间是巨大和高维的。此外，由于干扰机的位置与干扰模式之间存在联系，中继和信道选择是耦合相关不可分割的。

2. 中继信道联合选择马尔可夫决策过程构建

为了解决变化的干扰机位置和频域干扰带来的外部环境不确定性,我们使用马尔可夫决策过程(MDP)来对信道和中继的联合选择问题进行问题建模,形成两个子马尔可夫决策过程(sub-MDP)。在中继选择子 sub-MDP 中,为了获得最佳的通信性能,需要预测干扰机的位置,并选择离干扰机较远的中继。然而,干扰机的轨迹和速度对用户来说是未知的,所以考虑采用中继选择和当前时刻到干扰机的距离作为决策的依据。定义用户对环境的观察 $s_t^d=(l_t,d_t)$,其中 d_t 表示当前所选中继至干扰机的距离,l_t 表示 t 时刻所选中继。通过比较 RSS_0 和 RSS_t,可以进行距离 d_t 的估计,此时

$$d_t=d_0 10^{(RSS_0-RSS_t)/10n} \tag{4-23}$$

通过组合历史观察信息并定义时间延展的中继选择状态为

$$S_t^d=\begin{bmatrix} l_t & d_t \\ l_{t-1} & d_{t-1} \\ \vdots & \vdots \\ l_{t-i} & d_{t-i} \end{bmatrix} \tag{4-24}$$

决策空间定义:

定义中继选择为 $a_t^l=l_t\in\mathcal{L}$,其中$\mathcal{L}=\{Re^1,Re^2,\cdots,Re^m\}$。

在信道选择中,用户智能选择信道以避开干扰频带。定义对频谱的观察为 $s_t^p=[p_{t,f_1}\ \ p_{t,f_2}\ \ \cdots\ \ p_{t,f_n}]$,其中 p_{t,f_n} 表示 t 时刻在频点 f_n 上的功率。定义频谱分辨率 Δf, p_{t,f_n} 可以通过下式计算得到:

$$p_{t,f_n}=10\log\left\{\int_{f_n}^{f_n+\Delta f}[(g_sU(f)+g_j^rJ(f)+n(f)]\mathrm{d}f\right\} \tag{4-25}$$

类似的,为了保证状态转换的马尔可夫性质,定义时间延展的状态如下:

$$S_t^p=\begin{bmatrix} p_{t,f_1} & p_{t,f_2} & \cdots & p_{t,f_n} \\ p_{t-1,f_1} & p_{t-1,f_2} & \cdots & p_{t-1,f_n} \\ \vdots & \vdots & & \vdots \\ p_{t-m,f_1} & p_{t-m,f_2} & \cdots & p_{t-m,f_n} \end{bmatrix} \tag{4-26}$$

决策空间定义:

定义信道选择的为 $a_t^f=f_t\in\mathcal{F}_s$,其中$\mathcal{F}_s=\{f_1,f_2,\cdots,f_n\}$。

通过如上定义,可以得到联合状态 $S_t=(S_t^d,S_t^p)$ 和联合决策 $a_t=(a_t^l,a_t^f)$。定义在状态 S_t 下进行决策 a_t 的立即回报 $r(a_t)$:

$$r(a_t)=[(1-\lambda)u(a_t)\delta(a_t^l\neq a_t^{l-1})][(1-\lambda)u(a_t)\delta(a_t^f\neq a_t^{f-1})] \tag{4-27}$$

式中,$u(\cdot)$是上述用户效用表示的指示函数,λ 是中继与信道切换的开销因子。MDP 的直接奖励和系统优化目标都是通过改进奖励和减少开销来优化自身。智能体与环境的交互过程被构造为用元组$\{S_t,a_t,r_t\}$表示的联合选择过程,可以证明该过程为马尔可夫过程,即下一个时隙的系统状态只取决于当前的状态和动作。

3. 基于 DDQN 的联合选择抗干扰算法设计

为了获得最优联合选择策略，采用强化学习（reinforcement learning，RL）方法来求解 MDP。然而，由于联合选择 MDP 的输入状态和输出动作决策都是复合的，传统的 DQN 抗干扰方案需要很长的探索过程才能收敛到最优解，需要大量的时间和计算资源。另外，由于联合选择 MDP 的动作集比较庞大，智能体在随机探索过程中会在很长一段时间内获得无效反馈，即只有在中继和信道都正确选择的情况下，智能体才能获得正向反馈。这种情况导致神经网络参数容易陷入局部最小值并且高估某些决策的价值。如果这些不均衡的过高估计没有集中在所需的状态，就会有很大的可能性对决策产生负面影响。

为了解决上述困难，使用深度双 Q 网络（double deep Q network，DDQN）来进行联合决策 MDP 的求解。与 Q 学习类似，DDQN 通过最大化未来累计奖励来搜寻最优策略。对于下一状态 s' 的所有可能动作，当前的最优策略是选择一个使目标函数值 $y=r+\gamma Q^*(s',a')$ 最大的动作 a'。

$$Q^*(s,a)=\{r+\gamma\max_{a'}Q^*(s',a')\mid s,a\} \tag{4-28}$$

在 DDQN 中，参数 θ 和 θ' 分别表示算法的在线网络和目标网络两个网络以及所对应的两套值函数权重，两个网络拥有相同的网络结构，每隔 n 步在线网络参数将共享给目标网络。在每个时间步 t，将智能体与环境交互得到的状态转移序列 $e_t=(s_t,a_t,r_t,s_{t+1})$ 存储到经验记忆库 $D=\{e_1,e_2,\cdots,e_t\}$ 中。每次训练时从 D 中随机抽取小样本批量样本，并使用随机梯度下降算法更新网络参数 θ。每个学习经历都会随机分配给其中一个值函数来进行更新，那么对于每次更新，其中一组权重用来决定贪婪策略，另一组权重用来确定其值。那么 DDQN 的目标函数可以重写表示为

$$y_t^{\text{Double}Q}=R_{t+1}+\gamma Q(s_{t+1},\text{argmax}_a Q(s_{t+1},a;\theta_t);\theta_t^-) \tag{4-29}$$

需要注意的是，这里 argmax 中动作的选择仍然取决于当前时刻在线网络的权重 θ^t。由于频谱状态和中继选择状态是完全不同类型的信息，提出了如图 4-18 所示的联合决策网络，两个子网络分别进行中继选择和通道选择，一个混合决策子网络决定最终的动作。在中继选择子网络，考虑到该网络中状态序列的时间相关性，使用长短期记忆（long short-term memory，LSTM）网络提取矩阵特征，以提高模型泛化能力。然后使用全连接层（fully connected Layer，FCL）来减少数据深度，同时进行特征输出。在信道选择子网络中，用频谱瀑布图来表示每个状态。考虑到频谱瀑布图包含时间、频率和功率三个维度的大量数据，池化层（pooling layer，PL）用于对频谱瀑布进行预处理以过滤环境噪声。然后使用卷积层提取图像局部特征。最后，全连接层用于特征信息的集成和输出。混合网络的目的是通过输入特征向量 X_t^d 与 Y_t^p 获取最终的中继与信道决策。

在算法仿真中，依据干扰机移动轨迹（固定、智能）与干扰样式（固定、智能）可形成四种场景。图 4-19 展示了所提出算法在不同场景下的收敛行为。从图中可以看出，所提算法在所有场景下都快速收敛到较为稳定的状态。在迭代开始时，用户从动作集中随机选择中继和通道以获得经验。随着迭代的进行，随机选择动作的概率降低，用户逐渐倾向于根据积累的经验选择获得高回报的动作，导致平均吞吐量的增加。经过对大部分状态的探索，

抗干扰策略逐渐收敛,然后用户智能体停止探索并贪婪地利用最优策略。最终,归一化吞吐量在迭代末尾时收敛,且场景三中的稳态点优于其他场景中的稳态点。

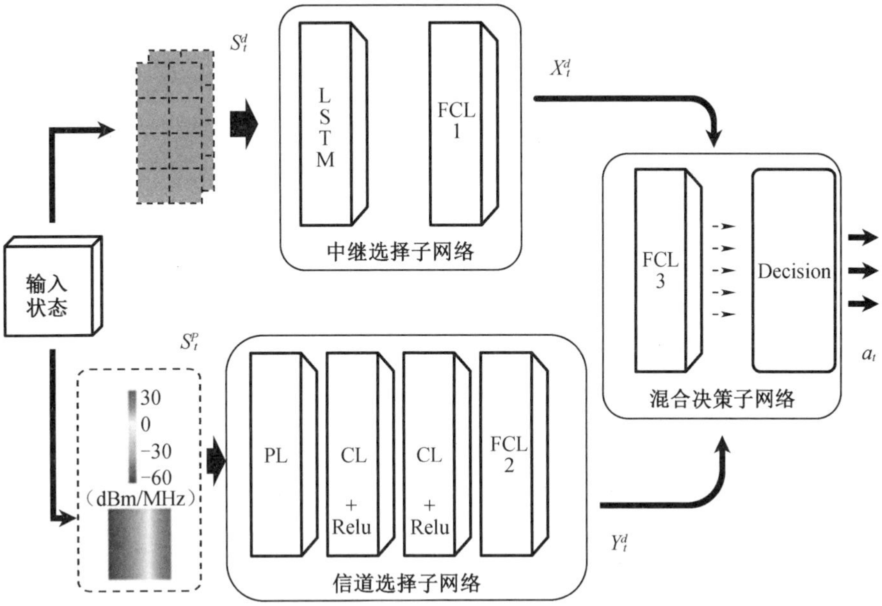

图 4-18 中继信道联合决策抗干扰网络结构

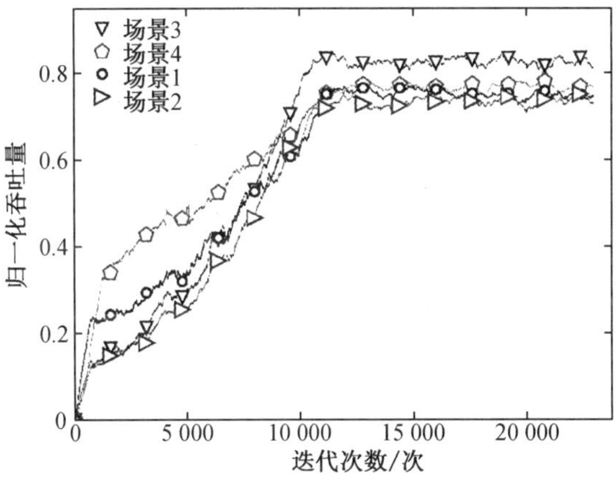

图 4-19 四种场景下的用户归一化吞吐量

4.5.2 基于可变带宽信道接入的时-频域稳健抗干扰

随着认知无线电和人工智能的发展,干扰机可以轻易地发射动态随机干扰信号,这给抗干扰通信带来了巨大的挑战。此外,用户在实际通信场景中很难获得准确的信道状态信息和干扰机的参数信息。本小节采用时-频域联合抗干扰策略,在时域上,用户根据信道状态确定当前时隙的频谱环境是否适合通信。在频域上,引入可变带宽信道进行动态频谱接入,通过调整传输信道的通信带宽来降低信道切换频率,减少外界衰落信道以及干扰影响。在上述假定条件下,当前时隙抗干扰策略包含躲避(信道切换)、硬抗(带宽控制)以及暂停发送(时域)等方式。

1. 问题建模

假设用户在时隙 t 选择信道 m。用户接收端的 SINR 主要受当前通信信道质量以及干扰机干扰的影响。而接收机所收到的干扰功率不仅与干扰机的干扰功率 P_j 有关,还取决于当前干扰机到用户接收机之间的干扰链路信道增益 W_j 以及对于用户产生的有效干扰系数 $\eta(\zeta)$。基于此,可以根据用户发射机发射功率 P_t、用户发射机到接收机之间的传输链路信道增益 W_t、发射机通信带宽 B_t、接收机处的噪声谱密度 N_0,定义接收机的 SINR 如下式所示:

$$\mathrm{SINR}=\frac{P_t W_t}{N_0 B_t+P_j W_j \eta(\zeta)} \tag{4-30}$$

将用户所受到干扰的有效程度定义为有效干扰系数 $\eta(\zeta)$,如图 4-20 所示为频域干扰用户信号示意图。可知有效干扰系数 $\eta(\zeta)$ $(0\leqslant\eta(\zeta)\leqslant 1)$ 取决于用户中心频点 f_j、干扰带宽 B_j 与通信带宽 B_t,其表达式为

$$\eta(\zeta)_j=\eta(B_t,B_j,f_t,f_j)=\begin{cases}0 & (B_t+B_j)/2<|f_j-f_t| \\ \dfrac{(B_t+B_j)/2-|f_j-f_t|}{B_j} & (B_t+B_j)/2\geqslant|f_j-f_t|\geqslant(B_j-B_t)/2 \\ \dfrac{B_t}{B_j} & |f_j-f_t|<(B_j-B_t)/2\end{cases} \tag{4-31}$$

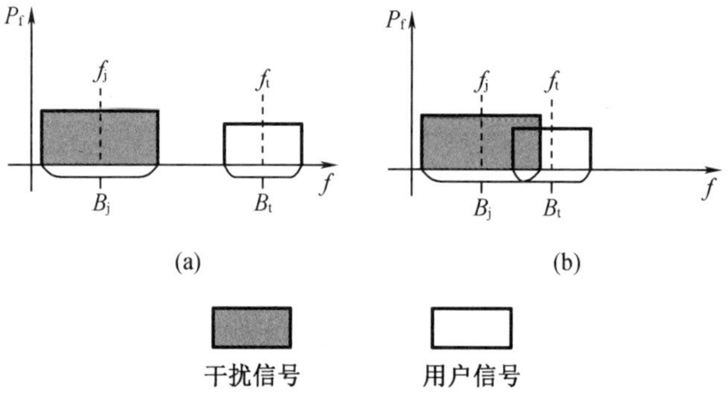

图 4-20 频域干扰用户信号示意图

由于信道切换以及改变传输带宽都会产生通信开销,一定程度上影响了通信系统的吞吐量。因而,在通信过程中应该避免频繁的信道切换以及传输带宽改变。同时,从节能的角度出发,若当前所有信道状态都不适合通信传输,则该时隙应该暂停通信(即当前时隙不进行信息传输)。具体来说,如果当前的信道状态恶劣或遭受到恶意干扰,会出现接收机所收到的 SINR 低于解调门限情况,从而导致当前信息无法正确解调。此时用户必须改变发射机的传输带宽以提高接收机的 SINR 使其达到最低解调门限 λ,或者重新选择新的信道去进行信息传输;当接收机的 SINR 高于解调门限 λ 时,用户虽然可以实现信号解调,但是较

高的 SINR 会影响用户当前的吞吐量,此时用户可以通过调整传输带宽提升通信系统吞吐量。若当前时隙所有信道状态都不适合通信传输,则当前时隙不进行通信。因此,有必要选择适合的传输时隙、最佳的传输带宽以及信道,从而最大限度地提高传输速率,减少通信损耗。图 4-25 为信道切换以及带宽调整的示意图,用户在时隙 t 选择信道 $\rho(t)$ 进行信息传输,当前通信链路的传输瞬时吞吐量可定义为

$$C(t,B_t,f_t)=\begin{cases}O_{io}B_t\log\left(1+\dfrac{P_tW_t}{N_0B_t+P_jW_j\eta(\zeta)}\right) & \text{SINR}\geqslant\lambda\\0 & \text{SINR}<\lambda\end{cases}\tag{4-32}$$

式中,O_{io} 表示当前信道是否处于可用状态,$O_{io}\in\{0,1\}$(0 表示信道不可用,1 表示信道可用)。

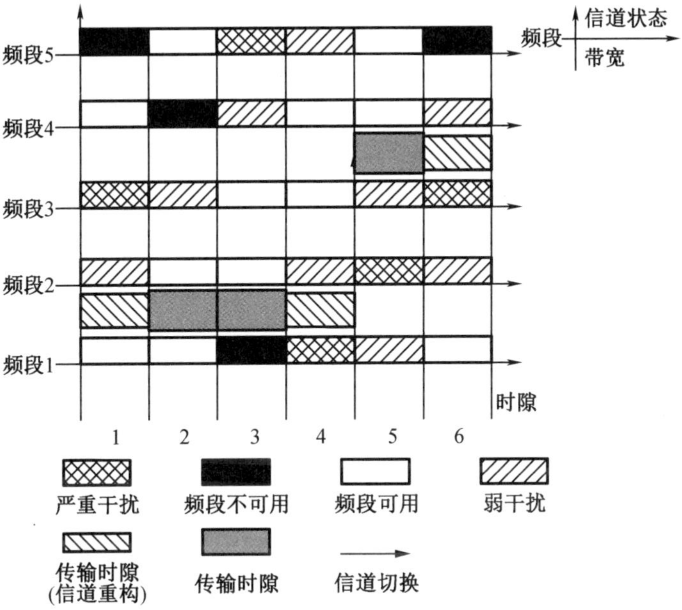

图 4-21　信道切换以及带宽调整的示意图

为了避免频繁的信道切换以及改变传输带宽,减少通信系统的能量损耗,以当前信道传输的瞬时通信吞吐量为主体优化指标,并引入信道切换开销 C_{switch} 以及传输带宽改变损耗 V_{switch}。根据所给出的通信传输效用函数,以及系统代价函数,可以得到通信系统在当前时隙的通信评估函数为

$$\mu(\zeta)=\mu(m_t,f_t,B_t,t)=m_t[C(t,B_t,f_t)-C_{switch}-V_{switch}]\tag{4-33}$$

式中,m_t 表示当前时隙是否进行通信($m_t\in\{0,1\}$),0 表示当前时隙不进行通信,1 表示进行通信。由于抗干扰策略动作是由当前电磁环境状态得到的,因此动态干扰下的多域抗干扰决策过程可以表述为马尔可夫决策过程。如图 4-22 所示给出了多域抗干扰问题的 MDP 环。MDP 由元组(S,A,R,P,γ)构成,其中 S 为状态空间,A 为动作空间,R 为反馈函数,P 为状态转移概率,γ 为折扣因子。本小节的优化目标为

$$\operatorname{argmax}\sum_{t=0}^{\infty}\gamma^{t}\mu(m_{t},f_{t},B_{t},t) \tag{4-34}$$

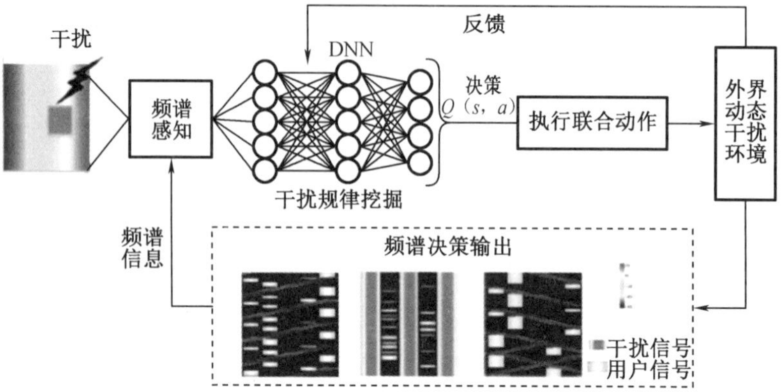

图 4-22　多域抗干扰的 MDP 环

2. 基于可变带宽信道接入的多域智能抗干扰算法

MDP 为优化复杂动态干扰环境提供了基础框架，将动态干扰以及信道衰落环境下的单用户智能抗干扰决策问题建模为一个马尔科夫决策过程。并结合卷积神经网络（CNN）和时间残差网络（LSTM）的结构特点，设计了一种具有探测干扰规律和预测信道状态变化能力的深度 Q-网络结构，如图 4-23 所示。新的网络结构主要分为以下四个模块：第一个模块是池化层（pooling layer，PL），用于压缩收集到的实时信息，减少特征不明显的参数数量。状态矩阵在池化层中向下采样。它可以提高深度强化学习网络的容错能力，减少计算量。第二个模块是卷积层（convolutional layer，CL），用于从外部频谱中提取相关的信道特性和干扰规律特征。该层中的卷积网络将输入大小为 2×2、步长为 2 的过滤器进行卷积。第三个模块是 LSTM 层，用于实现后续时刻信道状态的预测。第四个模块是全连接（FC）层，它直接输出所有决策的奖励（当前状态下所有动作的 Q 值）。

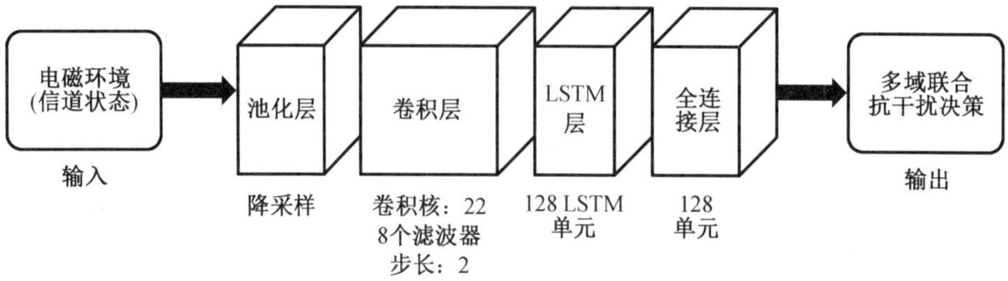

图 4-23　深度 Q 网络算法结构

基于构建的深度 Q-网络结构，提出的基于可变带宽信道接入的多域智能抗干扰算法如表 4-3 所示。

表 4-3 基于可变带宽信道接入的多域智能抗干扰算法

初始化

体验回放池 L 置空。初始迭代次数为 0。对设计的神经网络进行初始化。网络参数 θ 初始化一个随机值。目标 Q-network 参数为 $\theta^-=\theta$。使用随机探索填充体验回放池 L。设置相关的学习参数(初始学习率、迭代次数、单次测试数据量等)、学习次数以及损失函数等,搭建所设计的神经网络。

循环

步骤 1:用户通过信道感知观察当前状态,并根据以下规则进行抗干扰决策选择:

(1)通信传输的动作 $a(t)$ 以 ε 概率进行随机选择;

(2)接收机的智能体所选择的抗干扰通信动作以概率为 $1-\varepsilon$ 进行选择。

$$a(t)=\mathrm{argmax}\ Q(s(t),a,\theta)$$

步骤 2:在用户执行通信操作 $a(t)$ 后,接收机的智能体立即获得当前奖励 $r_t(s(t),a(t))$。

步骤 3:将生成的数据输入设计的 Q-network 进行拟合。

步骤 4:接收机的智能体在下一时隙 $t+1$ 中观察一个新的外界状态信息 $s(t+1)$。

步骤 5:接收机上的 DQN 智能体将经验 $\langle s(t),a(t),r(t),s(t+1)\rangle$ 存储在经验回放池 L 中。

步骤 6:从经验回放池 L 中随机选择小样本用于神经网络参数 θ 训练和更新。

步骤 7:每 200 帧,使用 $\theta^-=\theta$ 更新目标 Q-network 的参数。

循环迭代,直至达到最大迭代次数,算法结束。

结束算法

本小节仿真模拟了一个由主用户、一个次级用户(一个发射机和一个接收机)和一个干扰机组成的具有多种不同干扰模式的认知无线电场景。干扰机从单扫频和双扫频干扰中随机选择干扰模式。维持当前干扰类型的时间是在 2~30 s 里随机选择的。单、双扫频干扰的扫频速度设置为 45 MHz/s。在每个通信时隙之间,主要用户继续以 75%的概率占据当前信道,有 25%的概率主用户占据下一个信道。用户可用的信道数为 5。用户可选的带宽是 4 MHz、3 MHz、2 MHz、1 MHz。

如图 4-24、图 4-25 所示,分别比较了在动态干扰与跟踪干扰场景下不同算法的通信效用。其中 DQN-CS(基于信道切换的传统深度强化学习[35])仅通过信道选择来避免干扰,且通信传输带宽是固定的。Q 学习[36]与所提算法使用的深度网络拟合不同,Q 学习中的策略表是用来记录各个状态下的反馈信息,且状态空间有限、状态中只包含干扰信息。信道感知:该方案根据信道检测的结果选择信道增益最大的未受干扰信道。

从图 4-24 中可以看出,基于 DQN 的算法随着迭代次数增加而获得更高效用性能。所提的 DQN-BCD 算法同时考虑信道状态和干扰环境,通过引入切换因子,降低通信切换频率,提高了系统的通信质量。从图 4-25 中可以看出,跟踪干扰的响应时间越短,干扰效果越好,抗干扰性能越差。当响应时间较短时(0~10 ms),所有算法的效用都较低,但提出算法可以通过改变信道带宽(硬抗而不是躲避跟踪干扰)来提高信噪比。当传输道状态相对较好 (干扰链路较差)时,就有可能实现成功的传输。与其他算法相比,该算法在通信实用方面具有明显的优势。

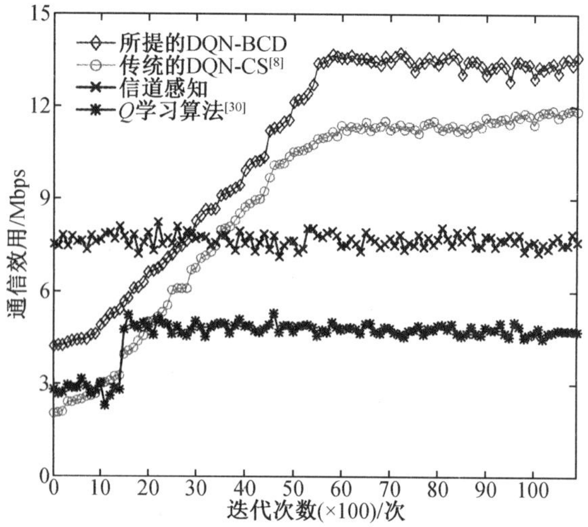

图 4-24 动态干扰下不同算法性能

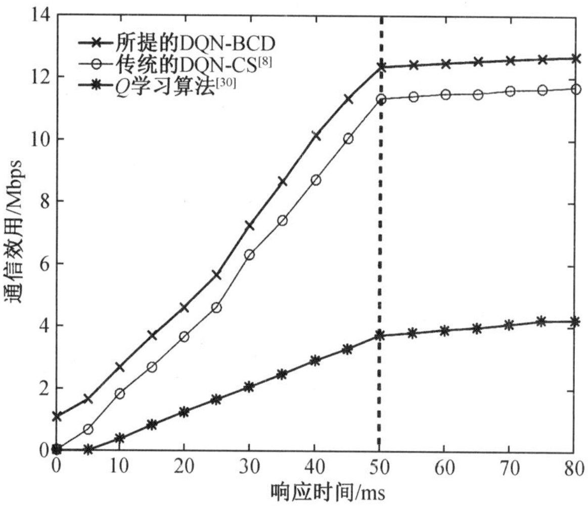

图 4-25 跟踪干扰下不同算法性能

4.6 小 结

本章围绕军事应用中面临的抗干扰问题，重点分析了抗干扰技术的研究现状与发展趋势，然后从单域和多域两个角度，利用机器学习、凸优化、博弈学习和多臂老虎机等方法，对问题进行求解，实现智能抗干扰决策优化，有效地提升了数据可靠传输能力。

思考与探究

1. 针对具备一定智能性的恶意干扰，即干扰机能够依据用户的通信规律智能产生针对性较强的干扰信号,应该从哪些方面进行突破?

2. 当干扰机被搭载到具有一定移动性能力的平台(如车辆、无人机、无人艇等)上时,我方抗干扰将面临哪些挑战?请提出相应的解决方案。

参 考 文 献

[1] JAYAWEERA S K, FENG S, MORTENSEN D, et al. Cognitive anti-jamming satellite-to-ground communications on NASA's SCaN testbed[Z]. 2018.

[2] JAYAWEERA S, AREF M, JAYAWEERA S, et al. Spectrum-agile cognitive interference avoidance through deep reinforcement learning[C]//International Conference on Cognitive Radio Oriented Wireless Networks and Communication. 2019: 218-231.

[3] BI Y, WU Y, HUA C. Deep reinforcement learning based multi-user anti-jamming strategy[C]//IEEE International Conference on Communications (ICC). 2019: 1-6.

[4] XU W, TRAPPE W, ZHANG Y, et al. The feasibility of launching and detecting jamming attacks in wireless networks[C]//Proceedings of the 6th ACM International Symposium on Mobile Ad Hoc Networking and Computing. 2005: 46-57.

[5] MORABITO G. Exploiting the timing channel to increase energy efficiency in wireless networks[J]. IEEE Journal on Selected Areas in Communications, 2011, 29(8): 1711-1720.

[6] GALLUCCIO L, MORABITO G, PALAZZO S. TC-Aloha: a novel access scheme for wireless networks with transmit-only nodes[J]. IEEE Transactions on Wireless Communications, 2013, 12(8): 3696-3709.

[7] D'ORO S, GALLUCCIO L, MORABITO G, et al. Defeating jamming with the power of silence: a game-theoretic analysis[J]. IEEE Transactions on Wireless Communications, 2015, 14(5): 2337-2352.

[8] ALTMAN E, AVRACHENKOV K, GARNAEV A. A jamming game in wireless networks with transmission cost[C]//International Conference on Network Control and Optimization. 2007:1-12.

[9] WANG B, WU Y, LIU K, et al. An anti-jamming stochastic game for cognitive radio networks[J]. IEEE Journal on Selected Areas in Communications, 2011, 29(4): 877-889.

[10] WU Y, WANG B, LIU K, et al. Anti-jamming games in multi-channel cognitive radio networks[J]. IEEE Journal on Selected Areas in Communications, 2012, 30(1):4-15.

[11] YANG D, ZHANG J, FANG X, et al. Optimal transmission power control in the presence of a smart jammer[C]//IEEE Global Communications Conference (GLOBECOM). 2012:5506-5511.

[12] YANG D, XUE G, ZHANG J, et al. Coping with a smart jammer in wireless networks: a stackelberg game approach[J]. IEEE Transactions on Wireless Communications, 2013, 12(8): 4038-4047.

[13] XIAO L, CHEN T, LIU J, et al. Anti-jamming transmission stackelberg game with observation errors[J]. IEEE Communications Letters, 2015, 19(6):949-952.

[14] JIA L, YAO F, NIU Y, et al. Bayesian stackelberg game for antijamming transmission with incomplete information [J]. IEEE Communications Letters, 2016, 20 (10): 1991-1994.

[15] XU Y, REN G, CHEN J, et al. Anti-jamming transmission in UAV communication networks: a Stackelberg game approach [C]//IEEE/CIC International Conference on Communications in China (ICCC). 2017:1-6.

[16] XU Y, REN G, CHEN J, et al. A one-leader multi-follower Bayesian-Stackelberg game for anti-jamming transmission in UAV communication networks[J]. IEEE Access, 2018, 6:21697-21709.

[17] YU L, WU Q, XU Y, et al. Power control games for multi-user anti-jamming communications[J]. Wireless Networks, 2019, 25(5): 2365-2374.

[18] XING Y, CHANDRAMOULI R. Stochatic learning solution for distributed discrete power control game in wireless data networks [J]. IEEE/ACM Transcation on Networking, 2008, 16(4):932 -944.

[19] LIU C, RONG B, CUI S. Optimal discrete power control in poisson-clustered ad hoc networks[J]. IEEE Transcation on Wireless Communications, 2015, 14 (1):138 -151.

[20] NGUYEN H H, HWANG W J. Distributed scheduling and discrete power control for energy efficiency in multi-cell networks [J]. IEEE Communications Letters, 2015, 19(12):2198 -2201.

[21] JIA L, YAO F, SUN Y, et al. A hierarchical learning solution for anti-jamming stackelberg game with discrete power strategies [J]. IEEE Wireless Communications Letters, 2017, 6(6):818-821.

[22] WU Q, XU Y, WANG J, et al. Distributed channel selection in time-varying radio environment: Interference mitigation game with uncoupled stochastic learning[J]. IEEE Transactions on Vehicular Technology, 2013, 62(9):4524-4538.

[23] ZHENG J, CAI Y, YANG W, et al. A fully distributed algorithm for dynamic channel adaptation in canonical communication networks [J]. IEEE Wireless Communications Letters,2013, 2(5):491-494.

[24] ZHENG J, CAI Y, XU Y, et al. Distributed channel selection for interference mitigation in dynamic environment: a game theoretic stochastic learning solution [J]. IEEE Transactions on Vehicular Technology, 2014, 63(9):4757-4762.

[25] CHEN C, SONG M, XIN C, et al. A game-theoretical anti-jamming scheme for cognitive radio networks[J]. IEEE Network, 2013, 27(3): 22-27.

[26] WU Y, WANG B, LIU K, et al. Anti-jamming games in multi-channel cognitive radio networks[J]. IEEE Journal of Selected Areas in Communications, 2012, 30(1): 4-15.

[27] ZHANG L, WANG H, LI T. Anti-jamming message-driven frequency hopping-part Ⅰ: system design[J]. IEEE Transactions on Wireless Communications, 2013, 12(1): 70-79.

[28] LING Q, LI T. Message-driven frequency hopping: design and analysis[J]. IEEE Transactions on Wireless Communications, 2009, 8(4): 1773-1782.

[29] SUN Y, SHAO H, LIU X, et al. Traffic offloading in two-tier multi-mode small cell networks over unlicensed bands: A hierarchical learning framework [J]. KSII Transactions on Internet & Information Systems, 2015, 9(11): 4291-4310.

[30] LIU Q, LI M, KONG X, et al. Disrupting MIMO communications with optimal jamming signal design[J]. IEEE Transactions on Wireless Communications, 2015, 14(10): 5313-5325.

[31] XIAO Z, GAO B, LIU S, et al. Learning based power control for mmWave massive MIMO against jamming[C]//IEEE Global Communications Conference (GLOBECOM). 2018, 1-6.

[32] XIAO L, LU X, XU D, et al. UAV relay in VANETs against smart jamming with reinforcement learning[J]. IEEE Transactions on Vehicular Technology, 2018, 67(5): 4087-4097.

[33] FENG Z, REN G, CHEN J, et al. A MAB-Based discrete power control approach in anti-jamming relay communication via three-layer stackelberg game[C]//IEEE 6th International Conference on Computer and Communications (ICCC). 2020: 267-272.

[34] FENG Z, REN G, CHEN J, et al. Power control in relay-assisted anti-jamming systems: a Bayesian three-layer stackelberg game approach[J]. IEEE Access, 2019, 7: 14623-14636.

[35] LIU X, XU Y, JIA L, et al. Anti-jamming communications using spectrum waterfall: a deep reinforcement learning approach[J]. IEEE Communications Letters, 2018, 22(5): 998-1001.

[36] SLIMENI F, CHTOUROU Z, SCHEERS B, et al. Cooperative Q-learning based channel selection for cognitive radio networks[J]. Wireless Networks, 2018, 25(4): 1-11.

第4章参考资料

第5章　基于最优停止的动态频谱接入

本章重点围绕动态频谱接入问题展开研究，针对认知用户接入频谱面临的衰落信道环境，建立了有限状态马尔可夫信道（finite-state Markov channel，FSMC）模型，将连续信道决策过程建模为一个二维联合最优停止问题，提出了最优停止的动态频谱接入方法，设计了基于序贯探测的机会接入策略和动态传输中的机会释放策略，实现了信道接入收益和探测代价的高效折中，有效提高了系统吞吐量。

5.1　引　　言

提高无线频谱的传输效率，是无线通信领域的一个经典研究课题。其中需要面对的一个关键问题就是无线信道的时变特性：由于无线信号的多径传播特性，在通信终端或者周围反射物存在移动的应用场景下，终端接收信号的质量随时间动态变化。传统的信号处理方式，比如均衡、编码、分集合并等物理层技术[1-2]，在对抗信道动态性上效果显著，一定程度上缓解了信道动态性对数据包传输的恶劣影响。然而，这些技术需要复杂的硬件支持，比如均衡器、多天线等，带来了设计与应用成本的上升。相对于传统观念试图使用物理层技术去克服信道动态性，近些年的一些新研究[3-5]表明，如果能在链路以及链路以上层面充分利用信道的这种动态性，系统的吞吐量将能进一步得到大幅提升。具体来说，由于信道的链路质量随机动态变化，因而对于同一用户来说，同一时刻不同信道表现出来的链路质量存在显著差异（即多信道分集）。因此，用户可以通过序贯的探测信道，机会地接入当前瞬时链路质量较好的信道进行传输，从而实现系统吞吐量的提升。近几年的研究[6-8]关注了这类序贯探测与机会接入问题，提出了相应的机会接入策略来获取多信道分集增益。

动态频谱接入中的信道状态（主要包括主用户占用情况和信道质量）往往随机变化，且直到进行感知才能确定其状态值。在串行扫描的动态频谱接入系统中，当感知信道数目增加时，感知代价和期望收益同时随之增加。因此，一种合理的方式是根据已感知过的信道状态进行决策，若已经感知过的信道状态较差，则认知用户会继续感知剩余信道；反之，则认知用户会停止感知并选择已感知信道进行通信。由此可见，研究认知用户的最优感知停止策略是串行扫描动态频谱接入的关键问题之一，可运用最优停止问题（optimal stopping problem，OSP）[9]的相关理论和方法进行求解。OSP 有以下两种模型：不允许回退的 OSP（optimal stopping problem with no recall，NR-OSP）和允许回退的 OSP（optimal stopping problem with recall，R-OSP）。在 NR-OSP 中，认知用户只能在当前信道上进行通信；在 R-OSP 中，停止感知信道后可在已感知过的所有信道上进行通信。

文献[10]首次研究了瑞利衰落环境下开放式动态频谱接入中基于 NR-OSP 的信道选择问题。文献[11]联合考虑主用户对频谱的随机占用和瑞利衰落,研究了层级式动态频谱接入中基于 NR-OSP 的信道选择问题,并通过动态规划方法求解最优信道感知次序。文献[12]假设信道传输速率固定,研究了层级式动态频谱接入中的最优感知信道问题,分析表明,此时的最优信道感知次序是信道传输速率的降序排列,和主用户占用概率无关。文献[13]联合考虑层级式动态频谱接入中的能量消耗、功率分配和感知次序,提出基于 NR-OSP 的信道选择算法和基于动态规划的最优感知信道确定问题。文献[14]提出一种基于二维最优停止模型的信道选择算法,相比其他 OSP 模型中认知用户只能停止感知或继续感知,该研究中认知用户有三个策略可选择,即停止感知并使用当前信道、继续感知和释放当前信道。

文献[15]研究了层级式动态频谱接入中的基于 R-OSP 的信道选择问题,由于求解 R-SOP 的最优停止准则的复杂度很高,该研究提出了基于 k 步展望(k-step look ahead, k-SLA)[9]的近似最优信道选择算法。文献[16]研究了开放式动态频谱接入中基于 R-OSP 的信道选择问题,提出一种基于动态规划的最优停止策略和接近最优性能的 2-SLA 算法。本章作者亦对基于 R-OSP 的信道选择问题进行了研究,相关研究主要有开放式动态频谱接入中联合考虑能耗和时间开销的信道选择算法[17]和基于随机回退的多用户信道选择算法,以及频谱共享系统中的信道选择算法[18-19]。

然而,现有的研究所提的策略都建立于恒定传输时间模型:将每个传输时隙设置为信道相关时间,并假设信道状态在时隙内不发生变化,且在相邻时隙间独立变化。事实上,由于信道相关时间仅是信道质量高度相关的持续时间的一种统计度量[20],实际的信道保持良好状态的时间可能远远超出信道相关时间,也有可能在一个信道相关时间内迅速恶化。因此,使用恒定的传输时间将导致传输机会的损失:当前信道状态依旧良好却因传输时间限制被放弃,导致时域机会的损失;或者当前信道链路质量变差,却因传输时间限制而不能及时切换到具有更好链路质量的信道,导致频域传输机会的浪费。

受上述现象的启发,本章研究更灵活的机会信道利用机制,尝试从时频两个维度联合利用瞬时传输机会。不同于以往的研究假设时间独立的块衰落(block fading)信道模型,本章考虑更实际的瑞利衰落信道,并引入有限状态马尔可夫信道模型来刻画信道的时间动态性。在这种机制下,用户不仅根据瞬时信道状态决定何时接入信道,同时,在信道上传输多长时间的决策也由信道的瞬时状态来随机决定。本章的主要目标是设计联合的信道机会接入与机会释放策略,最大化系统吞吐量。

由于用户进行接入和释放决策时仅能知晓当前信道的瞬时状态信息,这显然是一类基于部分信息的实时决策问题。然而,本章研究的模型与现有的基于部分信息决策模型有以下两点本质区别,这同时也构成了研究的主要挑战:

(1)本章研究的是一个时间连续的实时决策问题。用户需要决定何时接入信道,而不仅仅是选择哪个信道的问题。因而,广泛应用于部分信息下的信道选择决策的 POMDP 理论难以建模本章的决策过程。

(2)本章考虑联合时频机会利用,因而包含两个连续的决策过程,即频域决策过程(基于序贯探测的机会接入过程）和时域决策过程（动态传输中的机会释放过程）。这两个维度的决策过程相互影响，使得传统的一维最优停止模型可以直接解决本章的决策问题。

本章将连续决策过程建模为一个二维联合最优停止问题，并通过将二维随机优化问题分解为两个一维的子优化问题进行求解。首先，证明了最优信道释放策略具有简单的门限属性，在此基础上进一步证明了最优信道接入策略也具有门限结构。其次，分析发现二维联合最优停止策略可以进一步退化为一个简单的单门限结构。最后，本章构建吸收马尔可夫链刻画了门限策略下的机会传输过程，并分析获得了最优门限及其相应的可达吞吐量。

5.2 系统模型

本章考虑一个具有 N 个信道的单跳分布式网络。假设终端设备都是基于软件定义的无线电（soft defined radio，SDR）的收发器，从而能够机会地接入任意信道进行传输。研究表明，超过半数的美国地区拥有 20 个以上的可用电视频道[21]。而实际网络中一跳以内同时并发的通信链路数目通常小于 10。考虑到这些因素，本章考虑同时通信的链路数目 $M<N$。

本章研究的动态频谱利用机制可以描述为：当一个用户要发送数据时，它首先在控制通道传送一个 RTS 数据包。控制通道可以是一个专用物理信道[22]，或是通过一系列信息处理形成的逻辑专用信道[23]。如果接收方停留在控制通道，并已经做好了接收数据的准备，它将回复一个 CTS。通过这种握手，双方共享信道探测序列（如果是基于随机数发生器产生序贯的话，他们只需共享一个种子序号）实现同步。然后，收发双方切换到信道探测序贯的第一个信道，展开基于信道测量的动态频谱利用，如图 5-1 所示。在此过程中，存在两种信道测量方式，即频域的信道探测和时域的信道监测。

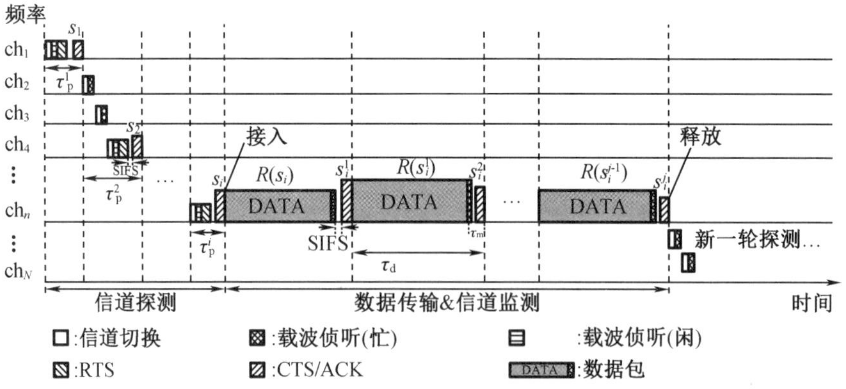

图 5-1　基于序贯探测的时-频机会利用机制

在频域上探测一个新信道，用户需要切换频谱。每次信道切换需要 $t_{\{witch\}}$ 的时长用于无线电参数（如频率、调制和功率水平）的调整。依据现有先进的硬件水平[24-25]，信道切换时间一般小于 100 μs。然后，用户使用一个 DIFS 时长用于载波检测，以确保不与正在进行的传输发生碰撞。如果发现信道被占用，用户将立即切换到下一个信道。否则，用户发送包含训练序贯的 RTS 数据包探测信道。一旦成功接收到 RTS，接收端根据训练序列估计信道质量，并通过 CTS 将这一信息反馈给发送方。基于观测到的信道实时状态，用户将决定是接入该信道进行传输，抑或跳过该信道继续探测下一信道。

考虑到可能存在探测包发生碰撞的情况，用户使用一种基于随机退避的方式竞争发送 RTS 探测包。在本章所提机制下，除非发生以下两种情况之一，收发双方将停留在当前信道：

(1) 发现其他用户接入当前信道传输数据；

(2) 用户成功探测当前信道，发现当前信道不利于用户自身通信。

当用户观察到一个高质量信道并决定接入该信道后，它使用该信道可提供的最优速率进行数据传输。每次数据传输持续时间 τ_d。通过将训练序列嵌入数据包尾部(后导)[26-27]进行信道测量，以及 ACK 反馈信道信息，用户实时地监控当前信道的质量变化。由于时域上的信道监测既不需要切换信道，也没有额外的测量数据包收发，它的开销仅有几十个微秒[28]。同样，在收到每个 ACK 之后，用户需要实时地决定是否继续在当前信道上传输数据或释放当前信道并开始新一轮信道搜索过程。显然，在相同的决策规则下，由于收发双方共享同样的信道探测序列和信道测量结果，它们将同步地探测、接入和切换到相同信道，从而实现同步。

本章考虑相互独立的瑞利衰落信道(即信道间的频率间隔大于相关带宽)，为了描述瑞利信道链路质量的时变特性，引入有限状态 FSMC。大量研究表明[29-31]，在慢衰落环境下，FSMC 模型可以很准确地刻画瑞利信道特性。考虑一个具备 K 挡传输速率(每个速率对应一种传输模式，即一个调制编码组合)的无线通信系统，信道可以描述为一个 K 状态 FSMC 模型$\{0,1,\cdots,K-1\}$，其中每一个状态对应一挡速率，如图 5-2 所示。

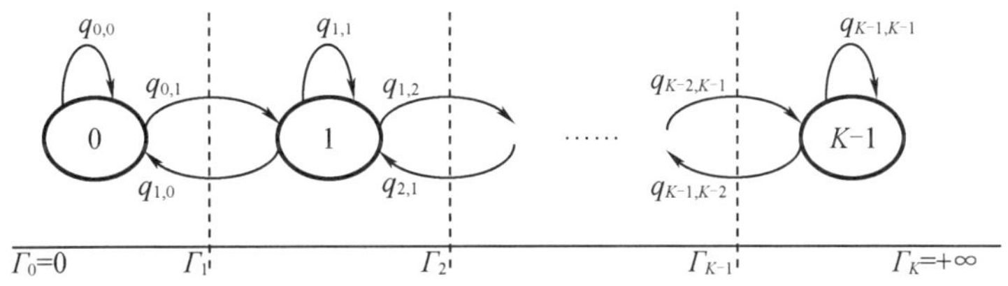

图 5-2　FSMC 信道模型示意图

接收信噪比由一系列门限 $\Gamma_k(k\in\{0,1,\cdots,K\})$ 分割成连续的互不重叠的区域，其中 $0=\Gamma_0<\Gamma_1<\Gamma_2<\cdots<\Gamma_K=\infty$。信道状态由接收信噪比决定，如果接收信噪比 $\Gamma_k\leqslant\gamma<\Gamma_{k+1}$，那么信道处于状态 k。相应地，用户能够无错误传输的最高速率是 $R(k)=B\log_2(1+\Gamma_k)$ bps。不失一般性，考虑状态之间的速率之差恒等，并使用常量 η 来表示相邻状态的速率差。那么，$\Gamma_k=2^{\frac{k\eta}{B}}-1, k\in\{0,1,\cdots,K-1\}$。

在一个典型的多径传播环境中，瞬时接收信噪比 γ 满足负指数分布[30]：

$$p(\gamma)=\frac{1}{\gamma_0}\exp\left(-\frac{\gamma}{\gamma_0}\right),\quad \gamma\geqslant 0 \tag{5-1}$$

式中，γ_0 代表信道的平均接收信噪比。

在此基础上，信道状态的平稳概率分布 $\pi_k(k=0,1,\cdots,K-1)$ 可由下式获取

$$\pi_k = \int_{\Gamma_k}^{\Gamma_{k+1}} p(\gamma)\,\mathrm{d}\gamma = \mathrm{e}^{-\frac{\Gamma_k}{\gamma_0}} - \mathrm{e}^{-\frac{\Gamma_{k+1}}{\gamma_0}} \tag{5-2}$$

假设信道状态转换只发生在相邻状态[30-31]，即信道状态不发生跳变（这在慢衰落瑞利环境下是一个合理且广泛接受的假设）。信道状态的转移概率 $q_{s,s'}$ 如下表示：

$$\begin{cases} q_{k,k-1} = \dfrac{\Lambda(\Gamma_k)}{\pi_k}\tau_{\mathrm{d}}, & k=1,2,\cdots,K-1 \\ q_{k,k+1} = \dfrac{\Lambda(\Gamma_{k+1})}{\pi_k}\tau_{\mathrm{d}}, & k=1,2,\cdots,K-2 \\ q_{k,k} = 1-q_{k,k+1}-q_{k,k-1}, & k=1,2,\cdots,K-2 \\ q_{0,0} = 1-q_{0,1} \\ q_{K-1,K-1} = 1-q_{K-1,K-2} \end{cases} \tag{5-3}$$

式中，τ_{d} 是数据传输时间；$\Lambda(\cdot)$ 是水平穿越率函数，定义如下[30]：

$$\Lambda(\Gamma) = \sqrt{\frac{2\pi\Gamma}{\gamma_0}}f_{\mathrm{d}}\mathrm{e}^{-\frac{\Gamma}{\gamma_0}} \tag{5-4}$$

式中，f_{d} 表征由于移动导致的最大多普勒频移。

5.3 最优策略的属性

本节将上述二维的决策问题建模为一个二维最优停止问题，并推导得出最优的接入、切换策略的门限属性。

5.3.1 问题建模

将一组连续的序贯探测过程和动态数据传输过程称为一个决策周期。一个序贯信道探测过程包含多次信道探测，直到用户接入信道；而一个数据传输过程同样包括一系列的数据传输和信道监测，直到用户决定释放该信道为止。令 τ_{S} 表征信道切换以及载波检测的时间开销，τ_{R} 为 RTS/CTS 包成功交互需要的时间。那么，一次信道探测（以成功交互 RTS/CTS 为标志），以第 ℓ^{th} 次为例，需要的时间开销为 $\tau_{\mathrm{p}}^{\ell}=\kappa_{\ell}\tau_{\mathrm{S}}+\tau_{\mathrm{R}}$，其中 $\kappa_{\ell}\in\{1,2,\cdots\}$ 为这次探测中的信道切换次数。相应观测到的信道状态用 s_{ℓ} 来表示。显然，频域探测获得的观测变量 $\{s_1,s_2,\cdots\}$ 满足信道的稳态分布 π_k，可以由式（5-2）获得。

当观察到某信道的信道状态为 s_i 且接入该信道后，用户将逐包的监测当前信道的链路质量。令 τ_{m} 代表每个包传输时间 τ_{d} 中用于信道监测耗费的开销。此时，在时域上的观测变量 $\{s_i^1,s_i^2,\cdots\}$ 服从条件转移概率 $q_{k,l}=\Pr\{s_i^{\ell+1}=l\,|\,s_i^{\ell}=k\}$，其中 $q_{k,l}$ 由式（5-3）获取。

假设用户在第 i^{th} 个信道探测步骤中观测到信道状态 s_i，并决定接入该信道；然后在传

输第 j^{th} 个数据包后发现链路质量变为 s_i^j 时决定释放当前信道。那么,用户在这一轮中总的信道观测变量为 $\{s_1, s_2, \cdots, s_i; s_i^1, s_i^2, \cdots, s_i^j\}$,获得的吞吐量收益为

$$\varphi(i,j) = \frac{b(i,j)}{t(i,j)} = \frac{(\tau_{\mathrm{d}} - \tau_{\mathrm{m}}) \sum_{\ell=0}^{j-1} R(s_i^\ell)}{\sum_{\ell=1}^{i} \tau_{\mathrm{p}}^\ell + j\tau_{\mathrm{d}}} \tag{5-5}$$

式中,$b(i,j)$ 和 $t(i,j)$ 分别代表用户在这一决策周期内(即 (i,j))传输的数据比特数与耗费的总时间;$R(s_i^\ell)$ 代表信道状态为 s_i^ℓ 时可提供的最高速率。注意式(5-5)中 $s_i^0 = s_i$。

定义 $\Psi \doteq \{\psi = (I,J): 0 \leqslant I \leqslant \infty, 0 \leqslant J \leqslant \infty\}$ 为所有可能的二维停止规则构成的集合,其中 I 和 J 分别为序贯信道探测过程(频域)的停止准则和数据传输过程(时域)的停止准则。那么,研究目标可以描述为寻找最优的二维停止准则,使得系统的吞吐量最大化,即

$$\max_{\psi \in \Psi} E[\Phi(\psi)] = \max_{\psi \in \Psi} E\left[\frac{B(\psi)}{T(\psi)}\right] \tag{5-6}$$

在式(5-6)中,$B(\psi)$ 和 $T(\psi)$ 分别为在规则 ψ 下单周期传输的期望比特数与期望时间开销。

由于在相邻的决策周期间,信道的状态可以近似看作是相互独立的(除了当前正在使用的信道),连续的决策过程可以视为独立的周期重复。因此,最大化期望吞吐量 $E[B(\psi)/T(\psi)]$ 等同于最大化比值 $E[B(\psi)]/E[T(\psi)]$[32],本章的目标可以简化为寻找最优联合策略 $\psi^* \in \Psi$:

$$\psi^* = \underset{\psi \in \Psi}{\operatorname{argmax}} \frac{E[B(\psi)]}{E[T(\psi)]} \tag{5-7}$$

5.3.2　最优停止规则的门限属性

与传统的单维最优停止问题不同,在本章的问题模型中,存在两个相互影响的停止策略,这给问题的求解带来了难度。为了解构这种乘性收益的二维优化问题,引入如下引理。

引理 5.1　如果 $\sup_{\psi \in \Psi}[B(\psi) - \lambda T(\psi)] = 0$ 满足,那么 $\sup_{\psi \in \Psi}[B(\psi)]/E[T(\psi)] = \lambda$。并且,如果 $\sup_{\psi \in \Psi}[B(\psi) - \lambda T(\psi)] = 0$ 在 $\psi^* \in \Psi$ 时成立,那么 ψ^* 即为最大化 $\sup_{\psi \in \Psi} E[B(\psi)]/E[T(\psi)]$ 的最优解。

该引理的严谨证明可参见文献[32]。

基于该引理,构建一个新的等效优化问题,其中收益函数定义为

$$w_{(i,j,\lambda)} = b(i,j) - \lambda t(i,j) = (\tau_{\mathrm{d}} - \tau_{\mathrm{m}}) \sum_{t=0}^{j-1} R(s_i^t) - \sum_{\ell=1}^{i} \lambda \tau_p^\ell - j\lambda\tau_{\mathrm{d}} \tag{5-8}$$

相应的优化目标为

$$V(\lambda) = \max_{\psi \in \Psi} E[B(\psi) - \lambda T(\psi)] \tag{5-9}$$

那么,根据引理 5.1,获取原始问题的最优策略也就等同于确定一个合适的 λ 并找到一个最优策略达到 $V(\lambda)$。具体地说,参数 λ 可以看作是一个假定的系统期望吞吐量。对于一个给定的 λ,存在一个策略 ψ_λ^*(包含 I_λ^*, J_λ^*)达到 $V(\lambda)$。$V(\lambda) > 0$ 意味着存在一个更好

的策略可以提高系统吞吐量 λ，而 $V(\lambda)<0$ 意味着没有任何策略能够达到期望系统吞吐量 λ。那么，通过调整 λ 使得 $V(\lambda)<0$（即 λ^*），就能获得最大化系统吞吐量的最优策略 $\psi_{\lambda^*}^*$。相应地，λ^* 即为所得的期望吞吐量。

基于此，在接下来的内容，先就给定 λ 下，研究实现目标 $V(\lambda)$ 的策略属性。在研究最优策略之前，首先讨论一下 λ^* 的取值。

定理 5.1

$$\lambda^* \geqslant \frac{(\tau_d-\tau_m)}{\tau_d}\overline{R} \tag{5-10}$$

式中，$\overline{R}=\sum_{k=0}^{K-1}\pi_k R(k)$。

定理 5.1 证明见文献[14]。

基于定理 5.1 的结论，本章接下来着重在 $\lambda \geqslant \frac{(\tau_d-\tau_m)}{\tau_d}\overline{R}$ 的范围内研究最优策略的属性。

给定 λ 和频域停止准则 I（接入策略），用户在观测到 s_I^j 后释放信道，所得的收益可以从式(5-8)直接获得

$$\begin{aligned} w_{(I,j,\lambda)} &= (\tau_d - \tau_m)\sum_{t=0}^{j-1}R(s_I^t) - j\lambda\tau_d - \sum_{\ell=1}^{I}\lambda\tau_p^{\ell} \\ &= \sum_{t=0}^{j-1}[R(s_I^t)(\tau_d - \tau_m) - \lambda\tau_d] - \sum_{\ell=1}^{I}\lambda\tau_p^{\ell} \end{aligned} \tag{5-11}$$

在此情形下的最优时域停止规则 $J_{(\lambda,I)}^*$ 可以表述为

$$\begin{aligned} J_{(\lambda,I)}^* &= \arg\max_J E\left[\sum_{t=0}^{j-1}[R(s_I^t)(\tau_d - \tau_m) - \lambda\tau_d] - \sum_{\ell=1}^{I}\lambda\tau_p^{\ell}\right] \\ &= \arg\max_J E\left[\sum_{t=0}^{j-1}[R(s_I^t)(\tau_d - \tau_m) - \lambda\tau_d]\right] \end{aligned} \tag{5-12}$$

如前所述，时域和频域停止准则的相互依赖性使得问题的求解变得复杂。然而，由式(5-12)可以发现，频域停止准则（即接入策略）对时域准则（释放策略）的影响可以完全由 λ 来表征。因此，本节得以单独地求解在给定 λ 下的最优时域准则。对于此，有如下定理。

定理 5.2 令 $k_\lambda^r=\max\left\{k:R(k)<\frac{\tau_d\lambda}{(\tau_d-\tau_m)}\right\}$。给定 $\lambda>\frac{(\tau_d-\tau_m)}{\tau_d}\overline{R}$，时域最优停止准则可以描述为

$$J_\lambda^* = \min\{j:s_I^j \leqslant k_\lambda^r\} \tag{5-13}$$

定理 5.2 的证明见文献[14]。

定理 5.2 说明，存在一个最优的时域停止策略使得式(5-9)的目标最大化，并且这个最优停止策略是一个简单门限准则：如果信道状态优于门限 k_λ^r，则继续传输；否则，释放信道。

基于最优释放策略 J_λ^*，现在研究最优联合策略的性质。给定 λ 和相应的 J_λ^*，用户接入一个状态为 s_i 的信道所获得收益是

$$w_{(i,J_\lambda^*,\lambda)}=b'(s_i,k_\lambda^{\mathrm r})-\lambda t'_{\mathrm d}(s_i,k_\lambda^{\mathrm r})-\lambda\sum_{\ell=1}^{i}\tau_{\mathrm p}^{\ell} \tag{5-14}$$

式中，$b'(s_i,k_\lambda^{\mathrm r})$ 和 $t'_{\mathrm d}(s_i,k_\lambda^{\mathrm r})$ 分别代表用户在接入一个状态为 s_i 的信道并在信道状态差于或等于 $k_\lambda^{\mathrm r}$ 时释放信道所传输的比特数和消耗的时间。

相应地，频域最优停止策略可以表示为

$$\begin{aligned}I_{(\lambda,J_\lambda^*)}^*&=\arg\max_I E[w_{(i,J_\lambda^*,\lambda)}]\\&=\arg\max_I\left\{E[b(s_i,k_\lambda^{\mathrm r})]-\lambda E[t_{\mathrm d}(s_i,k_\lambda^{\mathrm r})]-\lambda E\left[\sum_{\ell=1}^{I}\tau_{\mathrm p}^{\ell}\right]\right\}\end{aligned} \tag{5-15}$$

定义函数 $h_\lambda(k_1,k_2)\doteq E[b'(k_1,k_2)]-\lambda E[t'_{\mathrm d}(k_1,k_2)]$，有以下定理。

定理 5.3　令 $k_\lambda^{\mathrm a}=\min\{k:h_\lambda(k,k_\lambda^{\mathrm r})\geqslant V(\lambda)\}$，$(k_\lambda^{\mathrm a}>k_\lambda^{\mathrm r})$。给定 $\lambda>\frac{(\tau_{\mathrm d}-\tau_{\mathrm m})}{\tau_{\mathrm d}}\overline{R}$，最优频域停止准则可以描述为

$$I_\lambda^*=\min\{i:s_i\geqslant k_\lambda^{\mathrm a}\} \tag{5-16}$$

定理 5.3 证明见文献[14]。

现在，通过定理 5.2 和定理 5.3 可以断定，当 $\lambda>\frac{(\tau_{\mathrm d}-\tau_{\mathrm m}}{\tau_{\mathrm d}}\overline{R}$，式(5-9)定义的优化问题的最优联合策略具有门限属性。因而，对于真实的最大可达吞吐量 $\lambda^*>\frac{(\tau_{\mathrm d}-\tau_{\mathrm m}}{\tau_{\mathrm d}}\overline{R}$，最优策略也应当是门限结构的。注意到 $\lambda^*:V(\lambda^*)=0$ 为最大可达吞吐量，且最优策略 $\psi_{\lambda^*}^*$ 也是原优化问题(5-7)的最优解。为了描述简便，在后文中，$I_{\lambda^*}^*$、$J_{\lambda^*}^*$ 和 $\psi_{\lambda^*}^*$ 将依次简写为 I^*，J^* 和 ψ^*。

定理 5.4　最优二维联合停止准则可描述为

$$\psi^*=\left\{(I,J):\begin{matrix}I=\min\{i:s_i\geqslant k^*\}\\J=\min\{j:s_i^j<k^*\}\end{matrix}\right\} \tag{5-17}$$

并且最优门限具有以下属性：

如果 $\lambda^*>\frac{(\tau_{\mathrm d}-\tau_{\mathrm m}}{\tau_{\mathrm d}}\overline{R}$，则 $k^*\in\{k:R(k)>\overline{R}\}$；

如果 $\lambda^*=\frac{(\tau_{\mathrm d}-\tau_{\mathrm m}}{\tau_{\mathrm d}}\overline{R}$，则 $k^*=0$。

定理 5.4 证明见文献[14]。

定理 5.4 证明了二维最优停止准则可以化简成一个简单的单门限策略。由此，最优机会信道接入与切换策略可以描述成：

(1)在频域上序贯探测信道，直到观测到一个信道的状态大于或等于 k^*，接入该信道进行数据传输；

(2)逐包的监测当前信道，一旦发现链路质量差于 k^*，释放该信道并进入新一轮的信道探测过程。

5.4 最优门限的求解

本节先分析基于门限的信道接入与释放方法的接入时延和吞吐量,然后给出一种有效的最优门限获取算法。

5.4.1 门限策略性能分析

在本章所提的系统机制下,信道被检测忙(其他用户占用)的概率近似等于 $\theta_{\mathrm{B}}=\dfrac{M-1}{N}$,其中,$M-1$ 是当前网络中的用户数,N 是信道总数。相应地,切换的信道空闲的概率为 $\theta_{\mathrm{I}}=1-\dfrac{M-1}{N}$。由此,期望探测开销 $E[\tau_{\mathrm{p}}]$ 可以由下式获得:

$$
\begin{aligned}
E[\tau_{\mathrm{p}}] &= \sum_{\kappa=1}^{\infty}\theta_{\mathrm{B}}^{\kappa=1}\theta_{\mathrm{I}}(\kappa\tau_{\mathrm{S}}+\tau_{\mathrm{R}}) \\
&= \theta_{\mathrm{I}}\tau_{\mathrm{S}}\sum_{\kappa=1}^{\infty}\kappa\theta_{\mathrm{B}}^{\kappa-1}+\theta_{\mathrm{I}}\tau_{\mathrm{R}}\sum_{\kappa=1}^{\infty}\theta_{\mathrm{B}}^{\kappa-1} \\
&= \frac{\tau_{\mathrm{S}}}{\theta_{\mathrm{I}}}+\tau_{\mathrm{B}}
\end{aligned}
\tag{5-18}
$$

在门限策略 $\psi_{k'}$ 下,用户当且仅当观察到一个信道的状态优于或等于 k' 时,接入信道。因此,每周期的期望接入时延(即序贯探测过程的总耗时)为

$$
\begin{aligned}
E[T_{\mathrm{a}}(\psi_{k'})] &= E[\tau_{\mathrm{p}}]\sum_{\ell=1}^{\infty}\{\ell[\Pr(s_{\ell}<k')]^{(\ell-1)}\Pr(s_{\ell}\geqslant k')\} \\
&= E[\tau_{\mathrm{p}}]\Pr(s_{\ell}\geqslant k')\sum_{\ell=1}^{\infty}\{\ell[\Pr(s_{\ell}<k')]^{(\ell-1)}\} \\
&= \frac{1}{1-P_{k'}}\left(\frac{\tau_{\mathrm{S}}}{\theta_{\mathrm{I}}}+\tau_{\mathrm{R}}\right)
\end{aligned}
\tag{5-19}
$$

式中,$P_{k'}\doteq\Pr(s_{\ell}<k')=\sum_{k=0}^{k'-1}\pi_{k}$,而 π_{k} 是信道稳态分布。

接下来,分析门限策略下的动态数据传输过程。在此,先引入吸收马尔可夫链模型[33]。

定义 5.1 如果马尔可夫链中的某个状态 k,一旦进入就无法离开(即 $q_{k,k}=1$),那么这个状态就称为吸收态。如果一个马尔可夫链中存在一个或多个吸收态,且从任意状态都有可能进入一个吸收态,那么这个马尔可夫链就可称为吸收马尔可夫链。

通过将 FSMC 中的状态 k:$k<k'$ 设为吸收态,构建出一个吸收马尔可夫链。门限策略下的动态传输过程即可用该吸收马尔可夫链充分刻画。相应地,该吸收马尔可夫链的非吸收状态的转移矩阵为

$$Q_{k'}=\begin{cases} q_{k',k'} & q_{k',k'+1} & \cdots & 0 \\ q_{k'+1,k'} & q_{k'+1,k'+1} & q_{k'+1,k'+2} & \vdots \\ 0 & \ddots & \ddots & 0 \\ \vdots & q_{K-2,K-3} & q_{K-2,K-2} & q_{K-2,K-1} \\ 0 & \cdots & q_{K-1,K-2} & q_{K-1,K-1} \end{cases} \tag{5-20}$$

式中，$q_{k,l}$ 由式(5-3)定义。

由文献[33]，得到以下引理。

引理 5.2　对于一个吸收马尔可夫链 $Q_{k'}$，矩阵 $I-Q_{k'}$ 存在逆矩阵 U，并且 $U=I+Q_{k'}+Q_{k'}^2+\cdots$。矩阵 U 的第 kl 个条目 $u_{k,l}$ 即为给定系统起始状态 k、马尔可夫链经历状态 l 的期望次数。

该引理的严格证明参见文献[33]。

在接下来的描述中，使用(k,k')来代表事件。用户接入时信道状态为 k，当信道状态变得差于 k' 释放信道$(k\geqslant k')$，根据引理 5.2，事件(k,k')的期望传输时间为

$$E[t'_{\mathrm{d}}(k,k')]=\sum_{\ell=0}^{\infty}\tau_{\mathrm{d}}e_{k+1-k'}^{\mathrm{T}}Q_{k'}^{(\ell)}z_{k'}^{K-1}=\tau_{\mathrm{d}}e_{k+1-k'}^{\mathrm{T}}(I-Q_{k'})^{-1}z_{k'}^{K-1} \tag{5-21}$$

式中，$e_{k+1-k'}$是单位矩阵 $I_{K-k'}$ 的第$(k+1-k')^{\mathrm{th}}$ 列向量，$z_{k'}^{K-1}$是$(K-k')\times1$ 的单位列向量。

由此，在门限策略 $\psi_{k'}$ 下，每周期的期望传输时间为

$$\begin{aligned} E[T_{\mathrm{d}}(\psi_{k'})] &= E[E(t'_{\mathrm{d}}(k,k')]\mid k\geqslant k'] \\ &= \frac{\tau_{\mathrm{d}}\left(\sum_{k=k'}^{K-1}p_k e_{k+1-k'}^{\mathrm{T}}\right)(I-Q_{k'})^{-1}z_{k'}^{K-1}}{1-P_{k'}} \\ &= \frac{\tau_{\mathrm{a}}p_{k'}^{K-1}(I-Q_{k'})^{-1}z_{k'}^{K-1}}{1-P_{k'}} \end{aligned} \tag{5-22}$$

式中，$p_{k'}^{K-1}\doteq[\pi_{k'},\pi_{k'+1},\cdots,\pi_{K-1}]$。

同样地，事件(k,k')中的期望传输比特数为

$$E[b'(k,k')]=\sum_{\ell=0}^{\infty}(\tau_{\mathrm{d}}-\tau_{\mathrm{m}})e_{k+1-k'}^{\mathrm{T}}Q_{k'}^{(\ell)}r_{k'}^{K-1}=(\tau_{\mathrm{d}}-\tau_{\mathrm{m}})e_{k+1-k'}^{\mathrm{T}}(I-Q_{k'})^{-1}r_{k'}^{K-1} \tag{5-23}$$

式中，$r_{k'}^{K-1}\doteq[R(k'),R(k'+1),\cdots,R(K-1)]$。

由此，门限策略 $\psi_{k'}$ 下，每周期的期望传输比特数为

$$\begin{aligned} E[B(\psi_{k'})] &= E[E[b'(s_k,s_{k'})]\mid k\geqslant k'] \\ &= \frac{(\tau_{\mathrm{d}}-\tau_{\mathrm{m}})\sum_{k=k'}^{K-1}p_k e_{k+1-k'}^{\mathrm{T}}(I-Q_{k'})^{-1}r_{k'}^{K-1}}{1-P_{k'}} \end{aligned} \tag{5-24}$$

最终，根据式(5-20)、式(5-22)、式(5-24)，得到门限策略 $\psi_{k'}$ 下的期望吞吐量

$$E[\Phi(\psi_{k'})]=\frac{E[B(\psi_{k'})]}{E[T_{\mathrm{a}}(\psi_{k'})]+E[T_{\mathrm{d}}(\psi_{k'})]}$$

$$=\frac{(\tau_d-\tau_m)\boldsymbol{p}_{k'}^{K-1}(\boldsymbol{I}-\boldsymbol{Q}_{k'})^{-1}\boldsymbol{r}_{k'}^{K-1}}{\tau_d\boldsymbol{p}_{k'}^{K-1}(\boldsymbol{I}-\boldsymbol{Q}_{k'})^{-1}\boldsymbol{z}_{k'}^{K-1}+\frac{\tau_S}{\theta_I}+\tau_R} \tag{5-25}$$

5.4.2 门限获取算法

本小节提出一个有效的门限获取算法,如表 5-1。

表 5-1 最优门限的获取算法

1. 初始化:$\bar{k}=\min\{k:R(k)>\bar{R}\},k^*=0$;
2. **for** $k=K-1:\bar{R}$
3. 使用式(5-27)求解 $E[\Phi(\psi_k)]$;
4. **if** $E[\Phi(\psi_k)]>\frac{(\tau_d-\tau_m}{\tau_d}R(k-1)$
5. $k^*=k$;
6. **break**;
7. **end if**
8. **end for**

显然,使用该算法,最优门限的获取最多只需 $O(\boldsymbol{k})$ 的计算量,其中 $\boldsymbol{k}=K-\bar{k}$。下面证明算法的正确性。

证明 令 k^* 表征最优门限,则 $\lambda^*=E[\Phi(\psi_{k^*})]$。

一方面,如果 $E[\Phi(\psi_{k^*})]>\frac{(\tau_d-\tau_m)}{\tau_d}\bar{R}$,根据定理 5.2,$k_{\lambda^*}^r=\max\left\{k:R(k)<\frac{\tau_d}{(\tau_d-\tau_m)}\lambda^*\right\}$。因此有

$$\frac{(\tau_d-\tau_m)}{\tau_d}R(k_{\lambda^*}^r)<E[\Phi(\psi_{k^*})]\leqslant\frac{(\tau_d-\tau_m)}{\tau_d}R(k_{\lambda^*}^r+1)$$

由于 $k_{\lambda^*}^r=k^*-1$,有

$$\frac{(\tau_d-\tau_m)}{\tau_d}R(k^*-1)<E[\Phi(\psi_{k^*})]\leqslant\frac{(\tau_d-\tau_m)}{\tau_d}R(k^*) \tag{5-26}$$

显然,式(5-26)是最优门限的必要条件。定义门限为

$$k'=\max\left\{k:\frac{(\tau_d-\tau_m)}{\tau_d}R(k-1)<E[\Phi(\psi_k)]\right\}$$

因为所有的 $k>k'$ 都不能满足必要条件(5-26),可以断定 $k^*\leqslant k'$。更进一步,如果某个 $k<k'$ 是最优门限,那么根据式(5-26),有

$$E[\Phi(\psi_k)]\leqslant\frac{(\tau_d-\tau_m)}{\tau_d}R(k)\leqslant\frac{(\tau_d-\tau_m)}{\tau_d}R(k'-1)<E[\Phi(\psi_{k'})] \tag{5-27}$$

这与"ψ_k 是最优策略"的假设相矛盾。因此,最优门限必然是 $k^*=k'$。

另一方面，如果对于所有 $k \geqslant \bar{k}$，$E[\Phi(\psi_k)] \leqslant \frac{(\tau_d-\tau_m)}{\tau_d}R(k-1)$，那么最大系统期望吞吐量 $\lambda^* \leqslant \frac{(\tau_d-\tau_m)}{\tau_d}R(\bar{k}-1) \leqslant \frac{(\tau_d-\tau_m)}{\tau_d}\bar{R}$。在此情形下，根据定理 5.4，最优门限 $k^*=0$，并且最大期望吞吐量 $\lambda^*=\frac{(\tau_d-\tau_m)}{\tau_d}\bar{R}$。

证毕。

5.5　仿真分析

本节使用仿真实验来评估本章所提出的算法性能。仿真运行在基于 MATLAB 开发的离散事件仿真系统中。下文给出的结果都是 10 次独立运行结果的平均值，其中每次运行持续仿真时间为 10 s。

5.5.1　仿真场景与策略

网络仿真的基本无线参数如表 5-2 所示。

表 5-2　网络仿真的基本无线参数

参数名称	取值
载频	500 MHz
带宽	2 MHz
最大多普勒频移	1～25 Hz
平均接收信噪比	1～15 dB
系统速率	1～16 Mbps
FSMC 状态数	16
信道数	50
单包持续时间	1 ms

不失一般性，参照典型的电视频段通信系统，设置本章仿真的基本参数（带宽从 6 MHz 减小到 2 MHz）。本章将仿真在不同移动速度和平均接收信噪比下的系统性能。移动速度 v 考虑了典型的 1～15 m/s，而平均接收信噪比 γ_0 为 1～15 dB，这样基本涵盖了常见的应用场景。在本章的仿真中，每个应用场景由一组 (γ_0, v) 来完全表征。在给定一组 (γ_0, v) 之后，根据经验模型和相关参数，生成独立的 FCMC 信道。

在仿真中考虑的第一个信道机会利用策略是机会传输（opportunistic transmission，OT）。在该机制中，假设用户能在单信道上实现完美的速率自适应通信（逐包调整），因而能充分地利用单链路在时域上的动态性。理论上,该机制的系统吞吐量和接入时延分别为 $\Phi^{OT}=\frac{(\tau_d-\tau_m)}{\tau_d}\sum_{k=0}^{K-1}\pi_k R(k)$,$D^{OT}=0$。

考虑的第二种机会利用策略是固定传输时长的机会信道接入(opportunistic channel access,OCA)。在该机制下,用户序贯地探测信道并接入一个状态良好的信道进行传输。用户一旦接入某信道,它将以一个固定的时间(通常设定为信道的相关时间)占用该信道。对于这种机制下的策略,采用文献[34]所提的最优接入策略。需要注意的是,文献[34]所提的方法建立在信道相关时间 T_c 已知,并且假设信道在相关时间内不变,而在相关时间之间独立变化。在实际的时变信道下,相关时间的取值对系统性能影响显著。为了消除不准确的相关时间对机会接入系统的影响,使用枚举的方法选择获取最优的相关时间取值。具体地说,对于每一个可能的 T_c 值,采用文献[34]的算法计算相应的最优机会接入策略。然后,对于每一个给定的无线环境(γ_0,v),遍历地使用所有 T_c 值及其相对应的接入策略,获取实际的吞吐量值。最终,选取产生最大吞吐量的 T_c 值及对应的接入策略。

图 5-3 画出了单用户情况下,不同环境下吞吐量与 T_c 取值之间的关系。其中,探测时间开销 $\tau_p=\tau_S+\tau_R$ 为 250 ms。显然,不同场景下,最优的传输时长不尽相同,在之后的仿真比较中,选取最优的 T_c 值,例如,当 $\gamma_0=15$ dB、$v=5$ m/s 时,T_c 取值为 8 ms;当 $\gamma_0=15$ dB、$v=15$ m/s 时,T_c 取值为 4 ms。这样的取值下,OCA 机制能产生所能达到的最高吞吐量。

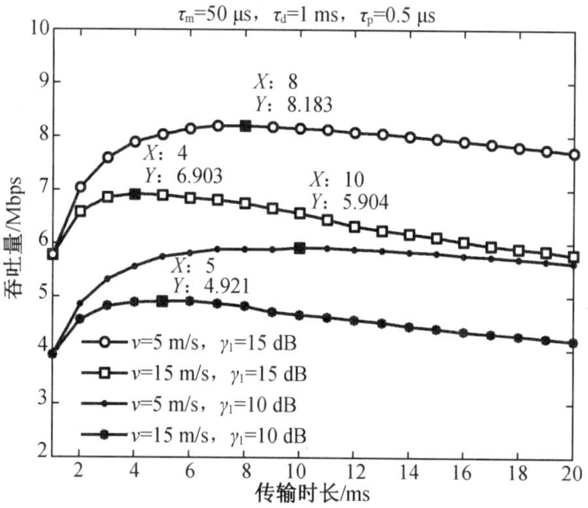

图 5-3　OCA 机制的吞吐量 vs. 传输时长

5.5.2　不同无线环境下的性能比较

本小节研究环境参数,即移动速度 v 和平均接收信噪比 γ_0 对系统性能的影响。如前所述,移动速度直接影响信道质量的变化速率。一个更高速移动的应用往往意味着动态性更强的信道,而一个低速系统往往意味着一个更稳定的无线传播环境。平均信噪比 γ_0 则表征着信道的期望传输速率。简单地说,平均信噪比越大预示着信道的期望质量越高。在本小节中,假设只有一个用户,以便把重点放在分析环境因素的影响。在这种情况下,信道探测开销是一个常数。

图 5-4 描绘了三种机制在不同环境参数下的吞吐量。一方面,所有机制的吞吐量性能都随着平均信噪比的增加而增加。然而,OCA 和 OCAR 相比较 OT 而言,其吞吐量增益(即吞吐量比值$\frac{\Phi^{OCA}}{\Phi^{OT}}$和$\frac{\Phi^{OCAR}}{\Phi^{OT}}$)随着平均信噪比增长呈下降趋势。这表明,在信道质量整体比较差时,频域机会的开发利用效果更为显著。另一方面,吞吐量增益随着移动速度的增加而下降(图中 OCA 和 OCAR 的系统吞吐量随移动速度增加而降低,而 OT 的吞吐量不随移动速度变化)。究其原因,随着信道状态变化增快,接入信道后的传输时间变短,因而使得吞吐量收益下降。此外,注意到在信道整体情况较好但变化迅速的应用场景中,单信道策略 OT 能获得比仅利用频域信道分集的策略(OCA)更高的吞吐量。同时,本章所提的 OCAR 策略在所有情况下都优于其他二者。当然,由于 OCAR 在时-频二维上联合利用信道分集,这种结果也是必然的。

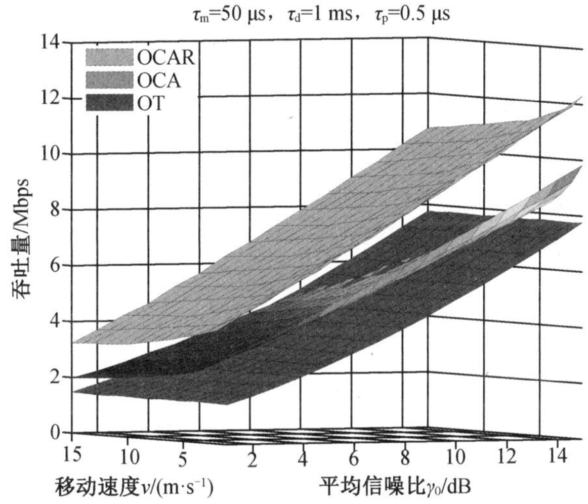

图 5-4 吞吐量 vs. 环境参数

接下来研究 OCAR 和 OCA 在不同信道环境下的接入时延性能。如图 5-5 和图 5-6 所示,类似于之前的仿真结果处理方式:首先对每一组场景(γ_0,v),获取相应的接入时延值,然后在 γ_0 或者 v 上取平均,即 $D(\gamma_0)=\frac{1}{15}\sum_{v=1}^{15}D(\gamma_0,v)$,$D(v)=\frac{1}{15}\sum_{v=1}^{15}D(\gamma_0,v)$。显然,通过利用多信道分集获得的吞吐量增益是以一定的接入时延的增加为代价的。并且,OCAR 相对于 OCA 机制,在获取了更多传输增益的同时,带来了更大的时延。

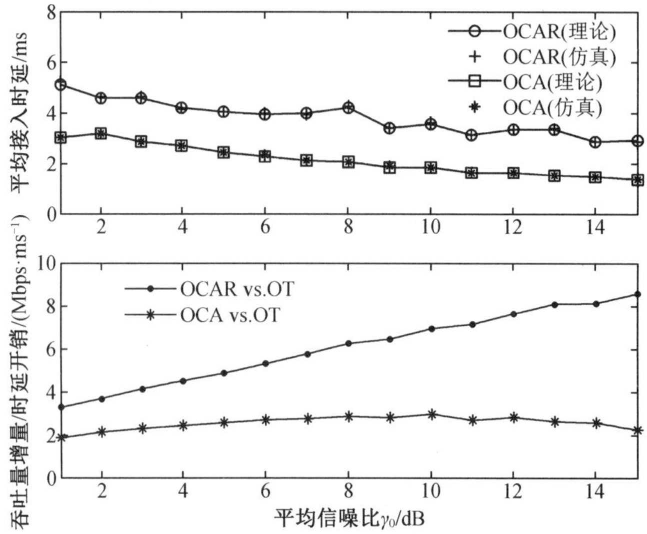

图 5-5 接入时延分析 vs. 平均信噪比

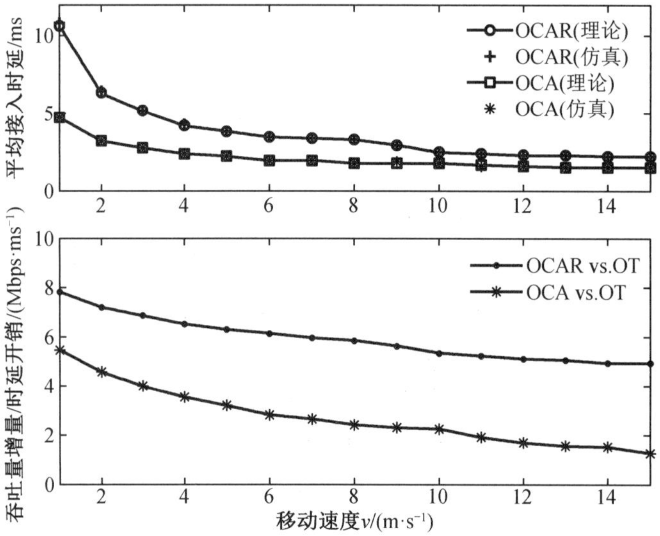

图 5-6 接入时延分析 vs. 移动速度

为了更进一步探明吞吐量增益与时延的关系，对 OCAR 和 OCA 相对于 OT 的吞吐量增量和时延增量的比值进行了比较，即$\dfrac{\Phi^{OCAR}-\Phi^{OT}}{D^{OCAR}}$和$\dfrac{\Phi^{OCA}-\Phi^{OT}}{D^{OCA}}$(注意到分母只有一个变量是因为 $D^{OT}=0$)。吞吐量时延增量比可以看作是单位时延增量带来的吞吐量增量。结果展示在图 5-5 和图 6-6 的下半部分。值得一提的是，尽管 OCAR 的时延大于 OCA，但是在吞吐量时延增量比这一指标上，OCAR 几乎是 OCA 的两倍多，也就是说 OCAR 在提高吞吐量增益上更有效率。

图 5-7 对比分析了 OCAR 和 OCA 机制每周期内的数据传输时长。实线代表的是 OCA 的数据传输时长随着环境参量的变化，而虚线代表着 OCAR 的数据传输时长的均值。如前所述，OCAR 机制在每周期中的数据传输时长是一个随机变量。因此，还另外画出了这个动

态时长的百分位数值。两张图的结果显示，每周期的传输时间几乎不随平均信噪比而变化，但随着移动速度的增加而大幅减少，也就是说传输时间主要有信道变化速率决定。此外，曲线还显示了两个重要特性：(1) OCAR 的每周期传输时长动态范围相当大；(2) OCAR 的平均传输时长远大于 OCA 的固定传输时长。由于 OCAR 的传输时间由瞬时链路质量决定，曲线的第一个特性说明一个事实，即真实信道可能长时间保持在较好的状态上，也可能在很短的时间之内变得很差。因此，使用固定传输时间的 OCA 机制在信道利用上并不充分。此外，为了保证信道在传输时间内不发生频繁的信道恶化，OCA 机制通常需要一个相对保守的传输时长，这也直接导致了曲线的第二个特性。

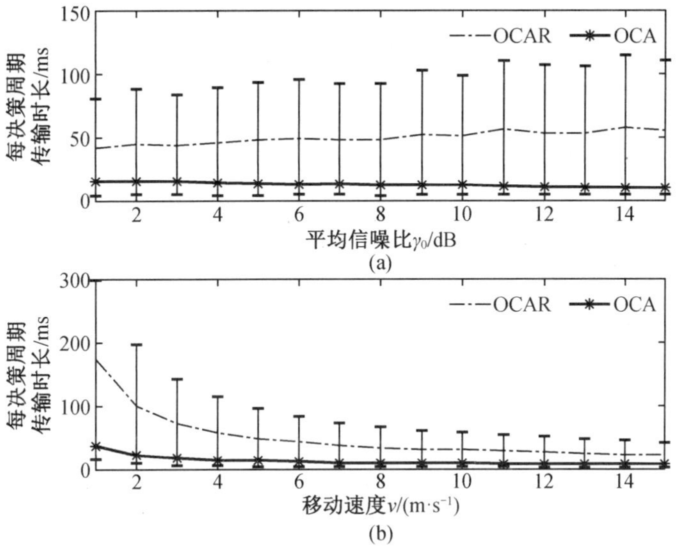

图 5-7　传输时长分析

5.5.3　测量开销对系统性能的影响

本小节进一步研究测量开销，如信道探测时间、信道监测时间对系统性能的影响。实际的信道测量开销由系统的应用场景和物理硬件水平决定。在本小节中，固定无线环境为($\gamma_0=10$ dB，$v=10$ m/s)。首先给出了系统期望吞吐量和测量参数 τ_m 和 τ_p 之间的理论二维曲线，如图 5-8 所示。其中，τ_m 的变化范围是 10～100 μs，τ_p 的变化范围是 0.1～1 ms。由图可知，信道监测开销 τ_m 的变化只影响 OCAR 和 OT 的性能，而信道探测开销 τ_p 的变化则只影响 OCAR 和 OCA 的性能。这种结果与分析是相符的，因为 τ_m 是用于时域分集开发的开销，而 τ_p 是用于频域分集开发的开销。此外，OCAR 和 OT 的系统吞吐量和 τ_m 呈简单的线性关系，而 OCAR 和 OCA 的吞吐量和 τ_p 取值之间的关系相对复杂。

图 5-9 分析了接入时延和探测开销之间的关系。其中，上半部分描述了接入时延与探测开销之间的关系曲线。显然：(1) OCAR 和 OCA 机制的接入时延都随着探测开销而增长；(2) OCAR 相比于 OCA，其接入时延更大，但是两种机制之间的接入时延比(定义为 $\frac{D^{\mathrm{OCAB}}}{D^{\mathrm{OCA}}}$)随着探测开销增加而下降。在图 5-9 的下半部分，描绘了随探测开销变化的每周期

探测信道的数目。由这些曲线，可以发现探测信道的数目随着探测开销的增长而逐渐减少。这也就解释了为什么接入时延的增长是非单调且次线性(sub-linear)的。

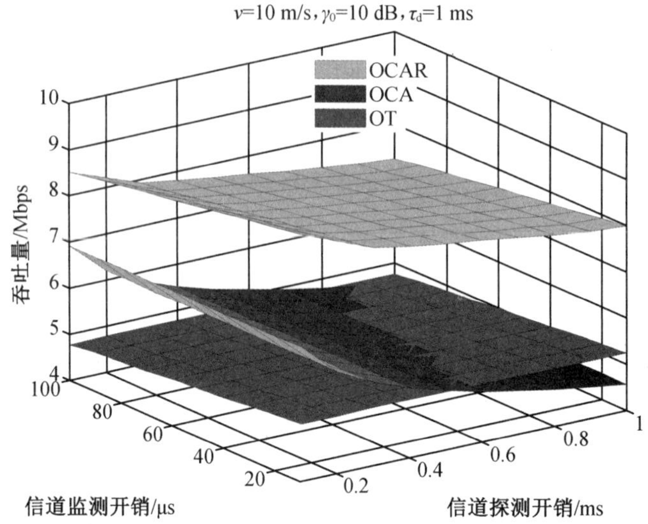

图 5-8　吞吐量 vs. 测量开销

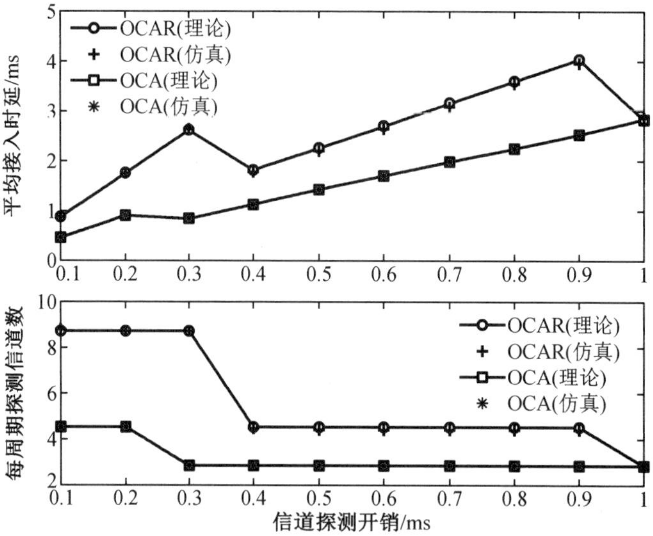

图 5-9　接入时延分析 vs. 信道探测开销

5.5.4　多用户网络性能

本小节研究多用户场景下的系统性能。当网络存在多个用户时，由于信道可能被其他用户占用，用户用于每步探测的时间开销是个随机变量，包含多个信道切换时间和信道测量时间。在本小节中，假设网络中有 30 个独立信道，每个信道的状态变化由参数(γ_0 = 10 dB, v = 10 m/s)根据经验模型生成。τ_R 固定为 10 μs。信道切换时间开销 τ_S 在区间 50~500 μs 变化，用户数目从 1 变化到 20。

首先,图 5-10 给出了三种信道利用机制在不同用户数目和切换开销下理论上的吞吐量二维曲面。注意在此,吞吐量是归一到单用户的平均吞吐量。由于仿真的用户数目小于信道数目,OT 的单用户吞吐量不随用户数目变化。而 OCA 和 OCAR 的单用户吞吐量随着切换开销和用户数目的增加而降低。这是由于用户数目 M 和切换开销 τ_S 的增加都将抬高信道探测的时间开销,因而拉低了系统吞吐量。

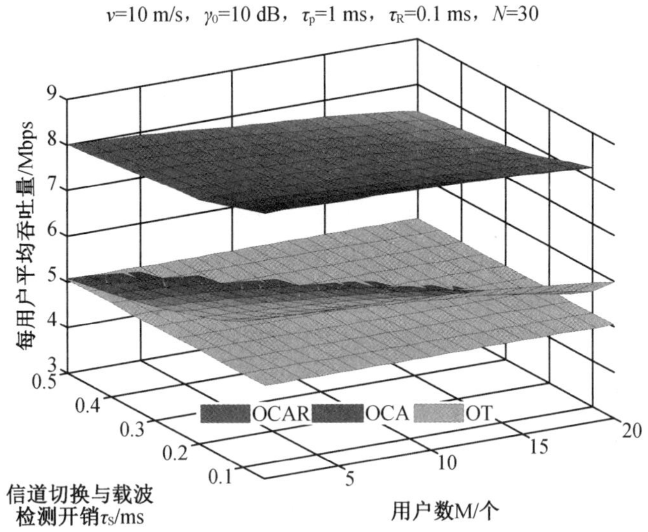

图 5-10　多用户场景下的归一化吞吐量

进一步地使用仿真实验验证系统性能。图 5-11 和 5-12 分别描绘了网络的总体容量和平均接入时延,其中切换开销固定在一个典型取值 250 μs。从图中可以看出,仿真结果与理论结果基本吻合。由图 5-11 的上半部分可知,OCAR 和 OCA 的系统吞吐量都次线性地随着用户数目增长。值得一提的是,OCAR 在吞吐量上远远超出其他两类算法,而 OCA 在多用户场景下的表现不尽如人意(与 OT 基本上性能相当)。进一步给出了 OCAR 相对于 OCA 和 OT 的吞吐量增益。由图表明,OCAR 相对 OT 的吞吐量增益随用户数增加而降低,而相对于 OCA 的性能增益随用户数 M 的增加而提升。其原因分别在于:(1)用户数目的增加提高了频域信息获取的开销,也因此降低了频域分集利用的增益;(2)OCAR 相比较 OCA 来说,更能容忍探测开销的增加。

图 5-12 的上半部分展示了信道接入时延随用户数目增长的关系。进一步地在下半部分的子图中描绘了吞吐量时延增量比,即$\frac{\Phi^{\mathrm{OCAR}}-\Phi^{\mathrm{OT}}}{D^{\mathrm{OCAR}}}$和$\frac{\Phi^{\mathrm{OCA}}-\Phi^{\mathrm{OT}}}{D^{\mathrm{OCA}}}$。由图可知,虽然随着 M 增加,OCAR 的接入时延高于 OCA,但是就单位时延提高的吞吐量而言,OCAR 远远高于 OCA 机制。

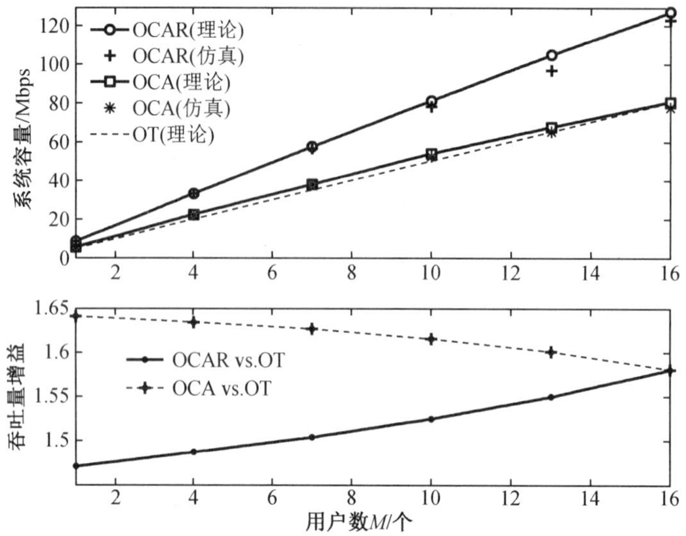

图 5-11　吞吐量 & 吞吐量增益 vs. 用户数

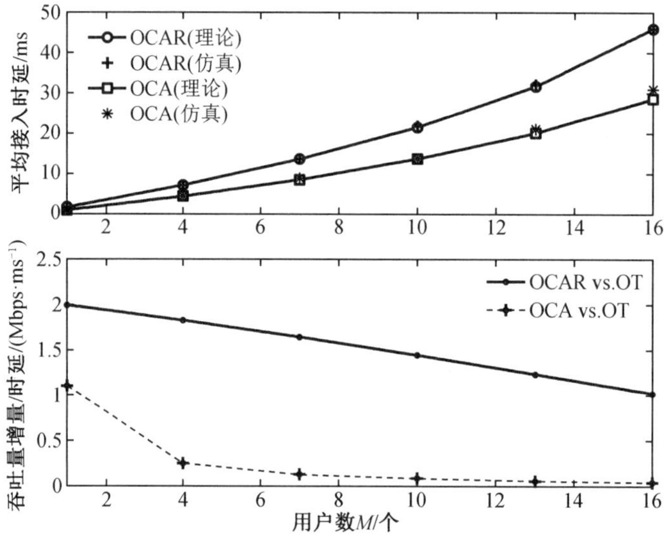

图 5-12　时延分析 vs. 用户数

5.6　小　　结

本章围绕序贯探测与机会接入问题，基于最优停止理论，首先构建系统模型，并分析最优策略的属性，探究最优门限的求解方法；其次在典型的电视频段下，给出了不同无线环境下验证所提算法的性能，并对测量开销对系统性能的影响进行了对比；最后给出多用户条件下不同算法之间的性能对比。

思考与探究

1. 考虑在瑞利衰落信道中的多信道系统中的机会性信道访问方案，当中心频率为 500 MHz、用户数量为 20 个、信道数量为 30 个时，尝试证明存在一个最优的时域停止策略，使得优化目标系统吞吐量最大化。

2. 试利用吸收马尔可夫链模型描述门限策略下的动态传输过程。

参 考 文 献

[1] ALOUINI M-S, GOLDSMITH A J. Adaptive modulation over Nakagami fading channels [J]. Wireless Personal Communications, 2000, 13: 119-143.

[2] RAPPAPORT T S. Wireless communications: principles and practice[M]. 2nd ed. New York City: Prentice Hall, 2002.

[3] ZHANG Q, CHEN Q, YANG F, et al. Cooperative and opportunistic transmission for wireless ad hoc networks[J]. IEEE Network, 2007, 21(1): 14-20.

[4] CHEN Y P, ZHANG J, MARSIC I. Link-layer-and-above diversity in multihop wireless networks[J]. IEEE Communications Magazine, 2009, 47(2): 118-124.

[5] MAO X, TANG S, XU X, et al. Energy efficient opportunistic routing in wireless sensor networks[J]. IEEE Transactions on Parallel and Distributed Systems, 2011, 22(11): 1934-1942.

[6] SABHARWAL A, KHOSHNEVIS A, KNIGHTLY E. Opportunistic spectral usage: bounds and a multi-band CSMA/CA protocol[J]. IEEE/ACM Transactions on Networking, 2007, 15(3): 533-545.

[7] GUHA S, MUNAGALA K, SARKAR S. Information acquisition and exploitation in multichannel wireless systems[J]. IEEE Transactions on Information Theory, 2007.

[8] CHANG N B, LIU M. Optimal channel probing and transmission scheduling for opportunistic spectrum access[J]. IEEE/ACM Transactions on networking, 2009, 17: 1805-1818.

[9] FERGUSON T S. Optimal stopping and applications[EB/OL]. (2012)[2024-03-22].

[10] SABHARWAL A, KHOSHNEVIS A, KNIGHTLY E. Opportunistic spectral usage: bounds and a multi-band CSMA/CA protocol [J]. IEEE/ACM Transactions on Networking, 2007, 15(3): 533-545.

[11] JIANG H, LAI L, FAN R, et al. Optimal selection of channel sensing order in cognitive radio[J]. IEEE Transactions on Wireless Communications, 2009, 8(1): 297-307.

[12] CHENG H T, ZHUANG W. Simple channel sensing order in cognitive radio networks

[J]. IEEE Journal on Selected Areas in Communications, 2011, 29(4): 676-688.

[13] PEI Y, LIANG Y-C, TEH K C, et al. Energy-efficient design of sequential channel sensing in cognitive radio networks: optimal sensing strategy, power allocation, and sensing order[J]. IEEE Journal on Selected Areas in Communications, 2011, 29(8): 1648-1659.

[14] LI B, YANG P, WANG J, et al. Optimal frequency-temporal opportunity exploitation for multichannel ad hoc networks [J]. IEEE Transactions on Parallel and Distributed Systems, 2012, 23(12): 2289-2302.

[15] JIA J, ZHANG Q, SHEN X. HC-MAC: A hardware-constrained cognitive MAC for efficient spectrum management[J]. IEEE Journal on Selected Areas in Communications, 2008, 26(1): 106-117.

[16] CHANG N B, LIU M. Optimal channel probing and transmission scheduling for opportunistic spectrum access [J]. IEEE/ACM Transactions on Networking, 2009, 17(6): 1805-1818.

[17] XU Y, WANG J, WU Q, et al. Optimal energy-efficient channel exploration for opportunistic spectrum usage[J]. IEEE Wireless Communications Letters, 2012, 1(2): 77-80.

[18] XU Y, SHEN L, ANPALAGAN A, et al. Energy-efficient exploration and exploitation of multichannel diversity in spectrum sharing systems [J]. Transactions on Emerging Telecommunications Technologies, 2012, 23(8): 701-706.

[19] XU Y, WU Q, WANG J, et al. Exploiting multichannel diversity in spectrum sharing systems using optimal stopping rule[J]. ETRI Journal, 2012, 34(2):272-275.

[20] RAPPAPORT T S. Wireless communications: principles and practice[M]. 2nd ed. New York City: Prentice Hall ,2002.

[21] MISHRA M, SAHAI A. How much white space is there? [R]. EECS Department, University of California, Berkeley, Tech. Rep. UCB/EECS-2009-3, 2009.

[22] SABHARWAL A, KHOSHNEVIS A, KNIGHTLY E. Opportunistic spectral usage: bounds and a multi-band CSMA/CA protocol[J]. IEEE/ACM Transactions on Networking, 2007, 15(6): 533-545.

[23] WU K, TAN H, LIU Y, et al. Side channel: bits over interference[C]//Proceedings of The Sixteenth Annual International Conference on Mobile Computing and Networking. 2010: 13-24.

[24] YUAN Y, Bahl P, CH R, et al. KNOWS: kognitiv networking over white spaces[C]// 2007 2nd IEEE International Symposium on New Frontiers in Dynamic Spectrum Access Networks. 2007, 416-427.

[25] CHANDRA R, MAHAJAN R, MOSCIBRODA T, et al. A case for adapting channel width in wireless networks[J]. ACM SIGCOMM computer communication review, 2008,

38(4): 135-146.

[26] VUTUKURU M, BALAKRISHNAN H, JAMIESON K. Cross-layer wireless bit rate adaptation[C]//Proceedings of the ACM SIGCOMM 2009 Conference on Data Communication. 2009: 3-14.

[27] SEN S, SANTHAPURI N, CHOUDHURY R, et al. CBAR: constellation based rate adaptation in wireless networks[C]// NSDI. 2010, 4: 1-15.

[28] BALACH K, KADABA S R, N S. Channel quality estimation and rate adaptation for cellular mobile radio[J]. IEEE Journal on Selected Areas in Communications, 1999, 17: 1244-1256.

[29] SADEGHI P, KENNEDY R, RAPAJIC P, et al. Finite-state Markov modeling of fading channels - a survey of principles and applications[J]. IEEE Signal Processing Magazine, 2008, 25(5): 57-80.

[30] ZHANG Q, KASSAM S A. Finite-state Markov model for Rayleigh fading channels[J]. IEEE Transactions on Communications, 1999, 47: 1688-1692.

[31] GUHA R K, SARKAR S. Characterizing temporal SNR variation in 802.11 networks[C]//WCNC. IEEE, 2006, 3: 1408-1413.

[32] FERGUSON T. Optimal stopping and applications[EB/OL]. (2007-06-21)[2024-03-22]. https://xueshu.baidu.com/usercenter/paper/show?paperid=ae905c1b3ae3207cf11b0781d6d0d803

[33] GRINSTEAD C M, SNELL L J. Introduction to probability[M]. American: American Mathematical Society, 2006-07-04.

[34] SHU T, KRUNZ M. Throughput-efficient sequential channel sensing and probing in cognitive radio networks under sensing errors[C]// Proceedings of The 15th Annual International Conference on Mobile Computing and Networking, 2009: 37-48.

第5章参考资料

第 6 章　基于多臂老虎机的动态频谱接入

本章在前文的基础上，重点考虑信道统计信息未知、信道非平稳等条件开展动态频谱接入问题研究，认知用户不仅序贯感知信道的忙、闲状态，还对空闲信道的链路质量进行探测，建立了联合考虑信道可用性和信道链路质量的序贯信道决策模型，提出了基于信道无偏估计的最优学习算法和基于多臂老虎机（multi-armed bandit，MAB）的动态频谱接入算法，在最优收敛性得到保证的同时，大幅降低了决策的计算复杂度。仿真结果表明，所提方法可有效适应非平稳环境，在主用户通信不被打扰的前提下实现认知用户吞吐量的最大化。

6.1　引　　言

近些年来，认知无线电网络（cognitive radio networks，CRN）已被广泛认可为最能缓解频谱短缺问题的技术手段[1-2]。认知无线网络的一个主要目标就是通过引入动态频谱接入，最大限度地提高宝贵频谱资源的利用效率。在传统的认知接入概念中，认知用户依据信道的忙闲状态决定信道接入，即一旦发现频谱空闲即接入，且直到主用户返回才释放信道[3-4]。虽然这种贪婪的频谱使用方式，大大提高了频谱的使用率，但在频谱使用效率上，还存在很大的提升空间。具体地说，除了信道的可用性（忙闲状态），信道所能提供的瞬时链路质量也可以成为频谱接入决策的参考依据，从而通过机会地利用信道时-频分集来提高频谱使用效率。

在实际的动态频谱接入系统中，认知用户往往不知道信道空闲概率和不同信道速率的稳态概率等先验统计信息。这种情况通常发生在认知用户刚开机工作或移动进入一个新网络时。一种直觉的方法是认知用户在通信之前先估计信道的统计信息。但是，如前面所说，由于硬件能力受限，认知用户不能同时感知所有信道，这就意味着必须采用类似轮询的方式才能实现对所有信道的信息采集。这种离线方式效率较低，原因在于在信道统计信息估计期间无法对认知用户的信道选择进行优化，且估计周期较长。为了克服上述离线方法的缺点，需要研究能同时从用户的决策-回报历史信息中估计信道统计信息且同时优化信道选择的在线信道选择算法。对于在线信道选择算法，需要考虑利用（exploration）与探测（exploitation）的折中，利用是指基于当前的估计值选择当前最优的信道，而探测是指为了提高估计精度选择其他的信道。

为了实现利用与探测之间的折中，研究者们将多臂老虎机理论[5-9]应用到信道统计信息未知条件下的信道选择问题，取得了一系列研究成果。文献[10]较早开始针对层级式动态频谱接入研究这个问题,对单用户的场景,提出了基于 UCB1[11]的在线信道选择算法,对多用户场景,提出了简单的随机在线信道选择算法。Yi Gai[12-13]研究了开放式动态频谱接入中的在线信道选择问题,考虑信道为用户提供不同的传输速率,将其建模为组合多臂老虎机问题,并提出一种改进的 UCB1 算法。Anima Anandkumar[14-15]研究了用户数小于信道数时开放式动态频谱接入中的在线信道选择问题,提出了一种基于 ε-贪婪[11]的在线选择算法,对多用户场景提出了一种基于用户碰撞的自适应随机 UCB1 在线选择算法。Liu Keqing[16-17]研究了基于时分的并行 UCB1 多用户在线信道选择算法,必须指出,该算法需要集中控制器对各个用户的接入时隙进行调度。文献[18]研究了考虑信道切换代价的在线信道选择问题,为了避免频繁的信道切换,提出了一种基于分块(block-based)UCB1 的在线算法[19-22]。

本章考虑一个典型瑞利衰落环境下的认知无线网络,与前人研究不同,在本章的系统里,用户不仅序贯地感知信道的忙、闲状态,还对空闲信道的链路质量进行探测,从而获得更丰富的信道状态信息。依据每一次感知、探测所获得的链路质量信息,用户决定何时接入哪个信道。同时,在接入信道后的传输过程中,用户监测当前信道的状态,并实时地决定何时释放该信道(切换)。本章的目标是找到认知接入的最佳决策点,在保证主用户通信不被打扰的前提下,实现认知用户的吞吐量最大化。由于本章联合考虑信道可用性和信道链路质量,信道切换决策依据变得更为复杂:一方面,切换的新信道可能由于主用户占用而不可得;另一方面,由于主用户对于信道的优先占用权,用户的传输过程可能因为主用户的出现而意外中断。这些都给最优策略的求解带来了新的挑战。

6.2 系统模型

6.2.1 无线信道模型

本节考虑一个包含 N 个互不重叠信道的认知无线电系统。假定每对认知收发机一次只能感知、探测或占用一个信道,信道集合表示为$\{c_1, c_2, \cdots, c_N\}$;假设信道都具有相等带宽 B;信道状态由信道的可用性和链路质量联合描述。

1. 信道可用性模型

信道的可用性包含信道占用(忙)和信道空闲两种状态,由一个连续时间的随机状态切换过程来表示。信道空闲和占用的持续时间独立分布,且分别满足均值为 α 和 β 的分布函数 $F_i(\cdot)$ 和 $F_b(\cdot)$。在某些应用场景下,信道可用性的分布函数可以通过网络配置前的大规模的测量获取,如文献[23]所述。在此,考虑同质信道的认知网络场景,即不同信道的信道状态独立且服从相同分布。这种模型相对应信道隶属于同一个主用户网络的应用场景[23]。此时,信道空闲和占用的平稳概率分别为 $\theta_i = \dfrac{\alpha}{\alpha+\beta}$ 和 $\theta_b = \dfrac{\beta}{\alpha+\beta}$。更进一步,给定信道在 t 时刻空闲,Δt 时间之后,信道仍旧空闲或者变为占用状态的条件转移概率分别为

$$\rho_{i,i}=\frac{1-F_i(t+\Delta t)}{1-F_i(t)}$$

$$\rho_{i,b}=\frac{F_i(t+\Delta t)-F_i(t)}{1-F_i(t)} \tag{6-1}$$

显然，如果信道的空闲持续时间满足指数分布，那么 $\rho_{i,i}=e^{-\frac{\Delta t}{\alpha}}$，$\rho_{i,b}=1-e^{-\frac{\Delta t}{\alpha}}$。更进一步，如果 $\Delta t\ll\alpha$，那么

$$\rho_{i,i}\approx 1-\frac{\Delta t}{\alpha}$$

$$\rho_{i,b}\approx\frac{\Delta t}{\alpha} \tag{6-2}$$

2. 无线链路质量模型

考虑典型的瑞利传播环境，类似于第5章，引入FSMC模型来描述链路质量。考虑 K 个挡次的链路质量状态，接收信噪比可由信噪比门限 $\Gamma_k(k\in\{0,1,\cdots,K\})$ 分割成连续的 K 个互不重叠的区域，其中 $0=\Gamma_0<\Gamma_1<\Gamma_2<\cdots<\Gamma_K=\infty$。由此，信道状态由接收信噪比决定。如果接收信噪比 γ 满足 $\Gamma_k\leqslant\gamma<\Gamma_{k+1}$，那么认为信道处于状态 k。相应地，用户能够无错误传输的最高速率为 $R(k)=B\log_2(1+\Gamma_k)$。令 γ_0 代表平均接收信噪比，则信道质量状态的稳态概率分布 $\pi_k(k=0,1,\cdots,K-1)$ 由下式获取：

$$\pi_k=\int_{\Gamma_k}^{\Gamma_{k+1}}p(\gamma)\,\mathrm{d}\gamma=e^{-\frac{\Gamma_k}{\gamma_0}}-e^{-\frac{\Gamma_{k+1}}{\gamma_0}} \tag{6-3}$$

相应地，信道状态的转移概率 $q_{s,s'}$ 满足：

$$\begin{aligned}
&q_{k,k-1}=\frac{\Lambda(\Gamma_k)}{\pi_k}\tau_{\mathrm{d}}, && k=1,2,\cdots,K-1\\
&q_{k,k+1}=\frac{\Lambda(\Gamma_{k+1})}{\pi_k}\tau_{\mathrm{d}}, && k=0,2,\cdots,K-2\\
&q_{k,k}=1-q_{k,k+1}-q_{k,k-1}, && k=1,2,\cdots,K-2\\
&q_{0,0}=1-q_{0,1}\\
&q_{K-1,K-1}=1-q_{K-1,K-2}
\end{aligned} \tag{6-4}$$

式中，Δt 是观测间隔时间；$\Lambda(\cdot)$ 是水平穿越率函数，$\Lambda(\Gamma)=\sqrt{\frac{2\pi\Gamma}{\gamma_0}}f_{\mathrm{d}}e^{-\frac{\Gamma}{\gamma_0}}$。

6.2.2 问题建模

在序贯感知、探测过程中，每一步（观测）花费 τ_{sp} 并获得信道状态 $\varphi,\varphi\in\{s_0,s_1,\cdots,s_K\}$。其中信道状态 s_0 代表信道正被主用户占用或者空闲但链路质量状态为0（即链路可支持传输速率为0），而 $s_k(k>0)$ 代表信道空闲且链路质量状态为 k。令 φ_i 为第 i^{th} 步信道观测的结果，则 φ_i 的平稳分布概率为

$$\Pr\{\varphi_i = s_k\} = p_k = \begin{cases} \theta_b + \theta_i \pi_0 & l=0 \\ \theta_i \pi_k & 1 \leqslant k \leqslant K-1 \end{cases} \tag{6-5}$$

在传输过程中,周期地监测信道状态。其中,每 τ_{dm} 时间上的观测开销为 τ_{m}。令 φ_i^j 为第 j^{th} 个数据包传输反馈得到的信道状态。在主用户保护限制下,一旦观测到信道状态 s_0 时,用户将立即切换信道。因而,考虑主用户行为下的信道时域特征可以由带一个吸收状态(即 s_0)的有限状态马尔可夫链描述。转移概率 $\Pr\{\varphi_i^{j+1} = s_l \mid \varphi_i^j = s_k\}$ $(k>0)$ 由下式给出

$$\mu_{k,l} = \begin{cases} \rho_{i,b} & l=0 \\ \rho_{i,i} q_{k,l} & 1 \leqslant l \leqslant K-1 \end{cases} \tag{6-6}$$

假定用户在观测到信道状态 φ_i(第 i^{th} 次观测)后决定接入信道,并在该信道状态转变为 φ_i^j(传输完第 j^{th} 包)后,决定切换信道。则用户在这一决策周期中总的观测变量序列为 $\{\varphi_1, \varphi_2, \cdots, \varphi_i; \varphi_i^1, \varphi_i^2, \cdots, \varphi_i^j\}$,其相应的吞吐量收益为

$$\xi_{(i,j)} = \frac{b_{(i,j)}}{t_{(i,j)}} = \frac{\tau_{\mathrm{d}} \sum_{t=0}^{j-1} R(\varphi_i^t)}{i\tau_{\mathrm{sp}} + j\tau_{\mathrm{dm}}} \tag{6-7}$$

式中,定义 $\varphi_i^0 = \varphi_i$,$b_{(i,j)}$ 和 $t_{(i,j)}$ 分别是这一周期中传输的比特数和耗费的时间。

由于不同信道的状态独立随机地分布,因而感知、探测更多的信道将增大发现更好信道的概率。然而,更多的观测也将直接导致非传输时间开销的增长。另外,在传输过程中,当链路质量下降时,守着当前信道传输并不一定明智,而切换信道又充满着风险(切换的信道可能被主用户占用或者链路质量差)。因此,需要一个联合的停止规则 (I^*, J^*) 来保证用户吞吐量性能的优化,其中 I^* 为序贯感知、探测过程中的停止规则(对应接入策略),J^* 为序贯传输过程中的停止规则(对应切换策略)。

令 $\Psi = \{\psi = (I,J): 0<I<\infty, 0<J<\infty\}$ 为所有二维停止规则的集合。由于决策在不同的周期中独立地重复,根据文献[24],最大化期望吞吐量 $E[B(\psi)/T(\psi)]$ 等同于最大化比值 $E[B(\psi)]/E[T(\psi)]$。由此,优化的目标即为

$$\max_{\psi \in \Psi} \Xi_\psi = \max_{\psi \in \Psi} \frac{E[B_\psi]}{E[T_\psi]} \tag{6-8}$$

6.3　最优策略属性与最优门限获取

本节首先将最优解的求解过程转化;其次,进一步地证明在主用户保护限制下,吞吐量最优的机会接入与切换策略仍然是门限结构的;最后,给出了门限策略的吞吐量解析解。基于此,最优门限可以通过简单的枚举获得。

6.3.1　问题分解

首先,引入参数 λ,将乘性目标式转化为加性目标,并得以将问题分解。具体地,考虑具

有如下收益函数的优化问题:

$$w_{(i,j,\lambda)} = b_{(i,j)} - \lambda t_{(i,j)} = \tau_{\mathrm{d}} \sum_{t=0}^{j-1} R(\varphi_i^t) - i\lambda\tau_{\mathrm{sp}} - j\lambda\tau_{\mathrm{dm}} \tag{6-9}$$

其相应优化目标为

$$V(\lambda) = \max_{(I,J)\in\Psi} E[w_{(I,J,\lambda)}] \tag{6-10}$$

当确定了一个合适的 λ 使 $V(\lambda)=0$ 时,即可得到一个最优解,并能找到相应的最优策略。因而,此处最优解的求解过程转化为:(1)获取在给定 λ 下实现目标 $V(\lambda)$ 的策略属性;(2)获取实现 $V(\lambda)=0$ 的最优策略以及相应的 λ 值。

6.3.2 最优切换策略属性

给定 λ 和停止准则 I 时,到第 j 步停止传输(切换信道)的收益可从式(7-9)直接衍化得到,即

$$w_{(I,J,\lambda)} = \tau_{\mathrm{d}} \sum_{t=0}^{j-1} R(\varphi_1^t) - j\lambda\tau_{\mathrm{dm}} - I\lambda\tau_{\mathrm{sp}} = \sum_{t=0}^{j-1} [R(\varphi_1^t)\tau_{\mathrm{d}} - \lambda\tau_{\mathrm{dm}}] - I\lambda\tau_{\mathrm{sp}} \tag{6-11}$$

相应的时域最优停止准则可表示为

$$J^*_{(\lambda,I)} = \arg\max_J E\left[\sum_{t=0}^{j-1} [R(\varphi_1^t)\tau_{\mathrm{d}} - \lambda\tau_{\mathrm{dm}}]\right] \tag{6-12}$$

由此,得到如下定理。

定理 6.1 给定(λ,I),序贯数据传输过程中的最优停止准则可以表述为

$$J_\lambda^* = \min\{j : \varphi_1^j \leqslant k_\lambda^s\} \tag{6-13}$$

并且

$$\begin{cases} k_\lambda^s = \max\left\{s : R(s) \leqslant \dfrac{\lambda\tau_{\mathrm{dm}}}{\rho_{i,j}\tau_{\mathrm{d}}}\right\} & \lambda \geqslant \dfrac{\rho_{i,j}\tau_{\mathrm{d}}}{\tau_{\mathrm{dm}}}\overline{R} \\ k_\lambda^s = \max\{s : G(s) \leqslant 0\} & \lambda < \dfrac{\rho_{i,j}\tau_{\mathrm{d}}}{\tau_{\mathrm{dm}}}\overline{R} \end{cases} \tag{6-14}$$

式中,$G(s) = \sum_{t=0}^{\infty} \rho_{i,i}^t \{\rho_{i,i}\tau_{\mathrm{d}} E[R(s^{(t)}) \mid s] - \lambda\tau_{\mathrm{dm}}\}$。

定理 6.1 表明,给定 λ,存在一个最优的时域停止策略,并且这个最优停止策略是一个简单门限准则:如果观测到的信道状态优于门限则继续传输;否则,切换信道。

6.3.3 最优联合策略属性

基于最优释放策略 J_λ^*,本小节研究最优联合策略的性质。给定 λ 和相应的 J_λ^*,用户接入一个状态为 φ_i 的信道所获得的收益为

$$w_{(i,J_\lambda^*,\lambda)} = E[b(\varphi_i,k_\lambda^s)] - \lambda E[t_{\mathrm{dm}}(\varphi_i,k_\lambda^s)] - i\lambda\tau_{\mathrm{sp}} \tag{6-15}$$

式中,$E[b(\varphi_i,k_\lambda^s)]$和 $E[t_{dm}(\varphi_i,k_\lambda^s)]$分别代表在用户接入一个状态为 φ_i 的信道并在信道状态差于或等于 k_λ^s 时切换信道所传输的比特数和消耗的时间。

相应地,频域最优停止策略可以表示为

$$I^*_{(\lambda,J^*_\lambda)} = \arg\max_I E[w_{(i,J^*_\lambda,\lambda)}] \tag{6-16}$$

通过以下定理给出式(6-16)的最优解。

定理 6.2　给定 λ，序贯感知、探测过程的最优停止准则可以描述为

$$I^*_\lambda = \min\{i:\varphi^j_1 \geqslant k^a_\lambda\} \tag{6-17}$$

其中 $k^a_\lambda = \min\{s:E[b(s,k^s_\lambda)] - \lambda E[t_{dm}(s,k^s_\lambda)] \geqslant V(\lambda)\}$，$k^a_\lambda > k^s_\lambda$。

定理 6.2 证明见参考文献[25]。

至此，可以知道，对于任意 λ，最优接入策略 I^*_λ 和最优切换策略 J^*_λ 都具有简单的门限结构属性。进一步说，对于最大可达期望吞吐量 λ^*，相应的最优策略($I^*_{\lambda^*}$，$J^*_{\lambda^*}$)也必然是门限结构。在此基础上，进一步简化解的结构。

定理 6.3　最优联合停止规则可以描述为

$$\psi^* = \left\{(I,J):\begin{matrix} I = \min\{i:\varphi_i \geqslant s_{k^*}\} \\ J^* = \min\{j:\varphi^j_i < s_{k^*}\}\end{matrix}\right\} \tag{6-18}$$

定理 6.3 证明见参考文献[25]。

定理 6.3 进一步简化了最优解的结构，即二维最优停止准则是一个单门限的结构。也因此大大简化了最优解的获取。基于定理 6.3，给出最优接入策略的描述如下：(1)在频域上序贯地感知、探测信道，直到观测到一个空闲信道的链路质量优于 s_{k^*}，接入并传输；(2)在该信道上序贯的传输数据并监测信道，直到发现信道状态差于或等于 s_{k^*} 时(注意 NACK 被包含在了状态 s_0 中)，切换信道进行新一轮的信道搜索。

6.3.4　最优门限获取

由定理 6.3 可知，最优策略具有简单的单门限结构。因此，最优解的获取可简化为最优门限的求解。在本小节中，使用上一章所提的分析模型来获取认知无线网络中任意门限的接入策略下系统的吞吐量解析式。由于系统的信道状态数有限(通常不超过 20 个)，也即意味着可能的门限数目非常有限。因此，可以进一步通过简单的枚举获得。

类似于第 5 章的分析，构建吸收马尔可夫链来辅助描述动态数据传输过程。相应的非吸收状态的转移矩阵为

$$\boldsymbol{\Theta}_{k'} = \rho_{i,i} Q_{k'} = \begin{bmatrix} \rho_{i,i}q_{k'+1,k'+1} & \rho_{i,i}q_{k'+1,k'+2} & \cdots & 0 \\ \rho_{i,i}q_{k'+2,k'+1} & \rho_{i,i}q_{k'+2,k'+2} & \rho_{i,i}q_{k'+2,k'+3} & \vdots \\ 0 & \ddots & \ddots & 0 \\ \vdots & \rho_{i,i}q_{K-2,K-3} & \rho_{i,i}q_{K-2,K-2} & \rho_{i,i}q_{K-2,K-1} \\ 0 & \cdots & \rho_{i,i}q_{K-1,K-2} & \rho_{i,i}q_{K-1,K-1} \end{bmatrix} \tag{6-19}$$

式中，$\rho_{i,i}$ 和 $q_{k,l}$ 分别由式(6-1)和式(6-4)定义。

已知

$$E[t_{dm}(s_k,s_{k'})] = \sum_{j=0}^{\infty} \tau_{dm} \boldsymbol{e}^{\mathrm{T}}_{k-k'} \boldsymbol{\Theta}^{(j)}_{k'} \boldsymbol{z}^{K-1}_{k'+1} = \tau_{dm} \boldsymbol{e}^{\mathrm{T}}_{k-k'} (\boldsymbol{I} - \boldsymbol{\Theta}_{k'})^{-1} \boldsymbol{z}^{K-1}_{k'+1} \tag{6-20}$$

和

$$E[b(s_k,s_{k'})]=\sum_{j=0}^{\infty}\tau_{\mathrm{d}}\boldsymbol{e}_{k-k'}^{\mathrm{T}}\boldsymbol{\Theta}_{k'}^{(j)}\boldsymbol{r}_{k'+1}^{K-1}=\tau_{\mathrm{d}}\boldsymbol{e}_{k-k'}^{\mathrm{T}}(\boldsymbol{I}-\boldsymbol{\Theta}_{k'})^{-1}\boldsymbol{r}_{k'+1}^{K-1} \tag{6-21}$$

式中，$\boldsymbol{e}_{k-k'}$为单位矩阵$\boldsymbol{I}_{K-k'}$的第$(k-k')^{\mathrm{th}}$列向量；$z_{k'+1}^{K-1}$为$(K-1-k')\times1$的单位向量；速率向量$\boldsymbol{r}_{k'+1}^{K-1}\doteq[R_{k'+1},R_{k'+2},\cdots,R_{K+1}]$。

基于此，进一步分析给定门限下，每周期的感知探测过程耗时$E[T_{\mathrm{sp}}]$，传输过程耗时$E[T_{\mathrm{dm}}]$与传输比特数$E[B]$。

给定门限策略$\psi_{s_{k'}}$（即门限为$s_{k'}$），每周期期望感知探测时间为

$$\begin{aligned}E[T_{\mathrm{sp}}(s_{k'})]&=\tau_{\mathrm{sp}}\sum_{i=1}^{\infty}\{i[\Pr(\varphi_i\leqslant s_{k'})]^{(i-1)}\Pr(\varphi_i>s_{k'})\}\\&=\tau_{\mathrm{sp}}\Pr(\varphi_i>s_{k'})\sum_{i=1}^{\infty}\{i[\Pr(\varphi_i\leqslant s_{k'})]^{(i-1)}\}\\&=\frac{\tau_{\mathrm{sp}}}{1-P_{k'}}\end{aligned} \tag{6-22}$$

式中，$P_{k'}=\Pr(s_k\leqslant s_{k'})=\sum_{k=0}^{k'}p_k$。

每周期期望传输时间为

$$\begin{aligned}E[T_{\mathrm{dm}}(s_{k'})]&=E\{E[t_{\mathrm{dm}}(s_k,s_{k'})]\mid k>k'\}\\&=\frac{\tau_{\mathrm{dm}}\left(\sum_{k=k'+1}^{K-1}p_k\boldsymbol{e}_{k-k'}^{\mathrm{T}}\right)(\boldsymbol{I}-\boldsymbol{\Theta}_{k'})^{-1}\boldsymbol{z}_{k'+1}^{K-1}}{1-P_{k'}}\\&=\frac{\tau_{\mathrm{dm}}\boldsymbol{p}_{k'+1}^{K-1}(\boldsymbol{I}-\boldsymbol{\Theta}_{k'})^{-1}z_{k'+1}^{K-1}}{1-P_{k'}}\end{aligned} \tag{6-23}$$

式中，稳态概率向量$\boldsymbol{p}_{k'+1}^{K-1}\doteq[p_{k'+1},p_{k'+2},\cdots,p_{K-1}]$。

相应的每周期传输比特数为

$$\begin{aligned}E[B(s_{k'})]&=E\{E[b(s_k,s_{k'})]\mid k>k'\}\\&=\frac{\tau_{\mathrm{d}}\left(\sum_{k=k'+1}^{K-1}p_k\boldsymbol{e}_{k-k'}^{\mathrm{T}}\right)(\boldsymbol{I}-\boldsymbol{\Theta}_{k'})^{-1}\boldsymbol{r}_{k'+1}^{K-1}}{1-P_{k'}}\\&=\frac{\tau_{\mathrm{d}}\boldsymbol{p}_{k'+1}^{K-1}(\boldsymbol{I}-\Theta_{k'})^{-1}\boldsymbol{r}_{k'+1}^{K-1}}{1-P_{k'}}\end{aligned} \tag{6-24}$$

至此，由式(6-22)、式(6-23)和式(6-24)，门限策略$\psi_{s_{k'}}$下的期望吞吐量为

$$\Xi_{\psi_{s_{k'}}}=\frac{E[B(s_{k'})]}{E[T(s_{k'})]}=\frac{E[B(s_{k'})]}{E[T_{\mathrm{sp}}(s_{k'})]+E[T_{\mathrm{dm}}(s_{k'})]}=\frac{\tau_{\mathrm{d}}\boldsymbol{p}_{k'+1}^{K-1}(\boldsymbol{I}-\boldsymbol{\Theta}_{k'})^{-1}\boldsymbol{r}_{k'+1}^{K-1}}{\tau_{\mathrm{dm}}\boldsymbol{p}_{k'+1}^{K-1}(\boldsymbol{I}-\boldsymbol{\Theta}_{k'})^{-1}\boldsymbol{z}_{k'+1}^{K-1}+\tau_{\mathrm{sp}}} \tag{6-25}$$

最终，最优门限通过简单的枚举获得，即

$$s_{k^*}=\underset{s_{k'}}{\operatorname{argmax}}\ \Xi_{\psi_{s_{k'}}},\quad s_{k'}\in\{s_0,s_1,\cdots,s_{K-2}\} \tag{6-26}$$

6.4 基于学习的在线最优门限获取

在前文中,证明了最优策略的单门限属性,并获取了门限策略的吞吐量解析式。考虑到实际场景中,许多用户难以获得大规模的网络环境测量支持,用户的移动性也使得信道统计信息(如信道可用概率、平均接收信噪比)难以预知,且可能呈动态变化(即非平稳环境)。本节针对这种情况,首先提出了一种基于信道无偏估计的最优学习算法。针对这种算法的高计算复杂度,进一步通过缩短决策循环,提出了一种基于多臂老虎机(multi-armed bandit,MAB)建模的在线学习算法,在最优收敛性得到保证的同时,大幅降低了决策的计算复杂度。

6.4.1 基于信道统计学习的在线算法

在本小节中,给出一种直观的基于信道统计学习的在线算法。其基本思想是在信道使用的过程中,不断更新对当前环境参数的估计,进而根据环境估计得到的参数不断调整接入策略。显然,由于本章考虑的同质认知网络,对环境的采样估计是无偏的,因而,算法将最终收敛到最优策略(门限)。

1. 平稳环境

如前所述,本节考虑一种通用的信道可用性模型,即连续时间的空闲/占用变换过程。在决策中,用户需要知道的参数仅仅只有两个:在频域上的信道空闲概率 θ_i 和在时域上的信道空闲转移概率 $\rho_{i,i}$。注意,在决策中并不需要知道信道占用转移概率 $\rho_{b,b}$(或 $\rho_{b,i}$)。因此,在机会信道接入与数据传输过程中,用户统计信道空闲概率和空闲转移概率,并按照如下方式进行统计更新。

每感知一个信道,更新

$$\begin{cases}\hat{\theta}_i(\iota)=\dfrac{\hat{\theta}_i(\iota-1)n_s(\iota-1)+a(\iota)}{n_s(\iota-1)+1}\\ n_s(\iota)=n_s(\iota-1)+1\end{cases} \tag{6-27}$$

每传输一个数据包,更新

$$\begin{cases}\hat{\rho}_{i,i}(\iota)=\dfrac{\hat{\rho}_{i,i}(\iota-1)n_d(\iota-1)+a(\iota)}{n_d(\iota-1)+1}\\ n_d(\iota)=n_d(\iota-1)+1\end{cases} \tag{6-28}$$

式中,$\hat{\theta}_i$ 和 $\hat{\rho}_{i,i}$ 分别为信道空闲概率估计和空闲转移概率估计;n_s 和 n_d 分别为总的信道感知次数和数据传输次数;变量 $a(\iota)$ 表征第 ι 次信道可用性状态,信道可用则 $a=1$,否则,$a=0$。

本节考虑瑞利衰落信道模型,链路质量分布可由平均接收信噪比直接确定。因而,用户每探测一个信道,更新

$$\begin{cases}\hat{\gamma}_0(\iota)=\dfrac{\hat{\gamma}_0(\iota-1)n_{\mathrm{p}}(\iota-1)+\gamma(\iota)}{n_{\mathrm{p}}(\iota-1)+1}\\ n_{\mathrm{p}}(\iota)=n_{\mathrm{p}}(\iota-1)+1\end{cases}\tag{6-29}$$

式中,$\hat{\gamma}_0$ 为平均信噪比的估计值;n_{p} 为信道探测次数;γ 为探测到的信道瞬时信噪比。

基于上述参数统计,依据如下步骤确定接入门限:

根据平均信噪比估值 $\hat{\gamma}_0$ 和信道模型,依据式(6-3)和(6-4),获取稳态概率估计 $\hat{\pi}_k$ 和 $\hat{q}_{s,s'}$;

根据估计变量 $\hat{\theta}_i$、$\hat{\rho}_{i,i}$、$\hat{\pi}_k$、$\hat{q}_{s,s'}$、$\hat{\theta}_b$ 和 $\hat{\rho}_{i,b}$(其中,$\hat{\theta}_b=1-\hat{\theta}_i$,$\hat{\rho}_{i,b}=1-\hat{\rho}_{i,i}$),应用式(6-5)和(6-6),获取 $\hat{p}_k$ 和 $\hat{\mu}_{l,k}$;

利用上述估计变量,使用式(6-7)和(6-8)获取接入门限值。

然后,用户根据所得接入门限进行序贯地感知、探测、接入传输与切换。在此过程中,不断更新变量估计和接入门限值。具体的算法流程如表 6-1 所示。

表 6-1 算法 1:基于信道统计学习的在线决策

初始化参数:$\hat{\theta}_i=0$,$\hat{\rho}_{i,i}=0$,$\hat{\gamma}_0=0$,$n_{\mathrm{s}}=0$,$n_{\mathrm{p}}=0$,$n_{\mathrm{d}}=0$;
序贯地感知信道,直至发现一个空闲信道,探测该信道并在其传输,直至主用户返回;
分别使用式(6-27)、式(6-28)、式(6-29)更新 $\hat{\theta}_i$、n_{s}、$\hat{\rho}_{i,i}$、n_{d}、$\hat{\gamma}_0$ 和 n_{p};
while 有数据需要发送
利用式(6-3)和式(6-4),根据平均信噪比估值 $\hat{\gamma}_0$,计算 $\hat{\pi}_k$ 和 $\hat{q}_{s,s'}$;
利用式(6-5)和式(6-6),根据估计变量 $\hat{\theta}_i$、$\hat{\rho}_{i,i}$、$\hat{\pi}_k$、$\hat{q}_{s,s'}$、$\hat{\theta}_b$ 和 $\hat{\rho}_{i,b}$,计算 $\hat{p}_k$ 和 $\hat{\mu}_{l,k}$;
for $k'=0:K-2$
  利用式(6-26)计算 $\Xi_{\psi_{s_{k'}}}$;
end for
使用门限 $s_{k^*}=\underset{s_{k'}}{\operatorname{argmax}}\,\Xi_{\psi_{s_{k'}}}$ 进行一轮序贯感知、探测、接入与传输;
分别使用式(6-27)、式(6-28)、式(6-29)更新 $\hat{\theta}_i$、n_{s}、$\hat{\rho}_{i,i}$、n_{d}、$\hat{\gamma}_0$ 和 n_{p};
end while

备注 6.1 显然,随着学习过程的进行,无偏估计的信道统计变量最终必将收敛于真实统计值,因而,算法也将最终收敛于最优门限值;并且,由于每一步的决策都是根据当前的无偏估计以最大化吞吐量为目标求得的,该学习算法获得了最优的累积吞吐量。

2. 非平稳环境

进一步地考虑非平稳环境下的学习算法。本节所考虑的非平稳环境指的是,信道的统计参数未知且可能随着时间发生变化。但是,同质网络的属性不变,也就是说,所有信道变化同时发生[19]。非平稳环境下的学习算法流程与平稳环境下基本相同,唯一发生变化的是统计变量的更新方式。具体地说式(6-27)、式(6-28)和式(6-29)分别被式(6-30)、式(6-31)和式(6-32)替代:

$$\hat{\theta}_i(\iota)=\zeta_s\hat{\theta}_i(\iota-1)+(1-\zeta_s)a(\iota) \tag{6-30}$$

$$\hat{\rho}_{i,i}(\iota)=\zeta_d\hat{\rho}_i(\iota-1)+(1-\zeta_d)a(\iota) \tag{6-31}$$

$$\hat{\gamma}_0(\iota)=\zeta_p\hat{\gamma}_0(\iota-1)+(1-\zeta_d)\gamma(\iota) \tag{6-32}$$

式中，ζ_s、ζ_p 和 ζ_d 分别是三个统计变量的折旧因子，其取值在[0,1]范围内。

这些参数相当于一种权重，用于调节历史采样对当前估计的影响。一般说来，当环境慢变时，权重取接近于1；当环境快变时，一个较小数值的权重会更合适。

6.4.2　基于 MAB 建模的在线算法

虽然基于信道统计学习的方法能够获得最快的收敛速度和最优的收益，但是算法在每一个决策周期都需要进行一次最优门限的计算，算法的计算复杂度过高。这致使该算法实现的硬件开销大，且能量消耗高。为此，本章研究计算高效的在线决策方法，分析基于信道的统计学习在线算法，其认知决策循环如图 6-1 的上半图所示。显然，算法的计算复杂度主要集中在由信道统计估计到决策的过程中。

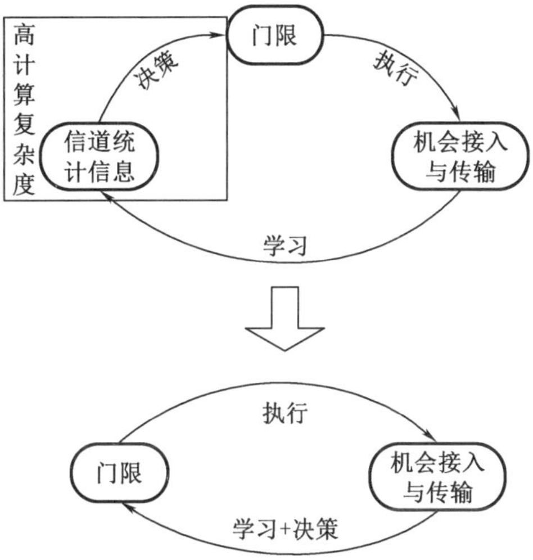

图 6-1　在线机会接入与传输的认知循环

为减少运算量，去除信道统计环节，将认知决策的基本循环简化成如图 6-1 下半部分，直接对门限进行学习和决策。更具体地说，将序贯感知、探测、接入与切换中的决策过程看作是一个长期的在线门限选择过程，即在每个周期选择一个门限进行操作（这么处理的理由源于定理 6.3 明确了最优策略的单一门限属性）。由此，建立了一个在线的门限选择问题：在每轮中从可选门限集合{0,1,⋯,K-2}中选择一个门限 k，并据此进行机会信道接入与切换，同时统计每个门限的收益，作为下一轮门限选择的参考。

在每一轮中，用户选择同一门限获得的收益是一个随机值，而且不同决策周期的收益相互独立，且满足某个未知分布。研究目标为在不断的选择过程中，使算法收敛到能够带来最大期望收益的门限上；同时，最大化长期的累积吞吐量。为了获得最大累计收益，一个关键问题就是在选择门限时如何权衡挖掘与利用的关系,即是选择当前看来最好的门限以获取更大的即时收益,还是选择非最优门限来使得统计信息更准确。本小节将在线的门限选择过程建模为一个 MAB 问题,每个门限对应着一个独立的摇杆。更进一步地,采用经典的 UCB(upper confidence bound)类算法来权衡统计信道的挖掘与利用。

1. 平稳环境

首先考虑随机平稳环境。如果无线环境平稳,那么门限收益的分布也将是未知但固定的。令 $\xi_k(m)$ 为用户在第 m 个周期选择门限 k 的收益(即为选择门限 k 进行序贯感知、探测、接入传输所获取的吞吐量收益,在后文中将直接简略说成选择门限 k 的收益)。统计以下两个变量用于门限选择决策:$\hat{\varepsilon}_k(m)$ 是直至第 m 个周期,用户选择门限 k 所获得的平均吞吐量;而 $n_k(m)$ 是直至第 m 个周期,用户选择门限 k 的总次数。在决策执行过程中,按照如下方式更新变量:

$$\hat{\varepsilon}_k(m)=\begin{cases}\dfrac{\hat{\varepsilon}_k(m-1)n_k(m-1)+\xi_k(n)}{n_k(m-1)+1} & \text{选择 } k\\ \hat{\varepsilon}_k(m-1) & \text{其他}\end{cases} \tag{6-33}$$

$$n_k(m)=\begin{cases}n_k(m-1)+1 & \text{选择 } k\\ n_k(m-1) & \text{其他}\end{cases} \tag{6-34}$$

由此,算法可以描述为:起始时,每个门限选择一次,并统计相应变量;随后,在当前决策轮中,比如在第 m 轮中,选择具有最大 $\hat{\varepsilon}_k^{\mathrm{UCB}}$ 值的门限 k。其中

$$\hat{\varepsilon}_k^{\mathrm{UCB}}(m)=\hat{\varepsilon}_k(m)+R_{K-1}\sqrt{\frac{2\ln m}{n_k(m)}} \tag{6-35}$$

包含两部分用以权衡挖掘和利用:第一项是到当前时刻门限 k 的平均吞吐量收益 $\hat{\varepsilon}_k(m)$;而第二项是平均收益的单边置信区间。具体算法流程如表 6-2 所示。

表 6-2　算法 2:基于 MAB 建模的在线决策

1. 初始化参数:$\hat{\varepsilon}_k=0,n_k=0,k\in\{0,1,\cdots,K-2\}$;
2. **for** $m=1:K-1$
3. 选择门限 $k=m-1$ 进行机会接入与传输;
4. 利用式(6-33)和(6-34)更新 $\hat{\varepsilon}_k$ 和 n_k;
5. **end for**
6. **while** 有数据需要发送
7. 使用 $k^*=\arg\max_k \hat{\varepsilon}_k^{\mathrm{UCB}}(m)$ 进行一轮序贯感知、探测、接入与传输,其中 $\hat{\varepsilon}_k^{\mathrm{UCB}}(m)$ 由式(6-9)获取;
8. 利用式(6-33)和(6-34)更新 n_k 和 $\hat{\varepsilon}_k$,$m=m+1$;
9. **end while**

使用悔恨值(regret)来评估在线门限学习的性能。悔恨值定义为采用学习策略与使用已知统计信息下的最优门限之间的收益差,即

$$\mathrm{regret}(M)=\sum_{m=1}^{M}\left[\xi_{k^*}-\xi_k(m)\right] \tag{6-36}$$

式中，M 是总的决策周期数；k^* 是最优门限（通过先知获取）。

由此，得到以下结论。

命题 6.1　使用算法 2，在 M 个周期的悔恨上界不超过

$$\left[8\sum_{k\neq k^*}\left(\frac{\log M}{\Delta_k}\right)\right]+\left(1+\frac{\pi^2}{3}\right)\left(\sum_{k\neq k^*}\Delta_k\right) \tag{6-37}$$

式中，$\Delta_k=\xi_{k^*}-\xi_k$。

证明　由于直接应用经典的 UCB 类算法，相关详细证明可以由文献[26]的定理 1 得到。

备注 7.2　显然，所提算法是零悔恨的（zero-regret），即 $\lim\limits_{M\to\infty}\dfrac{E[\mathrm{regret}(M)]}{M}=0$。这预示着算法最终将收敛于最优门限值。同时，命题 6.1 说明，算法 2 的悔恨值是时间的对数曲线，即达到了阶数最优的收敛性能。

2. 非平稳环境

对于非平稳环境下的门限选择问题，显然，门限收益的分布此时是动态变化的。本章应用 DUCB（discounted upper confidence bound）算法[27]来跟踪时变环境。具体地，使用以下方式更新统计变量：

$$\hat{\epsilon}_k(m)=\begin{cases}\delta\hat{\epsilon}_k(m-1)+\xi_k(n) & \text{选择 } k\\ \delta\hat{\epsilon}_k(m-1) & \text{其他}\end{cases} \tag{6-38}$$

$$n_k(m)=\begin{cases}\delta n_k(m-1)+1 & \text{选择 } k\\ \delta n_k(m-1) & \text{其他}\end{cases} \tag{6-39}$$

式中，$\hat{\epsilon}_k(m)$ 表征选择门限 k 的加权吞吐量累积，$0<\delta<1$ 是加权因子。

相应地，在第 m 个周期中，门限 k 的 DUCB 值为

$$\hat{\varepsilon}_k^{\mathrm{DUCB}}(m)=\frac{\hat{\epsilon}_k(m)}{n_k(m)}+R_{K-1}\sqrt{\frac{\sigma\ln m}{n_k(m)}} \tag{6-40}$$

其中，参数 $\sigma>2$，用于权衡学习与利用。更高的 σ 只预示着更加保守的学习策略，即用户将花更多的开销用于学习，相应地损失了部分即时吞吐量收益。反之则表示激进的学习策略。

进一步分析环境变化程度与学习性能的关系。如果统计变化次数的密度上限为 v，即当总的周期数为 M 时，环境统计的变化总次数小于 vM。对此，有如下结论。

命题 6.2　取 $\delta=1-\dfrac{\sqrt{v}}{4R_{K-1}}$，使用算法 2，在 M 个周期的悔恨上界满足 $O\left(M\sqrt{v}\log\dfrac{1}{v}\right)$。

证明　这条命题的详细证明可以参见文献[27]的备注 4.

备注 6.3　命题 6.2 建立了一条加权因子随环境参数的取值准则。同时，命题 6.2 揭示了，算法 2 的悔恨值随时间线性增长。

6.5 仿真分析

本节使用仿真实验来评估本章所提出的基于链路质量的机会接入与切换机制，以及相应的在线学习算法。仿真运行在基于 MATLAB 开发的离散事件仿真系统中。

6.5.1 统计已知下的性能分析

不失一般性，参照典型的认知无线电使用频段，即电视频段，设置了本节仿真的基本参数。具体的参数如表 6-3 所示，频段的中心频率设定为 500 MHz，每个信道带宽为 6 MHz，平均接收信噪比 γ_0 为 1~15 dB，基本涵盖了常见的应用场景。实际的感知时间与具体系统要求和硬件组成相关，例如，在 802.22 协议中，根据不同的应用或感知技术，感知时间由 0.8 ms 到 24.2 ms 不等。本节仿真中，考虑感知时间设定为 1~25 ms，信道探测时间设定为 0.5 ms，而监测开销为 0.01 ms，数据包长度定位为 10 ms，信道链路质量使用一个 16 状态的 FSMC 描述，其中速率间隔 η 为 3 Mbps。本节用两个参数，即信道空闲概率 θ_i 和信道空闲转移概率 $\rho_{i,i}$，来描述主用户行为，其中 θ_i 的取值范围为 0.01~0.99，而 $\rho_{i,i}$ 的取值范围为 0.9~0.999。相对应的数据包长度为 10 ms，这个转移概率的取值对应着信道空闲持续时间为 200 ms~20 s。

表 6-3 仿真的基本参数

参数名称	取值
载频	500 MHz
带宽	6 MHz
平均接收信噪比	1~15 dB
移动速度	1 m/s
感知开销	1~25 ms
频域探测开销	0.5 ms
时域监测开销	0.01 ms
单包持续时间	10 ms
系统速率级数	16
速率间隔	3 Mbps
信道空闲概率	0.01~0.99
单包空闲转移概率	0.9~0.999

在本小节中，假设统计信息已经由预先的测量获得，主要仿真对比两种机会介入策略

的吞吐量以及接入时延性能。第一种即为本章所提出的基于最优门限的接入与切换机制，称为选择性接入。作为对比的是基于信道空闲的接入方式，即认知用户序贯地感知信道，一旦发现空闲信道即接入，并且直到发现主用户返回当前信道才切换。这种接入方式在现有的认知无线网络中应用广泛，称为贪婪接入。

根据已知的信道统计信息，如 θ_i、$\rho_{i,i}$、π_k，以及 $q_{k,l}$[其中 π_k 和 $q_{k,l}$ 分别由式(6-3)、式(6-4)根据平均信噪比等信息获取]，生成多个独立的信道状态序列串，用以仿真 FSMC 信道。同时，根据这些统计信息，每个场景的最优门限也由式(6-25)和式(6-26)计算得到。下文所描绘的仿真结果是根据 100 次独立实验结果平均而来，其中每次实验持续仿真时间为 500 s。

1. 吞吐量和吞吐量增益

本小节研究系统吞吐量和感知时间 τ_s、信道空闲概率 θ_i、信道空闲转移概率 $\rho_{i,i}$ 以及平均信噪比 γ_0 的关系，仿真结果如图 6-2、图 6-3 所示。为了验证理论分析的准确性，每幅图中都给出了根据解析式获得的理论计算结果和仿真结果。可以看到，二者吻合得非常紧密。由图 6-2 可以观察到感知时间对系统吞吐量的影响。相关参数设定为：$\theta_i=0.5$，$\rho_{i,i}=0.99$，$\gamma_0=10$ dB，感知时间在 1～25 ms 变化。首先，从图 6-2 的上半图看到，无论是选择性接入还是贪婪接入，其系统吞吐量都随着感知时间的增加而下降。并且，选择性接入获得系统吞吐量明显高于贪婪的接入方式。在下半图中，进一步的描绘了选择性接入相对于贪婪接入的吞吐量增益，即选择性接入所获得的吞吐量与贪婪接入所获得吞吐量的比值。从图中可以看到，基于最优门限的接入方式获得了高达 60%的吞吐量增益。同时，曲线也说明，本章所提的方法随着感知时间的缩短，所能取得的相对增益更高。

图 6-3 和图 6-4 分别研究信道空闲概率和信道空闲转移概率的取值对系统吞吐量的影响。相关参数的设定为：感知时间 τ_s 固定为 5 ms，图 6-3 中 $\rho_{i,i}$ 为 0.99，图 6-4 中 $\theta_i=0.5$。随着信道空闲概率的升高，用户发现空闲信道的时间缩短。显然，两种策略的吞吐量都将增加，如图 6-3 的上半部分所示。然而，随着信道空闲概率的提升，本章所提的基于门限的策略显然能够获得更多的吞吐量增益。值得注意的是，当可用信道极其缺乏时，如 $\theta_i<0.05$ 时，贪婪的方式能够获得更多的吞吐量。一方面，这是由于在这种频谱资源极端匮乏的条件下，最优门限已经下降为 0，即空闲就接入，此时额外的信道探测时间使得本章所提的策略吞吐量差于贪婪方式。另一方面，信道空闲转移概率表征着信道仍将空闲的时长。如图 6-4 所显示，基于门限的策略在吞吐量上明显优于贪婪策略，且这种优势随着空闲转移概率的提高而增大。图 6-3 和图 6-4 表明，基于门限的策略能大幅提高系统吞吐量，且提高的幅度(吞吐量增益)随着频谱资源丰富程度(在频域上的表征为空闲概率，时域上的表征为空闲持续时间)提高而增大。

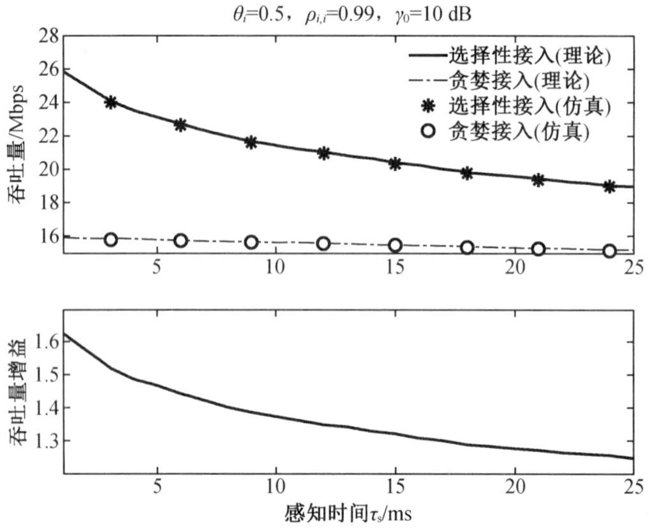

图 6-2　感知时间对系统吞吐量的影响

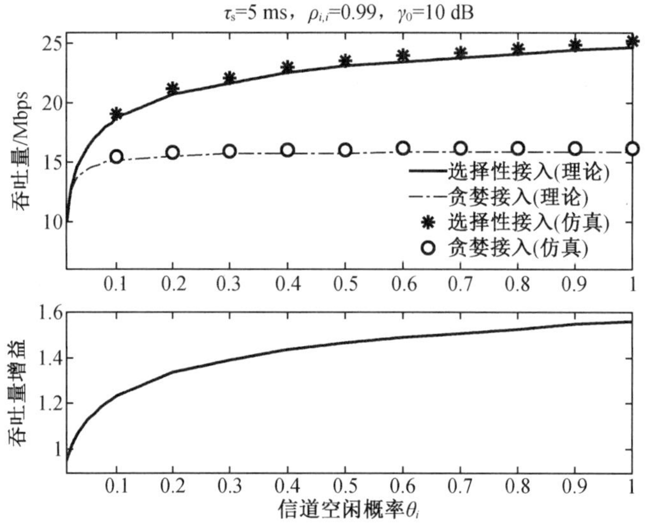

图 6-3　信道空闲概率对系统吞吐量的影响

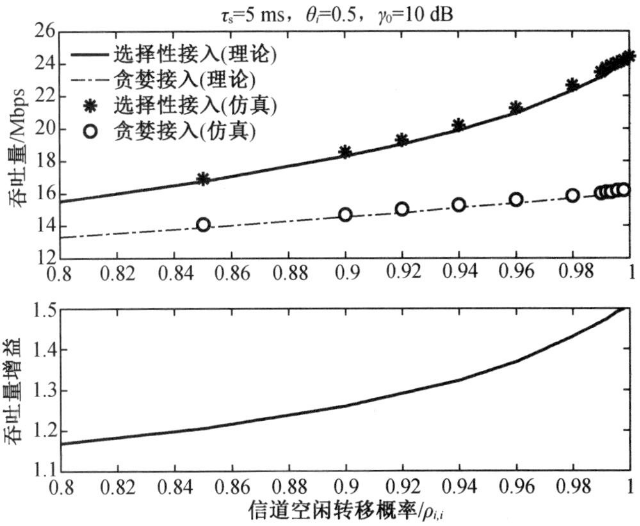

图 6-4　信道空闲转移概率对系统吞吐量的影响

图 6-5 揭示了平均信噪比对系统吞吐量的影响。相关参数设定如下：感知时间 τ_s = 5 ms，空闲概率 θ_i = 0.5，空闲转移概率 $\rho_{i,i}$ = 0.99。毫无疑问，两种策略的系统吞吐量都将随着平均信噪比的增大而增加。值得注意的是，认知用户在低信噪比环境中能获得更大的吞吐量增益。如图 6-5 的下半图所示，在低信噪比，如 1 dB 时，吞吐量增益能够达到 2 倍。

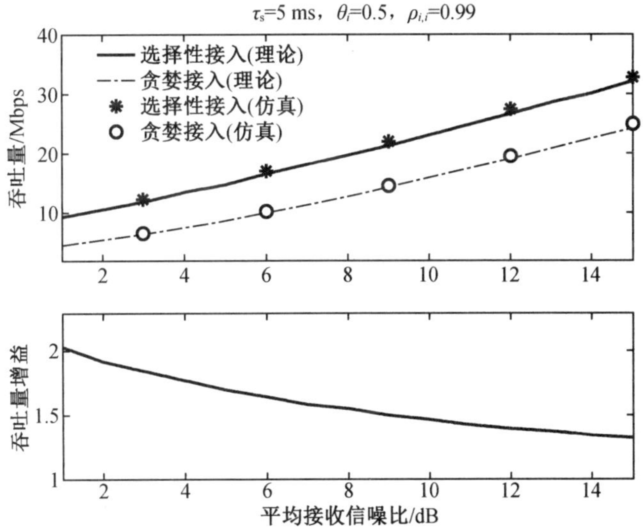

图 6-5　平均信噪比对系统吞吐量的影响

总的来说，基于最优门限的机会接入策略在一个典型场景中（即 γ_0 = 10 dB，τ_s = 5 ms，θ_i = 0.5 和 $\rho_{i,i}$ = 0.99），相对于贪婪接入策略的吞吐量增益达到 1.5 倍，并且这个增益还随着感知时间和平均信噪比的升高而降低，随着信道的空闲概率和空闲转移概率的升高而提升。

2. 接入时延分析

本小节研究选择性接入和贪婪接入两种方式的接入时延，并且比较二者接入时延的差值，即为由于“选择性”带来的额外时延开销。接入时延定义为在接入信道前花费在序贯感知（或感知和探测）上的时间。

图 6-6 中描绘了感知时间与接入时延的关系曲线。相关参数设置如下：$\theta_i = 0.5$，$\rho_{i,i} = 0.99$，$\gamma_0 = 10$ dB，感知时间 τ_s 由 1 ms 变化到 25 ms。如图所示，两种策略的接入时延都随 τ_s 的增长而增加，由于选择性接入可能会跳过一些链路质量低的空闲信道，产生了更多的信道感知与探测，选择性接入的接入时延比贪婪接入的接入时延明显要高。然而，不同于贪婪接入方式的接入时延随着感知时间线性增长，选择性接入的接入时延以非单调的次线性方式增长。通过研究这两种策略的每周期感知信道的数目来分析这种情况的原因，如图 6-6 的下半图所示。由图可知，贪婪方式一旦空闲就接入，其感知信道数目与感知开销无关。而随着感知时间增长，选择性接入策略感知的信道数目逐渐下降。因此，接入时延的次线性非单调增长可以解释如下：感知开销的增长抬高了序贯感知、探测的时间开销，导致系统吞吐量下降，用户为了弥补这部分损失，降低了接入门限，从而使得感知信道数目逐渐变小，最终导致了接入时延的次线性增长。

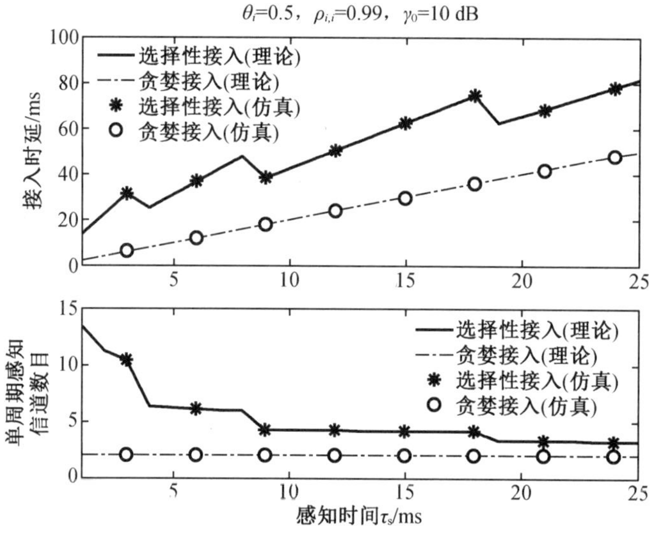

图 6-6　感知时间对接入时延的影响

为了更好评估选择性接入在不同应用场景下，相对于贪婪接入方式在时延方面的差距，在图 6-7 中描绘了额外累加时延曲线。额外累加接入时延定义为选择性接入方式相比较贪婪接入方式在接入时延上的增加量。选取了两个对接入时延的影响最大的参量，即感知开销和空闲概率，作为曲线的自变量，如图 6-7 所示。结果出乎意料，几乎在所考虑的参数范围内，选择性接入的额外接入时延仅仅只有 30 ms（甚至是当每信道感知开销为 25 ms 时）。相比较于吞吐量的提升，这种程度的接入时延在实际的许多应用场景中是可以接受的。

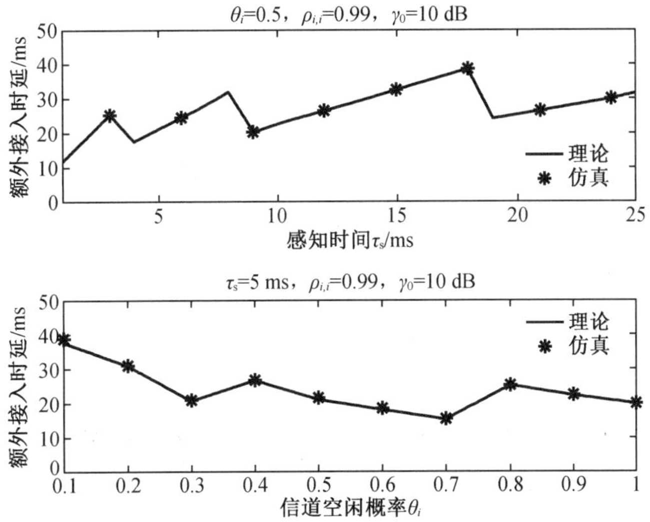

图 6-7　额外接入时延分析

6.5.2　统计未知和非平稳环境下的性能分析

本节研究统计未知下的在线学习算法的性能表现。具体地,分别构建了平稳未知环境和非平稳未知环境,并分别在其中验证了两种学习算法的性能表现。平稳环境的基本参数如表 6-4 所示。

表 6-4　平稳环境的基本参数

参数名称	取值
载频	500 MHz
带宽	6 MHz
平均接收信噪比	5 dB
移动速度	5 m/s
感知开销	5 ms
频域探测开销	0. 5 ms
时域监测开销	0. 01 ms
单包持续时间	2 ms
系统速率级数	6
速率间隔	3 Mbps
信道空闲概率	0. 5
单包空闲转移概率	0. 99
平均空闲持续时间	2 s

在仿真中考虑了三种策略,一是已知统计下的最优策略,用作参考与比较;二是基于信道统计学习的在线算法 1(注意是平稳情况下,即采用式(6-27)、式(6-28)、式(6-29)进行统计更新);三是基于 MAB 建模的在线学习算法 2(注意是平稳情况下,即采用式(6-33)、式(6-34)进行统计更新)。基于 10 000 次独立仿真的平均值,每次仿真持续 30 s,结果如图 6-8 所示。显然,两种在线算法都收敛到了最优门限。同时,在线算法 1 收敛速度优于算法 2。当然,正如前面所分析的,快收敛速度是建立在复杂运算量的基础上的。换个角度来看的话,算法 2 以极低的运算复杂度达到了比较高的收敛性能(大约在 5 s 的时候,性能已经可接受)。

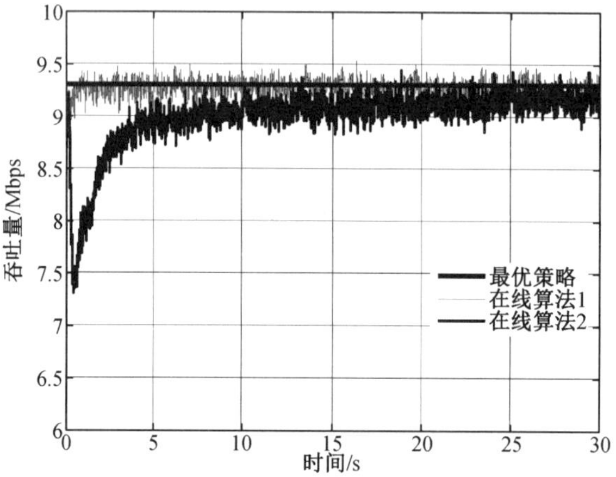

图 6-8　未知平稳环境下的在线学习算法性能

接下来,进一步地验证在线算法 1 和算法 2 在非平稳环境中的学习效果。所有参数与平稳环境仿真中的设定相同,唯一改变的是信道空闲概率。通过每 30 s 调整一次信道空闲概率,来模拟非平稳环境。仿真持续进行 120 s,空闲概率的变化矢量为[0.6 0.3 0.8 0.4]。结果如图 6-9 所示。由图可得两点结论:(1)两种算法都能快速跟踪信道统计的变化;(2)算法 1 依旧在学习速度上领先算法 2。

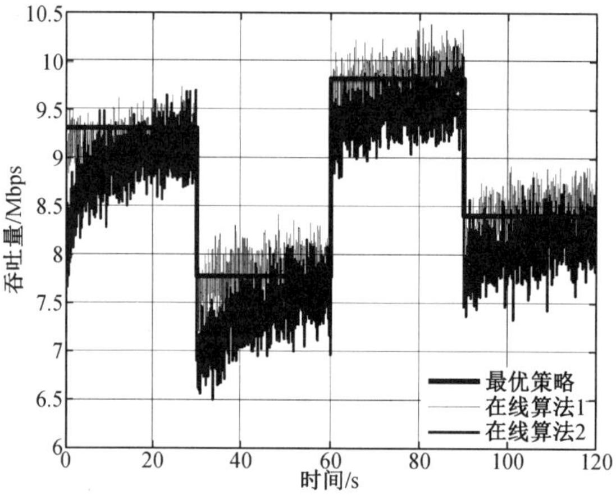

图 6-9　未知非平稳环境下的在线学习算法性能

进一步地,我们对比分析了两种在线算法的计算复杂度。算法的计算复杂度使用每轮决策所需要的仿真运行时间作为衡量标准,独立地运行 10 000 轮决策取平均计算时间。仿真运行的相关软硬件设备参数如表 6-5 所示,实验结果如图 6-10。显然,基于门限的在线算法由于缩短了决策循环,其计算复杂度相比于基于信道统计的在线算法大大降低。

表 6-5　实验运行平台参数

参数名称	参数值
电脑型号	ThinkPad T61
CPU	Intel (R) Core (TM) 2 Duo T8300 @ 2. 4 GHz (双核)
内存	2 G
显卡	NVIDIA Quadro NVS 140M
仿真软件及版本	MATLAB R2010a

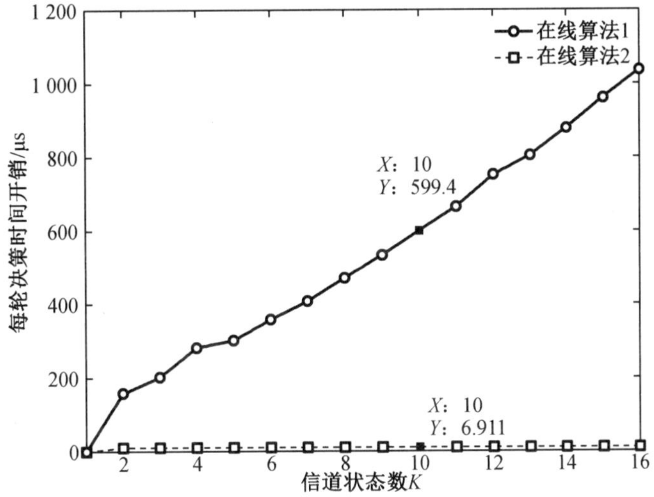

图 6-10　算法计算复杂度分析

6. 6　小　　结

本章考虑到信道可用性和信道链路质量使信道切换决策困难,采用多臂老虎机分析模型,提出最优门限获取的方法,找到认知接入的最佳决策点,在保证主用户通信不被打扰的前提下,实现认知用户的吞吐量最大化。最后分别在已知和未知非平稳条件下验证了算法的性能。

思考与探究

1. 在认知无线电网络(CRN)中,次级用户(CRs)需要在保证主用户(PUs)不受干扰的前提下,动态地访问和释放可用的频谱资源。考虑到信道的频率-时间多样性和瑞利衰落信道的特性,次级用户需要实时做出是否访问或释放信道的决策,以最大化频谱利用率和网络吞吐量。如何确定最优的行动点,使得认知无线电网络中的次级用户能够在实时环境中有效利用频率-时间多样性和信道状态信息,动态地做出访问和释放信道的决策,以最大化网络吞吐量并保护主用户的通信?

参考文献

[1] AKYILDIZ I F, LEE W-Y, VURAN M C, et al. NeXt generation/dynamic spectrum access/cognitive radio wireless networks: a survey[J]. Computer Networks, 2006, 50(13): 2127-2159.

[2] AKYILDIZ I F, LEE W Y, CHOWDHURY K R. CRAHNs: cognitive radio Ad Hoc networks[J]. Ad Hoc Networks, 2009, 7(7): 810-836.

[3] CORMIO C, CHOWDHURY K R. A survey on MAC protocols for cognitive radio networks[J]. Ad Hoc Networks, 2009, 7(7): 1315-1329.

[4] KRISHNA T V, DAS A. A survey on MAC protocols in OSA networks[J]. Computer Networks, 2009, 53(9): 1377-1394.

[5] AGRAWAL R. Sample mean based index policies with O (log n) regret for the multi-armed bandit problem[J]. Advances in Applied Probability, 1995: 1054-1078.

[6] ANANTHARAM V, VARAIYA P, WALRAND J. Asymptotically efficient allocation rules for the multiarmed bandit problem with multiple plays-part Ⅱ: markovian rewards[J]. IEEE Transactions on Automatic Control, 1987, 32(11): 977-982.

[7] ANANTHARAM V, VARAIYA P, WALRAND J. Asymptotically efficient allocation rules for the multiarmed bandit problem with multiple plays-part Ⅰ: IID rewards[J]. IEEE Transactions on Automatic Control, 1987, 32(11): 968-976.

[8] LAI T L, ROBBINS H. Asymptotically efficient adaptive allocation rules[J]. Advances in Applied Mathematics, 1985, 6(1): 4-22.

[9] MAHAJAN A, TENEKETZIS D. Multi-armed bandit problems[J]. Foundations and Applications of Sensor Management, 2008: 121-151.

[10] LAI L, EL GAMAL H, JIANG H, et al. Cognitive medium access: exploration, exploitation, and competition[J]. IEEE Transactions on Mobile Computing, 2011,

10(2): 239-253.

[11] AUER P, CESAR-BIANCHI N, FISCHER P. Finite-time analysis of the multiarmed bandit problem[J]. Machine Learning, 2002, 47(2-3): 235-256.

[12] GAI Y, KRISHNAMACHARI B, JAIN R. Combinatorial network optimization with unknown variables: multi-armed bandits with linear rewards and individual observations [J]. IEEE/ACM Transactions on Networking (TON), 2012, 20(5): 1466-1478.

[13] GAI Y, KRISHNAMACHARI B, JAIN R. Learning multiuser channel allocations in cognitive radio networks: a combinatorial multi-armed bandit formulation[C]//2010 IEEE Symposium on New Frontiers in Dynamic Spectrum. 2010: 1-9.

[14] ANANDKUMAR A, MICHAEL N, TANG A. Opportunistic spectrum access with multiple users: learning under competition[C]//IEEE INFOCOM 2010. 2010: 1-9.

[15] ANANDKUMAR A, MICHAEL N, TANG A K, et al. Distributed algorithms for learning and cognitive medium access with logarithmic regret[J]. IEEE Journal on Selected Areas in Communications, 2011, 29(4): 731-745.

[16] LIU K, ZHAO Q. Distributed learning in multi-armed bandit with multiple players[J]. IEEE Transactions on Signal Processing, 2010, 58(11): 5667-5681.

[17] LIU K, ZHAO Q. Cooperative game in dynamic spectrum access with unknown model and imperfect sensing[J]. IEEE Transactions on Wireless Communications, 2012, 11(4): 1596-1604.

[18] LIN C, IELAMO S, COUPECHOUX M. Opportunistic spectrum access with channel switching cost for cognitive radio networks[C]//2011 IEEE International Conference on Communications (ICC). 2011: 1-5.

[19] GAI Y, KRISHNAMACHARI B, LIU M. On the combinatorial multi-armed bandit problem with Markovian rewards [C]//2011 IEEE Global Telecommunications Conference (GLOBECOM). 2011: 1-6.

[20] WANG K, CHEN L. On optimality of myopic policy for restless multi-armed bandit problem: An axiomatic approach[J]. IEEE Transactions on Signal Processing, 2012, 60(1): 300-309.

[21] TEKIN C, LIU M. Online learning in opportunistic spectrum access: a restless bandit approach[C]//IEEE INFOCOM 2011. 2011: 2462-2470.

[22] FILIPPI S, CAPPE O, GARIVIER A. Optimally sensing a single channel without prior information: the tiling algorithm and regret bounds[J]. IEEE Journal of Selected Topics in Signal Processing, 2011, 5(1): 68-76.

[23] YIN S, CHEN D, ZHANG Q, et al. Mining spectrum usage data: a large-scale spectrum measurement study[J]. IEEE Transactions on Mobile Computing, 2012, 11(6): 1033-1046.

[24] FERGUSON T. Optimal stopping and applications[EB/OL]. (2007-06-21)[2024-

03 - 22]. https://xueshu. baidu. com/usercenter/paper/show? paperid =ae905c1b3ae3207cf11b0781d6d0d803

[25] LI B, YANG P, LI X, et al. Finding optimal action point for multi-stage spectrum access in cognitive radio networks [C]//2011 IEEE International Conference on Communications (ICC). 2011: 1-5.

[26] AUER P, CESAR-BIANCHI N, FISCHER P. Finite-time analysis of the multiarmed bandit problem[J]. Machine Learning, 2002, 47(2-3): 235-256.

[27] GARIVIER A, MOULINES E. On upper-confidence bound policies for non-stationary bandit problems[J]. arXiv preprint arXiv:0805.3415, 2008.

第 6 章参考资料

第 7 章　基于随机自动学习机的动态频谱接入

本章在前面两章的基础上，进一步考虑动态未知环境和多用户大规模接入场景下的动态频谱接入问题。针对动态变化的无线频谱环境，建立了面向期望值优化的稳健信道选择博弈模型，证明了该博弈模型具有多个纯策略纳什均衡解，提出了基于随机自动学习机的多用户在线学习算法，并从理论上证明了该算法在势能博弈中的收敛性。仿真结果表明，所提方法在动态和未知环境中取得了接近最优的吞吐量性能，实现了稳健频谱优化。

7.1 引　言

为了解决频谱稀缺的困境，人们主要致力于下面两个解决途径：

(1)探测挖掘利用新的频谱，如非视距紫外线通信[1]、可见光无线通信[2]和太赫兹通信[3]等。

(2)立足于现有频谱寻找提升频谱利用率的方法和技术，如利用授权用户未使用的频谱空洞(spectrum hole)进行通信，或突破当前静态固定的用频方式，动态地接入频谱。

其中，第二种途径被统称为动态频谱接入(dynamic spectrum access，DSA)。对比这两种方法，第一种方法需要探索研究新频段的无线传播特性，研究新的通信理论和仿真，并在此基础上研制新的通信设备；而动态频谱接入使用当前的已有频段进行通信，和现有无线通信技术完全兼容。鉴于此，动态频谱接入被广泛认为是解决频谱稀缺问题最直接有效的手段。从决策方式来看，动态频谱接入可分为集中式和分布式。在集中式动态频谱接入中，需要中心控制器对所有用户的感知和信道接入进行调度控制，而在分布式动态频谱接入中，用户进行分布式的自主决策。相比之下，集中式方法信息交互开销大且实现复杂度高，而分布式方法不需要信息交互或只需要少量信息交互且实现复杂度较低。

通常而言，动态频谱接入包含下面三个过程：

(1)观测(observation)。对无线环境信息进行采样和收集，相关信息主要包括频谱占用情况、信道状态和网络状态等。

(2)决策(decision)。基于对频谱环境的观测结果，进行智能频谱决策，一方面，在频谱接入层面需要确定频谱空洞和寻找最优接入信道；另一方面，在频谱管理层面需要从收集信息中推理出有用信息和预测频谱变化趋势等。

(3)重构(reconfiguration)。根据决策结果，改变无线传输的参数和相关配置以进行数据传输。观测属于传统的信道检测和信号处理范畴，重构和硬件配置相关，而决策是动态频谱接入区别于传统无线通信的关键技术。

博弈论[4]是应用数学的一个重要分支,最初主要应用在经济学中,近年来,在生物学[5]、社会学[6]和工程应用[7]等学科领域得到广泛应用。在 2000 年左右,研究者们开始将博弈论应用到无线通信中[8-9],历经十余年的研究,相关理论和方法不断丰富发展,目前博弈论已经成为无线通信中多用户分布式决策优化的重要方法之一。一方面,博弈论非常适合于解决如频谱拍卖[10-12]和群智感知激励机制[13]等能直接类比成经济活动的宏观无线资源管理问题。另一方面,它也能很好地解决功率控制[14]、无线自组织网络[15]、多址接入[16]、网络选择[17]等微观无线资源优化问题。近年来,研究者们开始将博弈论运用到动态频谱接入的信道选择问题中,下面简要介绍相关的研究成果。

在早期的研究中,研究者们主要考虑将最基本的博弈模型应用到动态频谱接入中。文献[18]将开放式动态频谱接入中的信道选择问题建模为非合作博弈,并分别设计了自私和合作行为驱动下的两种效用函数。文献[19]研究了开放式动态频谱接入系统中由于用户自私行为导致的无次序代价(price of anarchy,PoA),为基于博弈论的信道选择设计优化提供了理论指导。文献[20]首次将基于相关均衡的博弈模型引入开放式动态频谱接入中。文献[21]同样研究了基于相关均衡的信道选择问题,提出了一种基于无悔值跟踪的分布式协同算法。Li Husheng[22-23]等分别研究了开放式机会频谱基于非合作博弈的两用户和多用户信道选择问题。上述研究的一个共同特点是所有用户都分布在互相干扰的范围内,则相应的博弈模型具有全局影响的特性。

针对分布式动态频谱接入网络中用户在空间上随机分布且只对相邻用户产生干扰的特点,研究者们开始将局部影响博弈(图博弈)引用到动态频谱接入中。Li Husheng[24]首次对开放式机会频谱接入中基于图博弈的信道选择问题进行了研究。随后,文献[25]研究了层级式机会频谱接入中基于图博弈的信道选择问题。文献[26-28]建立了分布式动态频谱接入中的空间拥塞博弈模型,并对其相关性质进行较深入分析。在此基础上,文献[29]将空间拥塞博弈模型拓展到空间 Aloha 博弈模型。除了上述博弈模型外,研究者们也开始将其他类型的博弈模型应用到信道选择问题中。文献[30]研究了开放式动态频谱接入中基于演化博弈的信道选择问题。文献[31]研究了基于联盟博弈的信道感知和接入联合优化。

本章从无线网络环境中不确定、动态和不完全信息约束出发,研究基于随机自动学习机的动态频谱接入方法,主要考虑局部优化实现全局最优和动态未知环境中的稳健优化两个关键问题,从博弈优化建模和多用户分布式学习两个方面对动态频谱接入中的信道选择问题进行了深入系统的研究,突破了无线环境中制约多用户决策的若干关键问题,并在理论和机理层面对它们进行了分析。

7.2　系统模型

7.2.1　系统模型

考虑下面的动态频谱接入系统：系统中有 N 个认知用户和 M 个授权用户信道，每个信道的传输速率记为 R_m，$1\leqslant m\leqslant M$。本节研究用户数大于信道数的情形[①]，即 $N>M>1$。假定授权用户的占用是具有时隙结构，信道在每个时隙被随机占用，占用概率记为 θ_m，$1\leqslant m\leqslant M$。本节考虑实际系统的情况，分别做如下假设：

- 信道的占用概率 θ_m，$1\leqslant m\leqslant M$，固定但具体值未知；
- 用户数目 N 固定但未知；
- 系统中没有中心控制器，且认知用户之间不能交互信息。

认知用户的传输结构图如图 7-1 所示。由于硬件能力的限制，假设在一个时隙里认知用户只能选择一个信道进行感知接入。在时隙的开始，每个认知用户根据其当前的信道选择策略选择一个信道进行感知。为了方便分析，假设信道感知是完美无差错的[②]。若选择信道的感知结果为空闲，则使用 CSMA 机制来避免选择同一信道的多个用户之间的竞争和碰撞。若感知结果为占用，则认知用户当前时隙在剩余时间里保持静默。在当前时隙结束时，根据授权信道状态和用户间竞争的结果，每个认知用户会收到一个回报(payoff)。基于收到的回报，认知用户使用某种学习策略对信道选择进行更新。

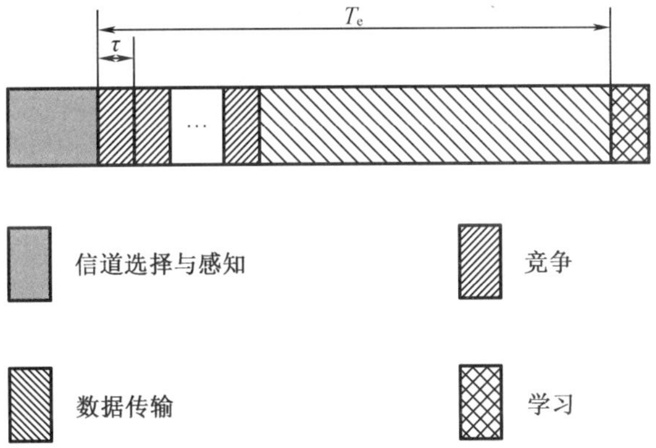

图 7-1　认知用户的传输结构图

认知用户使用的 CSMA 机制的表述如下：时间被划分为等长度的 mini-slot，在每个

---

① 对于用户数小于信道数的情形，由于系统中有足够的信道资源，信道选择问题较容易解决。

② 本章给出的建模和分析很容易扩展到存在感知错误的情景。

mini-slot 中认知用户以 p_a 的概率接入信道①。如果在某一个 mini-slot 中只有一个用户试图接入信道,则该用户能成功传输数据;反之,若有多个用户同时试图接入信道,则碰撞出现,没有用户能成功传输数据,所有竞争用户在下一个 mini-slot 再次依概率竞争信道。该过程一直重复直到有用户成功接入信道。记除感知后的时间长度为 T_e,一个 mini-slot 的长度为 τ。

7.2.2 问题建模

记 a_n 为认知用户 n 选择的信道,c_m 为选择信道 m 的用户集合,即 $c_m=\{n:a_n=m\}$,s_m 为 c_m 中的用户数目,即 $s_m=|c_m|$。认知用户 n, $\forall n\in c_m$ 在第 j 个时隙的随机回报值为

$$r_n(j)=\{[T_e-N_c(s_m)\tau]/T_e\}\beta_n(s_m)I_mR_m \tag{7-1}$$

式中,T_e 是一个时隙中进行信道感知后的时间;τ 是一个 mini-slot 的时间;$N_c(s_m)$ 是在 s_m 个用户存在的情况下某一用户成功接入信道所花费的 mini-slot 的个数;$\beta_n(s_m)$ 代表用户 n 成功接入信道与否[$\beta_n(s_m)=1$ 代表成功,$\beta_n(s_m)=0$ 代表失败];I_m 代表授权用户信道的占用状态($I_m=1$ 代表空闲,$I_m=0$ 代表占用)。式(7-1)很好地刻画了多认知用户之间的相互影响关系。文献[32]指出,$N_c(s_m)$ 服从几何分布,其概率质量分布函数(probability mass function, PMF)为

$$\Pr\{N_c(s_m)=i\}=p_s(1-p_s)^{i-1}, i\geqslant 1 \tag{7-2}$$

式中,$p_s=s_mp_a(1-p_a)^{s_m-1}$ 为在一个 mini-slot 中有一个用户成功接入信道的概率;$\beta_n(s_m)$ 和 I_m 服从伯努利分布的变量,其对应的 PMF 分别为

$$\Pr\{\beta_n(s_m)=i\}=\begin{cases}\dfrac{1}{s_m} & i=1\\ 1-\dfrac{1}{s_m} & i=0\end{cases} \tag{7-3}$$

和

$$\Pr\{I_m=i\}=\begin{cases}\theta_m & i=1\\ 1-\theta_m & i=0\end{cases} \tag{7-4}$$

为了方便分析,定义下面的吞吐量损失函数(throughput loss function):

$$f(s_m)=E[T_e-N_c(s_m)\tau]/T_e \tag{7-5}$$

其中 $E[\ ]$ 代表取期望值。基于式(7-1)至式(7-5),用户 n 能获得的期望吞吐量为

$$\bar{r}_n(j)=\frac{\theta_mf(s_m)R_m}{s_m} \tag{7-6}$$

那么,系统的期望吞吐量为

$$U_s(a)=\sum_{n=1}^{N}\frac{\theta_{a_n}f(s_{a_n})R_{a_n}}{s_{a_n}}=\sum_{m=1}^{M}\theta_mf(s_m)R_m\delta(s_m) \tag{7-7}$$

---

① 需要指出的是:不同用户在不同信道上的接入概率不一定完全一样,需要通过优化确定。考虑到本章的重点是研究多授权信道条件下认知用户的信道选择策略而非多用户竞争接入机制,同时为了简化分析,本章假设了每个用户在每个 mini-slot 的接入概率是一样的。

式中，$a=(a_1,\cdots,a_N)$，是所有认知用户的信道选择组合；$\delta(s_m)$是下面的指示函数：

$$\delta_m=\begin{cases}1 & s_m\geqslant 1\\ 0 & s_m=0\end{cases} \tag{7-8}$$

那么，该网络的优化目标为

$$a_{\text{opt}}=\text{argmax}\ U_s(a) \tag{7-9}$$

上面的优化目标难以通过传统的方法求解，原因在于：

(1)系统中没有中心控制器；

(2)θ_m 和 N 关键参数未知。

注释 7.1　认知用户能使用不同的 CSMA 机制接入信道。事实上，本节的分析和讨论并不局限于吞吐量损失函数 $f(s_{a_n})$ 的具体表达式。本节的模型和方法适用于一般的 CSMA 机制，具有下面的特性：

- $s_{a_n}\geqslant 1,\ \forall n\in\{1,\cdots,N\}$；
- $f(s_{a_n})$ 是 s_{a_n} 的减函数；
- 一般情况下，$0\leqslant f(s_{a_n})\leqslant 1,\forall s_{a_n}\geqslant 1$；若竞争开销可忽略，则有 $f(s_{a_n})\equiv 1,\forall s_{a_n}\geqslant 1$。

7.3　动态未知环境中的稳健信道选择博弈

针对动态变化且先验信息未知的无线频谱环境，研究面向期望值优化的稳健信道选择问题，着重探索能实现稳健优化的博弈学习理论和方法。

由于没有中心控制器，且用户的信道选择行为是自主的，那么可将其建模为一个博弈模型。该博弈模型为$\mathcal{G}_c=[\mathcal{N},\{A_n\}_{n\in\mathcal{N}},\{u_n\}_{n\in\mathcal{N}}]$，其中$\mathcal{N}=\{1,\cdots,N\}$，是用户博弈参与者(认知用户)集合，$A_n=\{1,\cdots,M\}$，是可用策略(信道)集合，$u_n$ 是用户 n 的效用函数。在该博弈模型中，效用函数定义为用户能获得的期望吞吐量：

$$u_n(a_n,a_{-n})=E[r_n\mid(a_n,a_{-n})]=\frac{\theta_{a_n}f(s_{a_n})R_{a_n}}{s_{a_n}} \tag{7-10}$$

式中，r_n 是用户 n 每个时隙获得的随机回报值，如式(7-1)所示；$a_n\in A_n$，是用户 n 的信道选择策略；$a_{-n}\in A_1\otimes\cdots\otimes A_{n-1}\otimes A_{n+1}\otimes\cdots\otimes A_N$，代表除 n 以外所有用户的信道选择组合，$a_{-n}=(a_1,\cdots,a_{n-1},a_{n+1},\cdots,a_N)$。

该博弈模型的纳什均衡定义如下。

定义 7.1　信道选择组合 $a^*=(a_1^*,\cdots,a_N^*)$是博弈$\mathcal{G}_c$ 的纯策略纳什均衡，当且仅当没有任何认知用户单方面改变策略能提高其效用函数：

$$\frac{\theta_{a_n^*}f(s_{a_n^*})R_{a_n^*}}{s_{a_n^*}}\geqslant\frac{\theta_{a_n}f(s_{a_n}+1)R_{a_n}}{s_{a_n}+1},\forall n\in\mathcal{N},\forall a_n\in A_n\backslash a_n^* \tag{7-11}$$

式中，$f(\ )$是式(7-5)所示的吞吐量损失函数；$s_{a_n^*}$ 是选择信道 a_n^* 的认知用户数目；$A_n\backslash a_n$ 代表元素 a_n 从集合 A_n 中移除后的集合。

纳什均衡分析如下。

定理 7.1　动态未知环境中的信道选择博弈$\mathcal{G}_c$ 是一个精确势能博弈，且至少有一个纯策略纳什均衡。

证明 对于信道选择组合 $a=(a_n,a_{-n})$，记选择信道 m 的用户数目为 s_m，$\forall m\in\{1,\cdots,M\}$。定义如下势能函数 $\varphi:A_1\times\cdots\times A_N\to R$。

$$\varphi(a_n,a_{-n})=\sum_{m=1}^{M}\sum_{k=1}^{s_m}\varphi_m(k) \tag{7-12}$$

式中，$\varphi_m(k)=\dfrac{\theta_m f(k)R_m}{k}$，上面给出的势能函数也被称为罗森塔尔势能函数[33]（Rosenthal's potential function）。假定任意用户 n 单方面地将其信道选择从 a_n 改为 $\tilde{a}_n$，则导致的效用函数的变化量为

$$u_n(\tilde{a}_n,a_{-n})-u_n(a_n,a_{-n})=\varphi_{\tilde{a}_n}(s_{\tilde{a}_n}+1)-\varphi_{a_n}(s_{a_n}) \tag{7-13}$$

由于用户 n 的策略改变只对选择信道 a_n 和 $\tilde{a}_n$ 的用户产生影响，那么势能函数的变化量为

$$\begin{aligned}\Phi(\tilde{a}_n,a_{-n})-\Phi(a_n,a_{-n})&=\left[\sum_{k=1}^{s_{\tilde{a}_n}+1}\varphi_{\tilde{a}_n}(k)+\sum_{k=1}^{s_{a_n}-1}\varphi_{a_n}(k)\right]-\left[\sum_{k=1}^{s_{\tilde{a}_n}}\varphi_{\tilde{a}_n}(k)+\sum_{k=1}^{s_{a_n}}\varphi_{a_n}(k)\right]\\&=\varphi_{\tilde{a}_n}(s_{\tilde{a}_n}+1)-\varphi_{a_n}(s_{a_n})\end{aligned} \tag{7-14}$$

由式(7-13)和式(7-14)，可知有下面的等式：

$$u_n(\tilde{a}_n,a_{-n})-u_n(a_n,a_{-n})=\Phi(\tilde{a}_n,a_{-n})-\Phi(a_n,a_{-n}) \tag{7-15}$$

该公式表明任意用户单方面改变策略导致的效用函数变化量和势能函数变化量相等。那么，根据势能博弈的定义，可知该博弈为势能博弈，且至少存在一个纳什均衡点。因此，定理 7.1 证毕。

定理 7.1 只证明了 $\mathcal{G}_c$ 中纯策略纳什均衡的存在性，为了研究该博弈纯策略纳什均衡的个数和吞吐量性能，本节首先提出“神助”（Genie-aided）的信道选择算法。在该算法中，假定存在一个无所不知的神，知道所有信道的空闲概率和用户数，并能完美地观测到每个用户的信道选择动作。该算法的过程描述见表 7-1。

表 7-1 基于“神助”（Genie-aided）的信道选择算法

初始化：设置 $\mathcal{N}_1=\mathcal{N}$，$\mathcal{N}_2=\varnothing$，迭代次数 $k=1$，$s_m(k)=0$，$1\leq m\leq M$，其中 $\varnothing$ 为空集。

Step 1：从集合 $\mathcal{N}_1$ 中随机选择一个用户 $n\in\mathcal{N}_1$，让该用户选择信道 m^*，即 $a_n=m^*$，其中 m^* 由下面的公式给出：

$$m^*\in\underset{1\leq m\leq M}{\arg\max}\left\{\frac{\theta_m f[s_m(k)+1]R_m}{s_m(k)+1}\right\} \tag{7-16}$$

也就是说，m^* 是能够取得最大吞吐量的信道。

Step 2：将元素 n 从 $\mathcal{N}_1$ 移动到 $\mathcal{N}_2$，即 $\mathcal{N}_1=\mathcal{N}_1\setminus n$，$\mathcal{N}_2=\mathcal{N}_2\cup n$。根据下面的公式对 $\{s_1(k),\cdots,s_M(k)\}$ 进行更新：

$$\begin{cases}s_m(k+1)=s_m(k)+1 & m=m^*\\ s_m(k+1)=s_m(k) & m\neq m^*\end{cases} \tag{7-17}$$

Step 3：若 $\mathcal{N}_1=\varnothing$，算法终止；否则，转到(1)。

定理 7.2　本节所提基于 Genie-aided 的信道选择算法收敛到$\mathcal{G}_c$ 的纯策略纳什均衡。

证明　在算法的第 k 次迭代后，$1\leqslant k<N-1$，记选择信道 m 的用户集合为 $c_m(k)$，即 $c_m(k)=\{n\in\mathcal{N}_2:a_n=m\}$。在算法的第 $k+1$ 次迭代，假定用户集合$\mathcal{N}_1$ 中的用户 n 被挑选出来进行信道选择，记它选择的信道为 m_0，即 $a_n=m_0$。那么，$s_{m_0}(k+1)=s_{m_0}(k)+1$，$s_m(k+1)=s_m(k)$，$\forall m\neq m_0$。根据所提算法的信道选择规则，可知任意认知用户 $i\in c_{m_0}(k+1)$ 的效用函数为

$$u_i=\frac{\theta_{m_0}f[s_{m_0}(k+1)]R_{m_0}}{s_{m_0}(k+1)}\geqslant\frac{\theta_m f[s_m(k+1)+1]R_m}{s_m(k+1)+1}\tag{7-18}$$

式中，$1\leqslant m\leqslant M$，且 $m\neq m_0$。由式(7-18)可知，集合 $c_{m_0}(k+1)$ 的所有用户都不愿意单方面改变信道选择策略。现在考虑集合 $c_m(k+1)$，$\forall m\neq m_0$ 中的用户。假定 $s_m(k+1)$，$m\neq m_0$ 在过去的 k_0 次迭代中均保持不变，$1\leqslant k_0\leqslant k$，即 $s_m(k+1)=s_m(k+1-k_0)$。那么，对于任意用户 $j\in c_m(k+1)$，它的效用函数为

$$\begin{aligned}u_j&=\frac{\theta_m f[s_m(k+1)]R_m}{s_m(k+1)}=\frac{\theta_m f[s_m(k+1-k_0)]R_m}{s_m(k+1-k_0)}\\&\geqslant\frac{\theta_{\hat{m}}f[s_{\hat{m}}(k+1-k_0)+1]R_{\hat{m}}}{s_{\hat{m}}(k+1-k_0)+1}\geqslant\frac{\theta_{\hat{m}}f[s_{\hat{m}}(k+1)+1]R_{\hat{m}}}{s_{\hat{m}}(k+1)+1},\ \forall\hat{m}\neq m\end{aligned}\tag{7-19}$$

式中，$\dfrac{\theta_m f[s_m(k+1-k_0)]R_m}{s_m(k+1-k_0)}\geqslant\dfrac{\theta_{\hat{m}}f[s_{\hat{m}}(k+1-k_0)+1]R_{\hat{m}}}{s_{\hat{m}}(k+1-k_0)+1}$是算法在第$(k-k_0)$次迭代的结果。$\dfrac{\theta_{\hat{m}}f[s_{\hat{m}}(k+1-k_0)+1]R_{\hat{m}}}{s_{\hat{m}}(k+1-k_0)+1}\geqslant\dfrac{\theta_{\hat{m}}f[s_{\hat{m}}(k+1)+1]R_{\hat{m}}}{s_{\hat{m}}(k+1)+1}$成立的原因是：

(1)根据吞吐量损失函数的性质，可知 $f(s_m)/s_m$ 是 s_m 的减函数。

(2)对于任意的$\forall\hat{m}\neq m$，$s_{\hat{m}}(k+1)\geqslant s_{\hat{m}}(k+1-k_0)$恒成立。

从式(7-19)可知，集合 $c_m(k+1)$，$\forall m\neq m_0$ 中的任一用户都不愿意单方面改变策略。

综上所述，在算法的第 $k+1$ 次迭代中，任一用户都不能通过单方面改变策略而提升效用函数。那么，根据纳什均衡的定义可知，第 $k+1$ 次迭代后的信道选择组合是纳什均衡。依次递推，当算法进行 N 次迭代后，所有用户的信道选择是博弈的一个纯策略纳什均衡解。因此，定理 7.2 证毕。

在本节所提算法(表 7-1)的 Step 1 的信道选择过程中，可能会存在多个使得吞吐量最大的信道。也就是说，这些信道对用户来说是不可分辨的。在这种情况下，尽管该算法依然收敛到博弈的纯策略纳什均衡，但算法收敛的最终结果$\{s_1(N),\cdots,s_M(N)\}$不是唯一确定的，从而导致难以对纳什均衡性能进行分析。为了对本节考虑的信道选择问题有一个深入的理解，针对信道可分辨的情况，下面的定理分析了纳什均衡的性质。

定理 7.3　在表 7-1 算法的 Step 1 中信道对用户可分辨的情况下，信道选择博弈 G_c 有多个纯策略纳什均衡，且所有纳什均衡对应的网络吞吐量一样。

证明　在表 7-1 算法的 Step 1 中信道对用户可分辨的情况下，该算法最终将确定性地收敛到唯一的信道选择结果$\{s_1^*(N),\cdots,s_M^*(N)\}$。由于用户是被随机地挑选出来进行信道选择，那么最终收敛的信道组合是多个。从用户效用函数的表达式可知，吞吐量只和选择

各个信道的用户数有关,因此,所有纳什均衡对应的网络吞吐量是一样的。此外,该博弈的纯策略纳什均衡个数为

$$K=\binom{N}{s_1^*(N)}\binom{N-s_1^*(N)}{s_2^*(N)}\cdots\binom{N-\sum_{m=1}^{M-2}s_m^*(N)}{s_{M-1}^*(N)} \tag{7-20}$$

因此,定理 7.3 证毕。

除了吞吐量,公平性也是很重要的一个指标。对于选择同一信道的用户来说,由于使用了 CSMA 机制,它们获得的吞吐量是一样的。然而,对于选择不同信道的用户来说,它们能获得的吞吐量可能差异较大。为了说明这个问题,举例如下:考虑一个具有两个信道和三个用户的系统,假设两个信道具有单位传输速度且空闲概率分布为 0.7 和 0.6。该系统的纳什均衡是两个用户选择空闲概率为 0.7 的系统,而另外一个用户选择空闲概率为 0.6 的系统。忽略 CSMA 竞争导致的开销,用户获得的吞吐量分别为(0.35 0.35 0.6)。显然,用户间的差异较大。因此,考虑到不同信道的差异性,不同认知用户能获得的吞吐量可能存在较大的差异。

下面利用 Jain's fairness index (JFI)[34]对用户间的公平性进行定量分析。JFI 是多用户资源分配系统中衡量公平性的重要指标,其定义如下:

$$J_{\mathcal{G}_c}=\frac{\left(\sum_{n=1}^{N}u_n\right)^2}{N\sum_{n=1}^{N}u_n^2} \tag{7-21}$$

式中,$u_n \geqslant 0$ 代表用户 n 获得的吞吐量。JFI 将资源分配向量 $\{u_1,\cdots,u_N\}$ 转化成一个 $[1/N,1]$ 之间的数值,JFI 值越高则用户之间的公平性越好。特别地,$J_{\mathcal{G}_c}=1$ 代表一个绝对公平的系统(此时,所有用户获得的吞吐量一样),而 $J_{\mathcal{G}_c}=1/N$ 对应绝对不公平的系统(此时,只有一个用户的吞吐量不为 0,而其所有用户的吞吐量为 0)。下面的定理给出了所提信道选择博弈纳什均衡的性质。

定理 7.4 若 CSMA 的竞争开销可忽略,则 $J_{\mathcal{G}_c} \geqslant 8/9$。

证明 记 $a^*=(a_n^*,\cdots,a_N^*)$ 为$\mathcal{G}_c$ 的一个纯策略纳什均衡,u_n^* 为用户 n 的效用函数。对于任意用户 n,由纳什均衡的定义可知

$$u_n^* \geqslant \left[\frac{\theta_{a_k^*}f(s_{a_k^*})R_{a_k^*}}{s_{a_k^*}}\right]\left[\frac{f(s_{a_k^*}+1)}{f(s_{a_k^*})}\right]\left[\frac{s_{a_k^*}}{s_{a_k^*}+1}\right] \quad \forall k \neq n \tag{7-22}$$

由于 CSMA 的竞争开销可忽略不计,那么有 $f(s_{a_k^*}+1)=f(s_{a_k^*})=1$。那么可知下面的不等式成立:

$$u_n^* \geqslant u_k^*\left(\frac{s_{a_k^*}}{s_{a_k^*}+1}\right) \quad \forall n \in N, k \neq n \tag{7-23}$$

式(7-23)中用到了下面的关系式:$u_k^*=\dfrac{\theta_{a_k^*}f(s_{a_k^*})R_{a_k^*}}{s_{a_k^*}}$。对于任意用户 n,均有 $s_{a_n^*} \geqslant 1$,

那么式(7-23)可写为

$$u_n^* \geqslant \frac{1}{2}u_k^* \quad \forall n \in \mathcal{N}, k \neq n \tag{7-24}$$

记用户的最小吞吐量为 $u_{\min}^* = \min\{u_1^*, \cdots, u_N^*\}$，最大吞吐量为 $u_{\max}^* = \max\{u_1^*, \cdots, u_N^*\}$。定义 $\rho = \dfrac{u_{\max}^*}{u_{\min}^*}$，那么下面的不等式可通过式(7-24)推导出：

$$1 \leqslant \rho \leqslant 2 \tag{7-25}$$

根据文献[34]的结论，可知

$$J_{G_c} \geqslant \frac{4\rho}{(\rho+1)^2} \tag{7-26}$$

当 ρ 的取值范围为 $[1, \infty)$ 时，$\dfrac{4\rho}{(\rho+1)^2}$ 是 ρ 的减函数。那么，由式(7-25)和式(7-26)可知本节所提信道选择博弈的 JFI 的取值范围为

$$J_{G_c} \geqslant \frac{8}{9} \tag{7-27}$$

因此，定理 7.4 证毕。

注释 7.2　在假定 CSMA 的竞争开销可忽略的基础上，定理 7.4 给出了博弈中纳什均衡的 JFI 下界。当考虑 CSMA 的竞争开销时，预期同样会对应较高的 JFI 值。其本质原因是当达到纳什均衡时，没有用户愿意单方面改变策略。从这个意义上来说，纳什均衡保证了一定的公平性。

7.4　基于随机自动学习机的多用户动态频谱接入算法

在本节中，信道选择问题被建模为一个非合作博弈，对纳什均衡的存在性和吞吐量性能也进行了分析。然而，基于已知信息的 Genie-aided 信道选择算法需要完整的环境信息，包括信道可用性统计和其他用户的行动信息。此外，该方法需要假设其他用户在每次迭代中的策略选择，或要求环境是静态的，导致无法适用于本节考虑的动态未知环境。Genie-aided 算法虽然在理论上提供了一个解决方案，但在实际应用中，由于其对全局信息的依赖，使得它在大多数现实场景中并不实用。受随机自动学习机器(stochastic learning automata，SLA)[35]的启发，本节提出一个基于 SLA 的信道选择算法，认知用户根据动作回报的历史信息对当前信道选择策略进行调整，最终收敛到纳什均衡。

7.4.1　算法描述

首先，将前面的信道选择博弈拓展到混合策略的形式。记 $\boldsymbol{P} = (\boldsymbol{p}_1, \cdots, \boldsymbol{p}_n)$ 为 $\mathcal{G}_c$ 中所有用户的混合策略，其中 $\boldsymbol{p}_N = (p_{n1}, \cdots, p_{nm})$ 为认知用户 n 选择各个信道的概率向量。具体地，p_{nm} 为用户 n 选择信道 m 的概率。记 $h_{nm}(\boldsymbol{P})$ 为当用户 n 选择信道 m(即 $a_n = m$)而其他所有

用户使用混合策略时，用户 n 能获得的平均效用函数，即

$$h_{nm}(\boldsymbol{P}) = \sum_{a_k,k\neq n} u_n(a_1,\cdots,a_{n-1},m,a_{n+1}\cdots,a_N)\prod_{k\neq n} p_{ka_k} \tag{7-28}$$

在基于 SLA 的信道选择算法中，在每个时隙所有用户都运用混合策略，直到算法收敛为止。根据主用户的信道占用状态和信道竞争的结果，每个认知用户在时隙结束时能获得如式(7-1)所示的随机回报值，用户在此基础上对它的混合策略进行更新。动态未知环境中的学习过程如图 7-2 所示，具体过程如表 7-2 所示。

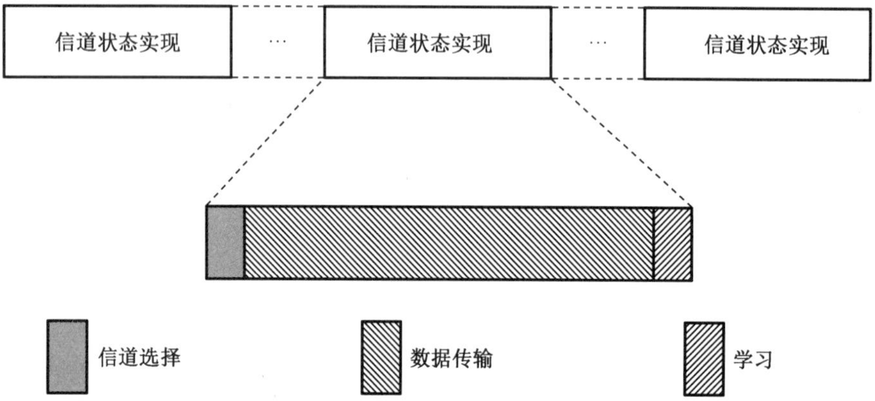

图 7-2　动态环境中的学习过程示意图

表 7-2　基于 SLA 的信道选择算法

初始化：设置迭代次数 $j=1$，令所有信道的初始信道选择概率的为 $p_{nm}(j)=1/M$，$\forall n\in\mathcal{N}$，$m\in\{1,\cdots,M\}$。

Step 1：在第 j 个时隙的开始，每个认知用户 n 根据信道选择概率 $p_n(j)$ 选择信道 $a_n(j)$。

Step 2：在 Step 1 中选择信道的基础上，每个认知用户进行信道感知和信道竞争接入。在时隙的结束时，每个认知用户 n 获得如式(7-1)所示的随机回报 $r_n(j)$。

Step 3：所有用户根据下面的规则对信道选择概率进行更新：

$$\begin{cases} p_{nm}(j+1)=p_{nm}(j)+b\tilde{r}_n(j)[1-p_{nm}(j)] & m=a_n(j) \\ p_{nm}(j+1)=p_{nm}(j)-b\tilde{r}_n(j)p_{nm}(j) & m\neq a_n(j) \end{cases} \tag{7-29}$$

式中，$0<b<1$ 是迭代步长；$\tilde{r}_n(j)$ 是下面的归一化吞吐量：

$$\tilde{r}_n(j)=r_n(j)/(\max_m R_m)=r_n(j)/R_{\max} \tag{7-30}$$

Step 4：对于任意认知用户 $n\in\mathcal{N}$，对应的信道选择概率向量有一个元素充分接近 1，如大于 0.99，算法结束；否则，转到 Step 1。

本节所提的基于 SLA 的信道选择算法具有下面两个典型特征：

(1)用户基于信道选择概率向量选择一个信道进行接入。

(2)基于每时隙的随机回报值，用户对信道选择概率进行更新。

随机回报值 $r_n(j)$ 是该学习算法强化信号(reinforcement signal)。具体地,若 $r_n(j)>0$(对应选择的信道为空闲且用户 n 成功接入该信道),那么在第 $j+1$ 时隙用户 n 选择该信道的概率将增大;若 $r_n(j)=0$(对应选择的信道为占用,或选择的信道为空闲但用户 n 没有成功接入信道),则在第 $j+1$ 时隙用户选择该信道的概率保持不变。

7.4.2　收敛性分析

尽管 SLA 算法在单用户系统中的收敛性已经得到理论证明[35],但关于多用户系统中 SLA 算法收敛性的研究并不多见。文献[36]理论上证明了 SLA 能收敛到一致博弈(coordination game)的纯策略纳什均衡,然而,一致博弈所有用户的效用函数是一样的。最近,文献[37]证明了如果在每次迭代中所有用户收到的回报值一样,则 SLA 算法能收敛到势能博弈的纯策略纳什均衡。然而,相比现有研究,本节研究的博弈模型更具一般性:用户具有不同的效用函数,且每次迭代中收到的回报值不同。因此,现有关于多用户系统中 SLA 算法收敛性的分析并不能使用于本节的模型。

本节中对多用户 SLA 算法的收敛性进行分析。首先,利用常微分方程(ordinary differential equation ,ODE)的方法,可以对序列$\{\boldsymbol{P}(j)\}$的变化趋势进行分析,在此基础上,对 ODE 的稳态点和纳什均衡之间的关系进行分析。其次,证明了多用户 SLA 算法收敛的一个充分条件,并证明本节提出的信道选择博弈满足该充分条件。

命题 7.1　若步长值 b 充分小,则序列$\{\boldsymbol{P}(j)\}$变化规律符合下面的常微分方程(ODE):

$$\frac{\mathrm{d}\boldsymbol{P}}{\mathrm{d}t}=F(\boldsymbol{P}),\boldsymbol{P}_0=P(0) \tag{7-31}$$

式中,$\boldsymbol{P}_0$ 是信道选择概率矩阵的初始值;$F(\boldsymbol{P})$是下面的条件期望函数:

$$F(\boldsymbol{P})=\boldsymbol{E}\{G[\boldsymbol{P}(j),\boldsymbol{a}(j),\boldsymbol{r}(j)]\mid\boldsymbol{P}(j)\} \tag{7-32}$$

式(7-32)中的 $G(\boldsymbol{P}(j)$、$\boldsymbol{a}(j)$、$\boldsymbol{r}(j))$代表式(7-29)所示的更新规则。

命题 7.2　多用户 SLA 算法具有下面的性质:

(1)常微分方程(7-31)的所有稳态解是博弈$\mathcal{G}_c$ 的纳什均衡。

(2)所有博弈$\mathcal{G}_c$ 的纳什均衡是常微分方程(7-31)的稳态解。

命题 7.1 和命题 7.2 的证明过程见文献[38]。通过命题 7.2 可知,如果多用户 SLA 算法能收敛到常微分方程的稳态解,则它同样收敛到博弈 G_c 的纳什均衡。下面的定理给出多用户 SLA 算法收敛的一个充分条件。

定理 7.5　假定存在一个非负函数 $H(\boldsymbol{P}):\boldsymbol{P}\rightarrow R$ 使得对于任何正数 c 下面的等式恒成立:

$$H(m_1,\boldsymbol{P}_{-n})-H(m_2,\boldsymbol{P}_{-n})=c[h_{nm_1}(\boldsymbol{P})-h_{nm_2}(\boldsymbol{P})],\forall n,m_1,m_2,\boldsymbol{P} \tag{7-33}$$

式中,$H(m,\boldsymbol{P}_{-n})$是当$\boldsymbol{p}_n$ 的第 m 个元素为 1 其他元素为 0 时函数值,而 $h_{nk}(\boldsymbol{P})$的表达式由式(7-28)给出。那么,多用户 SLA 算法能收敛到纳什均衡点。

证明　式(7-31)所示的常微分方程可写成下面的形式:

$$\frac{\mathrm{d}\boldsymbol{p}_{nm}}{\mathrm{d}t}=qF_{nm}(\boldsymbol{P}),\forall n\in\mathcal{N},1\leqslant m\leqslant M \tag{7-34}$$

根据式(7-32),式(7-34)可写成下面的形式:

$$\begin{aligned}\frac{\mathrm{d}p_{nm}}{\mathrm{d}t} &= \frac{q}{R_{\max}}\left\{p_{nm}(1-p_{nm})E[r_n \mid (m,\boldsymbol{P}_{-n})] + \sum_{k=1,k\neq m}^{M} p_{nk}(-p_{nm})E[r_n \mid (k,\boldsymbol{P}_{-n})]\right\} \\ &= \frac{qp_{nm}}{R_{\max}}\sum_{k=1}^{M} p_{nk}[h_{nm}(\boldsymbol{P}) - h_{nk}(\boldsymbol{P})]\end{aligned} \tag{7-35}$$

根据 $H(\boldsymbol{P}) = \sum_{m=1}^{M} p_{nm}H(m,\boldsymbol{P}_{-n})$,可知 $H(\boldsymbol{P})$ 的偏微分如下:

$$\frac{\partial H(\boldsymbol{P})}{\partial p_{nm}} = H(m,\boldsymbol{P}_{-n}) \tag{7-36}$$

根据式(7-32)、式(7-35)和式(7-36),可知 $H(\boldsymbol{P})$ 的微分为

$$\begin{aligned}\frac{\mathrm{d}H(\boldsymbol{P})}{\mathrm{d}t} &= \sum_{n,m}\frac{\partial H(\boldsymbol{P})}{\partial p_{nm}}\frac{\mathrm{d}p_{nm}}{\mathrm{d}t} \\ &= \sum_{n,m} H(m,\boldsymbol{P}_{-n})\frac{qp_{nm}}{R_{\max}}\sum_{k} p_{nk}[h_{nm}(\boldsymbol{P}) - h_{nk}(\boldsymbol{P})] \\ &= \frac{q}{R_{\max}}\sum_{n,m,k} H(m,\boldsymbol{P}_{-n})p_{nm}p_{nk}[h_{nm}(\boldsymbol{P}) - h_{nk}(\boldsymbol{P})] \\ &= \frac{q}{2R_{\max}}\sum_{n,m,k} p_{nm}p_{nk}[H(m,\boldsymbol{P}_{-n}) - H(k,\boldsymbol{P}_{-n})][h_{nm}(\boldsymbol{P}) - h_{nk}(\boldsymbol{P})] \\ &= \frac{qc}{R_{\max}}\sum_{n,m,k>m} p_{nm}p_{nk}[h_{nm}(\boldsymbol{P}) - h_{nk}(\boldsymbol{P})]^2 \geqslant 0\end{aligned} \tag{7-37}$$

从公式 $J_n = \{m \in \mathcal{N}:(n,m) \in \mathcal{E}\}$、式(7-34)和式(7-35)可知

$$\begin{aligned}\frac{\mathrm{d}H(\boldsymbol{P})}{\mathrm{d}t} = 0 &\Rightarrow p_{nm}p_{nk}[h_{nm}(\boldsymbol{P}) - h_{nk}(\boldsymbol{P})] = 0 \quad \forall n,m,k \\ &\Rightarrow F_{nm}(\boldsymbol{P}) = 0 \quad \forall n,m \\ &\Rightarrow \boldsymbol{P}\text{ 是常微分方程(7.31)的稳态解}\end{aligned} \tag{7-38}$$

换言之,序列 $\{\boldsymbol{P}(j)\}$ 收敛到常微分方程(7-31)的稳态解。那么,由命题 7.2 的结论,可知 $\{\boldsymbol{P}(j)\}$ 收敛到博弈的纳什均衡。因此,定理 7.5 证毕。

定理 7.5 给出了多用户 SLA 算法收敛的一个充分条件,下面的定理证明了本节稳健信道选择博弈满足该充分条件。

定理 7.6 对于充分小的步长 b,多用户 SLA 算法收敛到动态未知环境中稳健信道博弈 $\mathcal{G}_c$ 的纯策略纳什均衡。

证明 取 $H(\boldsymbol{P}) = E[\varphi(\boldsymbol{P})]$,其中 φ 是公式(7-12)所示的势能函数,则有

$$H(m,\boldsymbol{P}_{-n}) = \sum_{a_k,k\neq n}\varphi(a_1,\cdots,a_{n-1},m,a_{n+1},\cdots,a_N)\prod_{k\neq n} p_{ka_k} \tag{7-39}$$

利用式(7-15)和式(7-28),可知下面等式成立:

$$H(m_1,\boldsymbol{P}_{-n}) - H(m_2,\boldsymbol{P}_{-n}) = h_{nm_1}(\boldsymbol{P}) - h_{nm_2}(\boldsymbol{P}) \tag{7-40}$$

根据定理 7.5 的结论,可知定理 7.6 证毕。

事实上,上述定理对任意势能博弈都成立。也就是说,多用户 SLA 算法能收敛到势能

博弈的纳什均衡。因此,多用户 SLA 能应用到多种动态或静态网络场景中,面向 MAC 层干扰的信道选择博弈中亦可运用该学习算法。

注释 7.3　必须要指出的是,SLA 算法存在速度和精度之间的折中。具体地,定义 $A=\{\text{It converges to a NE}\}$,记 $P_c(b,\boldsymbol{P}(0))=\Pr\{A|(b,\boldsymbol{P}(0))\}$ 为当步长为 b、初始信道选择概率矩阵为 $\boldsymbol{P}(0)$ 时,算法最终收敛到纳什均衡的概率。从定理 7.4 和定理 7.6 可知,$\lim\limits_{b\to 0}P_c(b,\boldsymbol{P}(0))=1$。然而,过小的 b 值对应较低的收敛速率,当 b 值较大时,算法可能会收敛到非纳什均衡的纯策略。因此,学习步长 b 的选择需要由业务决定,取得速度和精度之间折中[38]。

7.5　仿真分析

7.5.1　仿真场景设置

在仿真验证中,时隙长度设置为 $T=100\times10^{-3}$ s;此外,为了满足感知性能的要求,感知时间长度为 $T_s=5\times10^{-3}$ s。CSMA 机制中的 mini-slot 的长度为 $\tau=2\times10^{-3}$ s,每个用户在一个 mini-slot 的接入概率为 $p_a=0.3$。学习算法的步长设置为 $b=0.15$。

仿真结果主要包括两部分内容:第一部分为仿真算法的收敛性。具体来说,对于任意挑选的用户,研究该用户信道选择概率随迭代次数的变化情况;此外,为了对反映系统整体收敛性,研究选择不同信道的用户数目的变化情况。第二部分给出算法的性能评估。具体来说,对比分析了三种方法的吞吐量和公平性,即基于多用户 SLA 的信道选择算法、穷举法(exhaustive search)和随机选择算法(random selection)。在穷举法中,假设系统中的所有信息如信道可用概率 θ_m 和认知用户数目 N 已知,在此基础上,通过穷举法获得全局最优解。在随机选择算法中,用户以相同的概率选择每个信道接入。在统计信息未知和无信息交互的环境中,随机算法是一种可行方法。

7.5.2　收敛性分析

首先研究信道选择概率随迭代次数的变化情况。仿真一个有六个认知用户和三个授权用户信道的动态频谱接入系统,信道速率和空闲概率分布设置为 $R_1=2$、$R_2=1.5$、$R_3=1$ 和 $\theta_1=0.6$、$\theta_2=0.7$、$\theta_3=0.6$。通过 Genie-aided algorithm 的计算,可知系统的纳什均衡为

$$s_1=3,s_2=2,s_3=1 \tag{7-41}$$

也就是说,此时的纳什均衡为 3 个用户选择信道 1,2 个用户选择信道 2,1 个用户选择信道 3。

图 7-3 给出了任意挑选的某一用户的信道选择概率的收敛过程。由图可知,该用户的信道选择概率向量大约花了 250 次迭代,从{1/3,1/3,1/3}收敛到{0,1,0}。也就是说,该用户最终选择信道 2 进行接入。此外,图 7-4 给出了选择不同信道的用户数的收敛过程,从图中可看出算法最终收敛到博弈的纳什均衡 $s_1^*=3,s_2^*=2,s_3^*=1$。

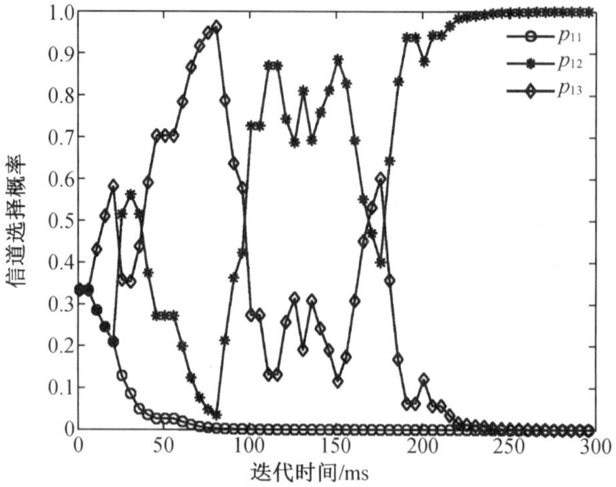

图 7-3　任意挑选的某一用户的信道选择概率的收敛过程

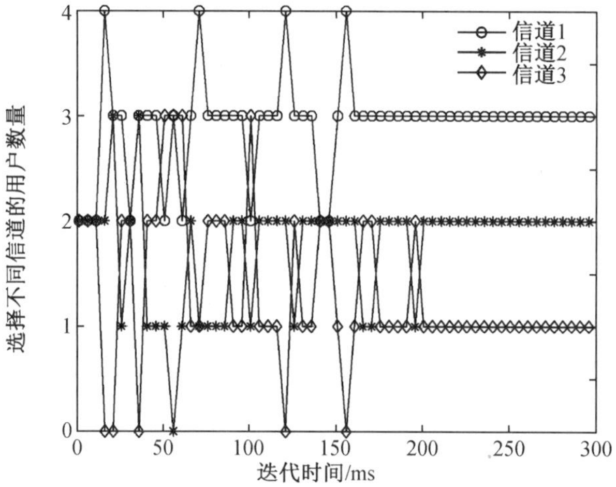

图 7-4　选择不同信道的用户数的收敛过程

为了描述方便,图 7-3 和图 7-4 仿真的是较简单的网络场景。对涉及数目更多的授权信道和认知用户的系统,仿真结果表明本小节所提的多用户 SLA 算法均能收敛到纯策略纳什均衡。由于收敛情况类似,这里不再给出。

7.5.3　同构信道环境中的性能

本小节研究同构信道环境,其中信道速率和空闲概率一样。系统参数设置如下:$R_1=R_2=R_3=1$ 和 $\theta_1=\theta_2=\theta_3=0.6$。图 7-5 给出了同构信道环境中的三种信道选择算法的吞吐量性能对比。对于本节所提多用户 SLA 算法和随机选择算法,进行 10^5 次独立仿真然后取平均值。由图中可看出,所提算法明显优于随机算法。原因分析如下:

(1)所提算法能收敛到纯策略纳什均衡,此时不同认知用户将分散于不同信道上。

(2)在随机选择中,存在部分信道被多个用户选择而其他信道没有信道选择的情况,从而造成吞吐量降低。

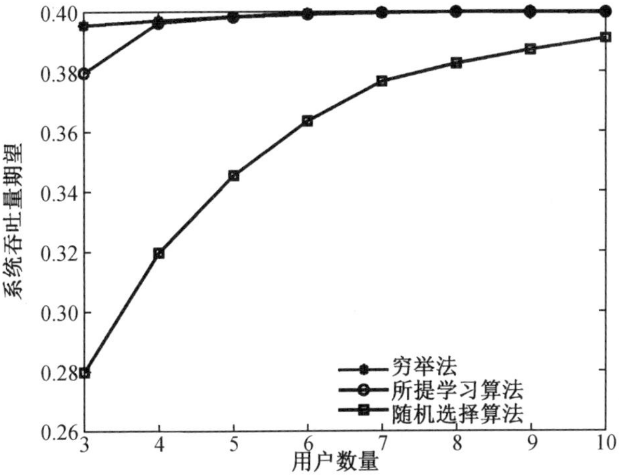

图 7-5　同构信道环境中三种信道选择算法的吞吐量性能对比

当认知用户数目较大时，如 $N \geqslant 4$，所提学习算法的性能接近穷举法的性能。图 7-6 给出了上述同构信道环境中的三种信道选择算法公平性指标(JFI)，分别记穷举法、所提学习算法和随机选择的 JFI 为 J_e、J_{G_c} 和 J_r。由图可知，随机算法取得了绝对的公平性 ($J_r \approx 1$)，所提学习算法和穷举法也取得了不错的公平性 (J_{G_c} 和 J_e 都大于 0.9)。

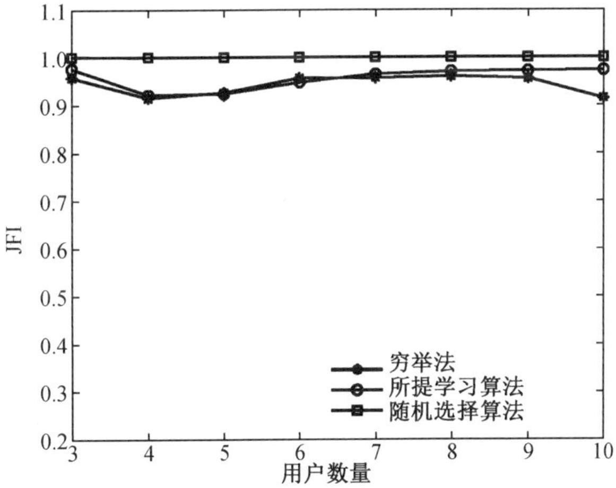

图 7-6　同构信道环境中的三种信道选择算法公平性指标对比

由图 7-5 和图 7-6 可知，所提学习算法在取得接近最优的性能的同时，也保证了一定的公平性。由于不需要知道信道空闲概率和认知用户数等先验统计信息，同时也不需要信息交互，本节所提算法是一种有效的算法。

7.5.4　异构信道环境中的性能

本小节研究异构信道环境，信道之间的差异较大。系统参数设置如下：$R_1 = R_2 = R_3 = 1$ 和 $\theta_1 = 0.2$、$\theta_2 = 0.4$、$\theta_3 = 0.8$。图 7-7 给出了异构信道环境中三种信道选择方法的吞吐量性能对比。由图可知，所提学习算法的性能优于随机选择算法，此外，随用户数目增加，所提学习算法逐渐接近穷举算法的性能。所提学习算法和穷举算法之间的差异被称为混乱的代价(price of anarchy,PoA)。图 7-8 给出了异构信道环境中三种信道选择算法的公平性指标。由图可知,随机算法取得了绝对的公平性,穷举算法的公平性较差(J_e 大约等于 0.8),而所提学习算法依然具有较好的公平性(J_{G_c} 大于 0.95)

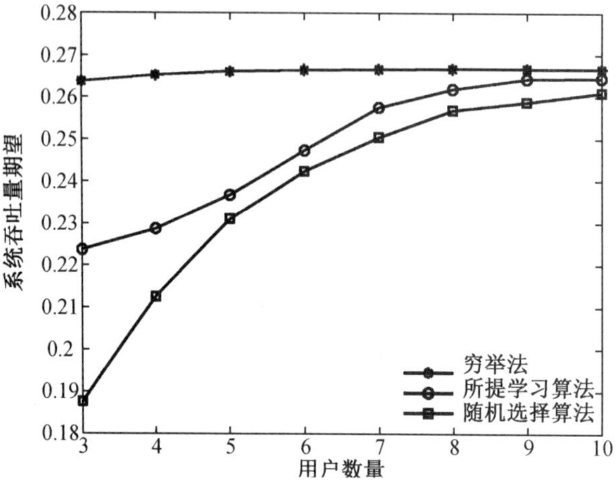

图 7-7　异构信道环境中三种信道选择方法的吞吐量性能对比

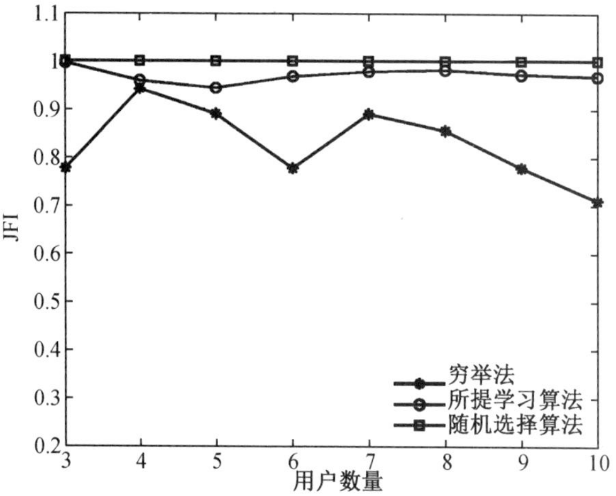

图 7-8　异构信道环境中三种信道选择算法的公平性指标(JFI)对比

从前面分析可知,所提学习算法在同构信道环境中能取得接近最优的吞吐量性能,而在异构信道环境中的性能稍差,可见,该算法的性能和环境参数有关。下面研究信道参数差异对性能的影响。考虑一个有 4 个授权用户信道和 7 个认知用户的动态频谱接入系统。为了方便比较,信道参数设置为一样,即 $R_1=R_2=R_3=R_4=1$,而信道空闲概率的差异从小到大。表 7-3 和表 7-4 分别给出了不同信道差异对吞吐量性能和公平性指数的影响。由表中可看出,信道之间差异越小,则所提学习算法能取得越好的吞吐量性能;反之,所提学习算法的性能越差。为了取得较高的系统吞吐量,应尽量减小信道之间的差异。针对这一问题,可行的方法有信道(channel fragment)或信道捆绑(channel bonding)。

表 7-3　不同信道差异对吞吐量性能的影响

信道空闲概率	穷举法	所提学习算法	随机选择
[0.4 0.5 0.5 0.6]	0.379 7	0.379 7	0.327 2
[0.25 0.35 0.65 0.75]	0.380 0	0.360 0	0.324 8
[0.2 0.3 0.6 0.9]	0.380 1	0.341 3	0.329 9
[0.15 0.25 0.75 0.85]	0.380 2	0.342 7	0.326 9

表 7-4　不同信道差异对公平性指数(JFI)的影响

信道空闲概率	穷举法	所提学习算法	随机选择
[0.4 0.5 0.5 0.6]	0.970 5	0.953 2	0.999 7
[0.25 0.35 0.65 0.75]	0.927 5	0.971 7	0.998 9
[0.2 0.3 0.6 0.9]	0.848 1	0.977 7	0.999 8
[0.15 0.25 0.75 0.85]	0.817 2	0.993 3	0.999 4

7.6　小　　结

本章针对动态频谱接入问题,从无线网络环境中不确定、动态和不完全信息约束出发,以博弈学习为解决问题的主要手段,重点围绕基于局部信息交互的最优信道选择与动态未知环境中面向期望值优化的稳健信道选择两个研究方向,构建系统模型,破解无线环境中制约多用户决策的若干关键问题,并在理论和机理层面对它们进行了分析。

思考与探究

1. 在信道数量 $N=10$,信道传输概率为 $R_1=2$、$R_2=1.5$、$R_3=1$,信道空闲概率为 $\theta_1=0.6$、$\theta_2=0.7$、$\theta_3=0.6$ 的场景下,如何在未知和动态变化的频谱环境中,通过分布式信道选择策略来最大化系统吞吐量并保证公平性?

2. 根据定理 7.1,试自行证明信道选择博弈是一个精确势能博弈,且至少有一个纯策略纳什均衡。

参考文献

[1] ZHANG H, YIN H, JIA H, et al. Study of effects of obstacle on non-line-of-sight ultraviolet communication links[J]. Optics Express, 2011, 19(22): 21216-21226.

[2] KOMINE T, LEE J H, HARUYAMA S, et al. Adaptive equalization system for visible light wireless communication utilizing multiple white LED lighting equipment[J]. IEEE Transactions on Wireless Communications, 2009, 8(6): 2892-2900.

[3] KLEINE-OSTMANN T, NAGATSUMA T. A review on terahertz communications research [J]. Journal of Infrared, Millimeter, and Terahertz Waves, 2011, 32(2): 143-171.

[4] MYERSON R B. Game theory: analysis of conflict[M]. Cambridge: Harvard University Press, 1991.

[5] AXELROD R, HAMILTON W D. The evolution of cooperation[J]. Science, 1981, 211 (4489): 1390-1396.

[6] FEHR E, FISCHBACHER U. The nature of human altruism[J]. Nature, 2003, 425(6960): 785-791.

[7] YEUNG C S, POON A S, WU F F. Game theoretical multi-agent modelling of coalition formation for multilateral trades[J]. IEEE Transactions on Power Systems, 1999, 14(3): 929-934.

[8] MACKENZIE A B, WICKER S B. Game theory and the design of self-configuring, adaptive wireless networks [J]. IEEE Communications Magazine, 2001, 39 (11): 126-131.

[9] YAICHE H, MAZUMDAR R R, ROSENBERG C. A game theoretic framework for bandwidth allocation and pricing in broadband networks[J]. IEEE/ACM Transactions on Networking (TON), 2000, 8(5): 667-678.

[10] NIYATO D, HOSSAIN E, HAN Z. Dynamics of multiple-seller and multiple-buyer spectrum trading in cognitive radio networks: a game-theoretic modeling approach[J]. IEEE Transactions on Mobile Computing, 2009, 8(8): 1009-1022.

[11] GAO L, WANG X, XU Y, et al. Spectrum trading in cognitive radio networks: a contract-theoretic modeling approach [J]. IEEE Journal on Selected Areas in Communications, 2011, 29(4): 843-855.

[12] NIYATO D, HOSSAIN E. Spectrum trading in cognitive radio networks: a market-equilibrium-based approach [J]. IEEE Wireless Communications, 2008, 15 (6): 71-80.

[13] YANG D, XUE G, FANG X, et al. Crowdsourcing to smartphones: incentive mechanism design for mobile phone sensing [C]//Proceedings of The 18th Annual International

Conference on Mobile Computing and Networking. 2012: 173-184.

[14] SARAYDAR C U, MANDAYAM N B, GOODMAN D. Efficient power control via pricing in wireless data networks[J]. IEEE Transactions on Communications, 2002, 50(2): 291-303.

[15] SRIVASTAVA V, NEEL J O, MACKENZIE A B, et al. Using game theory to analyze wireless ad hoc networks[J]. IEEE Communications Surveys and Tutorials, 2005, 7(1-4): 46-56.

[16] AKKARAJITSAKUL K, HOSSAIN E, NIYATO D, et al. Game theoretic approaches for multiple access in wireless networks: A survey[J]. IEEE Communications Surveys & Tutorials, 2011, 13(3): 372-395.

[17] TRESTIAN R, ORMOND O, MUNTEAN G-M. Game theory-based network selection: solutions and challenges[J]. IEEE Communications Surveys & Tutorials, 2012, 14(4): 1212-1231.

[18] NIE N, COMANICIU C. Adaptive channel allocation spectrum etiquette for cognitive radio networks[J]. Mobile Networks and Applications, 2006, 11(6): 779-797.

[19] LAW L M, HUANG J, LIU M, et al. Price of anarchy for cognitive MAC games[C]// IEEE Global Telecommunications Conference (GLOBECOM). 2009: 1-6.

[20] HAN Z, PANDANA C, LIU K R. Distributive opportunistic spectrum access for cognitive radio using correlated equilibrium and no - regret learning [C]//IEEE Wireless Communications and Networking Conference (WCNC). 2007: 11-15.

[21] MASKERY M, KRISHNAMURTHY V, ZHAO Q. Decentralized dynamic spectrum access for cognitive radios: cooperative design of a non-cooperative game[J]. IEEE Transactions on Communications, 2009, 57(2): 459-469.

[22] LI H. Multi-agent q-learning for competitive spectrum access in cognitive radio systems [C]//Fifth IEEE Workshop on Networking Technologies for Software Defined Radio (SDR) Networks. 2010: 1-6.

[23] LI H. Multi-agent Q-learning of channel selection in multi-user cognitive radio systems: a two by two case [C]//IEEE International Conference on Systems, Man and Cybernetics (SMC). 2009: 1893-1898.

[24] LI H, HAN Z. Competitive spectrum access in cognitive radio networks: graphical game and learning [C]//2010 IEEE Wireless Communications and Networking Conference (WCNC). 2010: 1-6.

[25] AZARAFROOZ M, CHANDRAMOULI R. Distributed learning in secondary spectrum sharing graphical game [C]//IEEE Global Telecommunications Conference (GLOBECOM). 2011: 1-5.

[26] TEKIN C, LIU M, SOUTHWELL R, et al. Atomic congestion games on graphs and their applications in networking[J]. IEEE/ACM Transactions on Networking, 2012, 20(5):

1541-1552.

[27] LIU M, AHMAD S H A, WU Y. Congestion games with resource reuse and applications in spectrum sharing [C]//2009 International Conference on Game Theory for Networks (GameNets'09). 2009: 171-179.

[28] AHMAD S, TEKIN C, LIU M, et al. Spectrum sharing as spatial congestion games[J]. arXiv preprint arXiv:1011.5384, 2010.

[29] CHEN X, HUANG J. Distributed spectrum access with spatial reuse[J]. IEEE Journal on Selected Areas in Communications, 2013, 31(3): 593-603.

[30] CHEN X, HUANG J. Evolutionarily stable spectrum access[J]. IEEE Transactions on Mobile Computing, 2013, 12(7): 1281-1293.

[31] SAAD W, HAN Z, ZHENG R, et al. Coalitional games in partition form for joint spectrum sensing and access in cognitive radio networks[J]. IEEE Journal of Selected Topics in Signal Processing, 2012, 6(2): 195-209.

[32] ZHENG D, GE W, ZHANG J. Distributed opportunistic scheduling for Ad Hoc networks with random access: an optimal stopping approach[J]. IEEE Transactions on Information Theory, 2009, 55(1): 205-222.

[33] VÖCKING B, AACHEN R. Congestion games: optimization in competition[C]//AciD. 2006: 9-20.

[34] JAIN R, CHIU D-M, HAWE W R. A quantitative measure of fairness and discrimination for resource allocation in shared computer system [J]. Eastern Research Laboratory, Digital Equipment Corporation, Hudson, MA, 1984, 21(1).

[35] THATHACHAR M, SASTRY P S. Varieties of learning automata: an overview [J]. IEEE Transactions on Systems, Man, and Cybernetics, Part B: Cybernetics, 2002, 32(6): 711-722.

[36] SASTRY P, PHANSALKAR V, THATHACHAR M. Decentralized learning of Nash equilibria in multi-person stochastic games with incomplete information [J]. IEEE Transactions on Systems, Man and Cybernetics, 1994, 24(5): 769-777.

[37] ZHONG W, XU Y, TAO M, et al. Game theoretic multimode precoding strategy selection for MIMO multiple access channels[J]. IEEE Signal Processing Letters, 2010, 17(6): 563-566.

[38] XING Y, CHANDRAMOULI R. Stochastic learning solution for distributed discrete power control game in wireless data networks[J]. IEEE/ACM Transactions on Networking, 2008, 16(4): 932-944.

第7章参考资料

第 8 章　无线稳健路由服务

网络层的主要功能是将分组从信源经选定的路由送到信宿节点，该功能是依赖路由算法和它们的数据结构来实现的。由于具有基础设施的无线通信网，采用中心控制结构，以 5G 蜂窝移动通信系统为例，基站与用户之间通过无线信道相连，但一跳可达，并不需要选路。而基站与基站之间则采用有线相连，不满足无线特征，因此本章重点讨论 Ad Hoc 网络中的路由协议。

8.1　Ad Hoc 网络路由协议概述

8.1.1　基本特点[1]

Ad Hoc 网络路由协议不同于传统有线网络和基于蜂窝系统的无线网络的路由协议，主要体现在以下三个方面。

1. 主机的移动性

Ad Hoc 网络是由无线节点间相互配合、相互协作形成的，无线节点既是主机也是路由器，并且无线节点可以随意移动，移动的速度和变化范围可以非常大。组成网络的节点可以随时加入和退出网络，网络的拓扑随着节点的移动不断变化，网络的路由信息具有一定的时效性。

2. 网络资源的限制

Ad Hoc 网络的带宽和节点的计算、存储能力都较弱，节点依赖电池供电，能量有限，所以好的路由协议应尽可能地简单，节省带宽资源，使节点的能耗低。

3. 稳定性标准

Ad Hoc 网络中衡量算法好坏的依据主要看其在网络拓扑变化下的稳定性如何，不一定像有线网络那样寻找最短路径、带宽最大或延时最小的路径。总的说来路由选择算法的设计应尽可能满足如下特性：正确性、简单性、鲁棒性、最优性、公平性、高效性。

8.1.2　Ad Hoc 网络路由协议的目标和要求[1]

由于 Ad Hoc 本身的特点，有线网络和传统无线网络环境中的路由协议不能直接用于 Ad Hoc 网络，需要新的技术和协议来解决。针对 Ad Hoc 网络的特点，路由协议的主要目标是：协议应能选择稳定的链路快速建立路由，及时捕获拓扑结构的变化和节点的移动信息；

路由破裂时能采用合适的修复机制并尽可能地降低重构时延;协议设计简单,算法复杂度低,电源的能耗低,具有较少的路由开销和较强的可扩展性,数据报文能快速有效地传递到目标节点。Ad Hoc 网络自身的特点使之对路由协议提出了如下要求。

1. 分布式操作

Ad Hoc 网络是一种自治的分布式系统,节点的移动性使网络拓扑结构动态变化,复杂的网络环境增加了集中式路由算法的算法开销和复杂性,使之在 Ad Hoc 网络中不可行,所以路由算法应该是分布式的,每个节点能够独立地处理自己加入或离开网络的操作。

2. 高效性

由于组成网络的带宽资源有限,因此路由算法或协议应能以较小的开销获得较高的数据投递率。

3. 动态自适应

在 Ad Hoc 网络中,由于节点不断移动,拓扑结构不断变化,路由也随之改变。因此路由协议必须根据网络中拓扑结构的变化,动态地调整路由信息,避免数据报文的丢失和传递时延的增加,提高网络的性能。路由算法还应采取适当的措施以避免出现路由环,或在出现路由环时能及时有效地消除它带来的不利影响。

4. 可伸缩性

Ad Hoc 网络中的节点数量随应用的不同可能变化很大,路由算法和路由协议应能满足这种需求。

8.2 主动路由

8.2.1 DSDV 协议[2]

目的节点序列距离矢量协议(destination-sequenced distance-vector, DSDV)是由传统的 Bellman-Ford 路由协议改进而得到的,DSDV 在路由表条目中新增加了目的节点序列号一项使移动节点能够区分有效和过期的路由信息,从而避免 DBF 算法中可能产生的路由环路问题。

在 DSDV 中,每个移动节点都维护一张到达网络内部所有可达的目的节点的路由信息的路由表。路由表中的每个条目保存有目的节点地址、下一跳节点地址、到达目的节点的路由跳数、目的节点序列号,路由建立时间等。当移动节点收到路由表更新分组时,它首先比较路由表条目中相应的目的节点序列号和收到的路由的目的节点序列号,标示有更大序列号的路由信息将要被接收,目的节点序列号较小的路由将被丢弃。如果更新分组中的目的节点序列号与现有相应路由表条目的目的节点序列号相同,那么将选择跳数较小的路由。如果在给定的生存周期内,相应的路由表条目没有收到更新信息即被删除。

移动节点周期地广播路由更新分组,以使所有节点的路由表对最佳路径达成一致,或者当路由表发生变化时也要广播路由更新分组。移动节点广播有两种形式的路由更新分组，即完全更新和部分更新。采用完全更新方式，路由更新分组中将包括整个路由表信息。在移动速率不高的网络中，这种数据分组会很少被发送。而采用部分更新方式，路由更新分组将仅包括距离最近的完全更新发送后路由条目的变化，通常用于网络拓扑变化较慢的情况。

DSDV 路由协议在任何情况下都可以保证不会产生路由环路，当有通信需求时可以迅速地获得到达目的节点的路由，发送分组的时延很小。当节点高速移动情况下，网络拓扑变化频繁，DSDV 协议不能及时收敛，但是在一般情况下，它的收敛速度还是很快的。不管有无通信要求，DSDV 协议都要进行路由信息交换，尤其当网络中移动节点数目较多或移动性较强的情况下，都会严重地影响网络性能，为所有可达的目的节点保存路由信息。但并不是所有的目的节点条目都要用到，这也增加了存储开销。DSDV 协议并不能使用在存在单向链路的网络。

8.2.2　WRP 协议[3]

WRP(wireless routing protocol，无线路由协议)也是一个较早的表驱动路由协议，它基于分布式 Bellman-Ford 算法。它利用去往目的节点的路径长度和相应路径的倒数第二跳节点信息加速路由协议收敛速度，改善路由环路问题。

在 WRP 中，节点保存的信息表包括距离表、路由表、链路开销表、重传消息列表。节点通过获得邻居节点的状态变化信息来维护自己的信息表，并通知邻居节点；收到来自邻居节点的信息后，要更改保存的信息表。由于无线链路特性或网络拥塞，更新分组有可能丢失或过期，需要采用重传机制来保证更新分组的可靠传输。当节点正确地接收到更新分组时，需要发送一个回复分组(ACK)说明已经收到并处理了某个更新消息。如果节点没有转发数据分组或是更新消息，则要定期发送 Hello 分组，以确保节点间的连通性(在 WRP 中，节点间交互的分组中有一种，称为更新分组，Hello 是不携带任何更新消息的更新分组)。WRP 通过记录到目的节点的距离信息和先驱(predecessor)节点信息，解决路由环路问题。所谓先驱节点是指所选的到目的节点的路由上，目的节点的前一个节点，也称为倒数第二跳(second-to-last hop)节点。WRP 是一种 LS(link state)算法，它对链路失败的情况有较好的适应性。

WRP 要求节点维护 4 张路由信息表，这会给节点带来负担，特别是节点较多的时候。由于要利用 Hello 分组保持连通性，WRP 不允许节点处于睡眠(sleep)状态，这会消耗电池能量。此外，网络的带宽也会被更新分组大量占用。WRP 比其他的路径选择算法优越之处在于：由于它有先驱节点的记录，可以有效地避免路由环路。由于采用了 Hello 分组机制，当网络中增加了新节点时，WRP 的更新速度很快。

8.2.3　CGSP 协议[4]

CGSR(clusterhead gateway switch routing)协议是在 DSDV 协议基础上结合分级路由机制设计的。CGSR 采用最小簇变化(1east cluster change，LCC)算法形成分级结构。为了尽

量避免簇头节点的频繁更替,保障簇头节点身份的稳定性,LCC 规定:只在两个簇头节点相互靠近,或一个节点离开所有簇头节点的通信范围这两种情况下才会发生簇头节点身份的变化。

除了簇头节点外,CGSR 还规定了其他两种类型的节点。一个簇头的内部节点是指位于该簇头的无线通信范围内的节点。网关节点则是指同时位于多个簇头的无线通信范围之内的节点。

当节点移动导致分级结构被破坏时,CGSR 通过分级维护算法重新构造分级结构,在这个过程中,一些节点会从当前分级转移到邻居分级。为了尽量减少转移节点的个数,它将具有最多邻居数的节点和它的邻居保留在当前分级中,节点维护两种数据结构:分级成员表和路由表,前者描述了每个目标节点所在分级的簇头。节点使用 DSDV 协议周期性地与邻居节点交换分级成员表,更新表项内容。当节点需要发送一个分组时,首先在分级成员表中查找距离目的节点最近的簇头,然后根据路由表查找去往此簇头的下一跳节点。

8.3 按需路由

按需路由协议又称反应式路由协议或源启动路由协议,是一种只当节点需要时才建立路由的一种路由选择方式,但节点本身不保存及时准确的路由信息。其相对于表驱动路由协议具有开销小,灵活方便等特点,适用于大规模无线自组网。这种路由思想也成为当 Ad Hoc 网络路由协议设计的一种重要趋势。目前,提交到 IETF MANET 组的路由协议及其他研究人员提出的由协议,大都是基于节点且具有按需建立的特征。迄今为止,已提出的按需路由协议(on demand)主要有动态源路由协议(dynamic source routing,DSR)、Ad Hoc 按需距离矢量路由协议(Ad Hoc on demand distance vector,AODV)、临时排序路由算法路由协议(temporary ordered routing algorithm,TORA)、基于联合稳定性路由(associativity based routing protocol,ABR)等[3]。

8.3.1 DSR 协议[3]

DSR 协议是 Carnegie_Mellon 大学 Monarch 项目的一部分,它是一种基于源路由机制进行分组转发的按需路由协议,也是最早采用按需路由思想的路由协议。它是目前 MANET 的一个标准(RFC 4728)。图 8-1 为在自组网中采用源路由传输数据分组的示意图。网络中共有 9 个节点,节点 9 向节点 2 发送数据分组。节点 9 建立路由之后,将路由信息写到数据分组报头,如图 8-1 中节点 4 处的分组示意图。中间节点按照数据分组报头的路由信息转发分组。

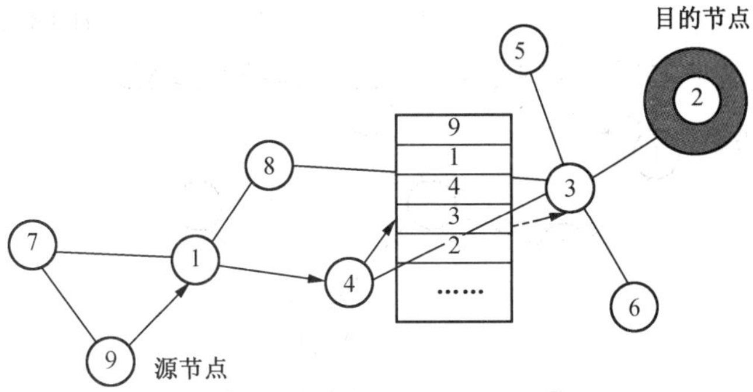

图 8-1 在自组网中采用源路由传输数据分组的示意图

DSR 的设计目标是,在路由开销非常低的情况下,可以快速响应网络变化的路由协议。DSR 使用源路由算法,每一个路线上的数据分组都在报头带有完整、有序的此路径信息。源路由机制可以保证无环路,转发或者侦听分组的节点可以缓存分组中的路由信息已备后用,而且由于要传输的数据分组已包含有必要的路由信息,中间节点不用保存路由信息。DSR 协议主要包括两个过程:路由建立和路由维护,这两个过程的工作都是按需的。路由发现过程主要帮助源节点获得到达目的节点的路由。当源节点需要向目的节点发送数据时,它首先检查缓存中是否存在到目的节点的有效路由。如果存在,则直接使用,否则启动路由建立过程。具体过程如下:

(1)源节点 S 将使用“洪泛”方式发送路由请求消息(RREQ),RREQ 包含源节点地址、目的节点地址、唯一的标识号以及中间节点列表;

(2)中间节点转发 RREQ,并附上自己的节点标识;

(3)当 RREQ 消息到达目的节点 D 或任何一个缓存到目的节点路由的中间节点时(此时,RREQ 中已记录了从节点 S 到 D 或该中间节点的所经过的节点),节点 D 或中间节点将向 S 发送路由应答消息(RREP),该消息中将包含节点 S 到 D 的路由信息,并反转节点 S 到 D 的路由供 RREP 消息使用。

(4)节点收到 RREP 后,路由建立过程结束,通信可以开始。在通信过程中,当中间节点检测到通往目的节点的下一跳链路中断时,它将从自己的路由缓存中移去包含该链路的路由,并向节点 S 返回一个路由出错分组(RERR)。节点 S 收到路由出错分组后,触发一次新的路由建立。图 8-2 和图 8-3 分别表示 DSR 协议中路由建立和路由应答过程。

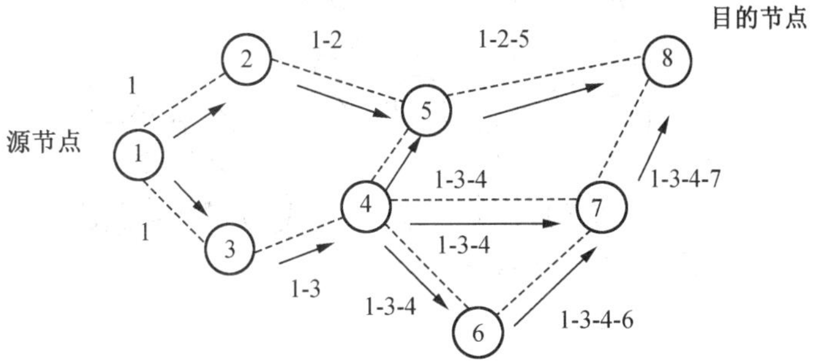

图 8-2 DSR 路由发现过程的路由记录

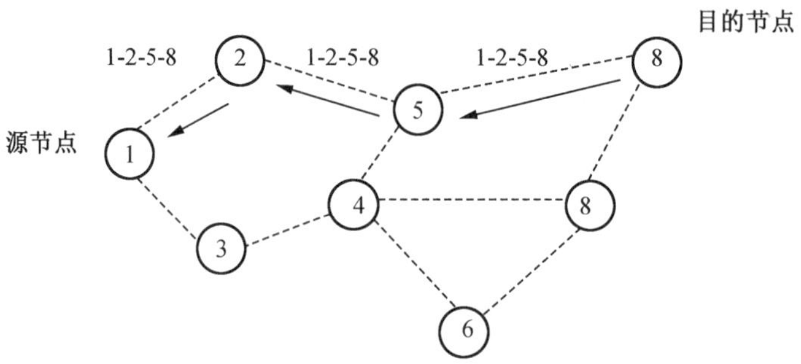

图 8-3　DSR 的路由应答过程

DSR 协议的优点：节点仅需要维护与之通信的节点的路由，减少了协议开销；使用路由缓存技术减少了路由建立的开销；支持到目的节点的多条路径；另外，DSR 协议还能正确地计算出非双向链路的路由。

DSR 协议的缺点：每个数据分组的头部都需要携带路由信息，数据分组的额外开销较大；路由请求消息采用洪泛方式，相邻节点路由请求消息可能发生传播冲突并可能会产生重复广播；由于采用路由缓存，过期路由会影响路由选择的准确性。

8.3.2　AODV 协议[3]

AODV 协议是一种按需路由协议，它根据业务需求建立和维护路由。它是在 DSDV 协议基础上，结合类似 DSR 中的按需路由机制进行改进后提出。不同之处在于 AODV 采用逐跳转发分组方式，而 DSR 是源路由方式。AODV 路由协议包括 3 种基本的控制分组：路由请求（RREQ）分组、路由应答（RREP）分组、路由出错（RERR）分组。AODV 协议采用与 DSR 协议类似的广播式路由发现机制。AODV 的路由依赖于中间节点建立和维护的动态路由表。AODV 的路由发现过程由反向路由的建立和前向路由的建立两部分组成。下面简单描述一下 AODV 路由协议的路由建立过程，如图 8-4 所示。

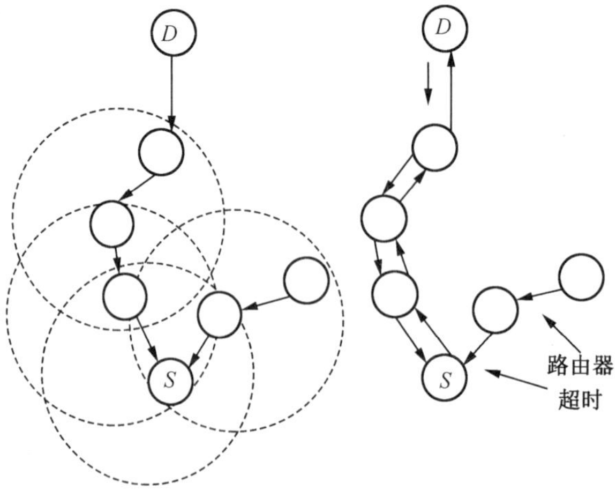

图 8-4　AODV 协议的路由建立过程

当源节点需要与目的节点建立通信并且没有相应路径信息时，它就会启动路由发现（path discovery）过程。源节点广播路由请求（RREQ）分组包括：源节点地址、源节点序列号、广播ID、目的节点地址、目的节点序列号和跳数。源节点地址和广播ID唯一确定RREQ分组。当源节点又发送一个新RREQ分组时，ID就加1。源节点序列号用来保持到源节点的逆向路径的信息的新鲜度，而目的节点序列号则说明了到目的节点的路由在被源节点接收前必须有的新鲜度。AODV协议利用目的节点序列号确保了所有路径都为无环路的，以及所有的路由信息都是最新的。

在RREQ分组的传送过程中，中间节点只在第一次收到该分组时进行处理，建立了一条反向路径，反向路径条目至少要保存到RREQ分组穿越网络，并且RREP反馈到源节点。如果稍后又收到相同的RREQ分组则丢弃。一旦RREQ分组到达目的节点或存有到目的有效路由的中间节点时，节点就回复一个路由应答（RREP）分组。RREP分组沿着逆向路径回传时，此路径上的每一个节点都建立前向路由条目，记录最新的目的节点序列号，同时到源节点的路由生存时间。不在RREP分组的回传路由上的节点建立的反向路由会因超时而被删除。由于RREP分组是采用RREQ分组建立的路由向转发送所有AODV路由协议只支持双向链路。

当节点回应RREQ分组而把RREP分组反馈到源节点时，到发送RREQ分组的源节点的反向路由已经建成了。如果节点收到多个RREP分组，它会更新路由信息，并根据目的节点序列号及跳数来决定取舍。节点只有在再次收到的RREP分组的目的节点序列号大于原来的或者目的节点序列号等于原来的但跳数更少时，才再次发送RREP分组。

与DSDV协议相比，AODV协议采用了按需路由的方式，即网络中节点不需要维护整个网络的拓扑，而只需在节点有报文发送请求时，才启动路由发现过程。与DSR协议相比，由于通往目的节点路径中的节点建立和维护路由表，数据报文头部不需要携带完整路径信息，减少对信道带宽的占用，提高了系统效率。因此，AODV协议的带宽利用率高，能够及时对网络拓扑变化做出响应，同时也避免了路由环路的发生。但AODV协议也存在一些问题，比如只支持双向信道；路由表中只维护单一路由信息，当网络拓扑频繁变化时，源节点不得不反复启动路由发现过程。

8.3.3　TORA协议[3]

TORA协议是一种具有高度自适应性的分布式路由算法，是基于“逆向链路”算法的路由协议，能够供源节点到目的节点的多条路由，当拓扑变化时它可以把控制消息限制在拓扑变化点附近很小的范围内，从而减低开销。链路逆向路由协议设计目标是为分组无线网络维护移动节点到中心站之间的路由。由于该算法的优良特性，链路逆向分布式算法成为一些路由算法的基础，如TORA等。TORA协议的创建者建议将这种算法用于移动性强、多节点转发的网络环境中。在TORA协议中，路由的最优性是次要的，为避免寻找新路由的开销，经常会采用距离较长的路由。

TORA协议分为路由发现、路由维护和路由删除三个过程。TORA路由发现与其他的按需路由协议一样，首先在网络中广播路由请求分组。但在路由应答中采纳了有向无环图(directed acyclic graphic,DAG)算法。其主要思想是:为每个节点分配一个相对于源节点的"高度值",其中目的节点的"高度值"最低,并根据相邻节点之间的"高度值"的比较从而形成一条或多条的有向路径,方向是从"高度值"大的节点指向小的节点。从图论的角度来看,即为一棵根为目的节点的有向无环图。算法的具体实现是通过路由应答分组(在 TORA 协议中正式名称为更新分组)在回到源节点的过程中完成的。图 8-5 所示为 TORA 的设计思想。

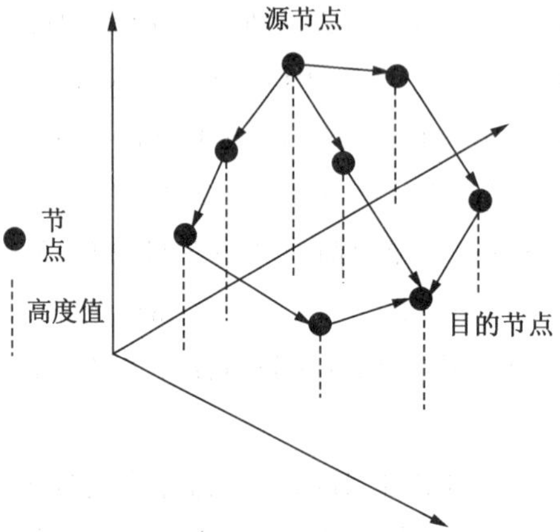

图 8-5　TORA 的设计思想

TORA 协议的做法可以描述为水沿着管道下山到达山脚的目的节点。管道代表网络节点之间的链路,管道的接口为节点,水代表流向目的节点的数据分组。与目的节点相比,每一个节点都有一定的高度,这个值由路由协议来计算。如果两个节点之间的管道堵塞(即两节点间的链路失败),那么就把这个节点的高度设置成比任何一个相邻节点的高度都要高,这样水就能倒流出来而重新寻找路由。

就存储的需要而言,TORA 协议中的每一个节点都必须保留一个数据空间来描述节点的高度和所有网络支持的已连接链路的状态。就 CPU 和带宽的需要而言,每一个节点都需要不停地和相邻节点协调以便检测出网络拓扑结构的变化,当网络中拓扑发生变化时,可能会产生暂时的路由环路。

TORA 协议的优点:分布式的路由协议;提供无环路的路由;提供多条路径;路由的建立和维护既可以是主动式的又可以是反应式的;在拓扑发生变化时,通过把影响局部化来降低通信开销。

8.4　混合路由

8.4.1　CBRP 协议[5]

CBRP(cluster based routing protocol)协议是一种基于分簇结构的源路由按需路由协议，其与动态源路由协议有许多相似之处。它采用基于“簇”的层次化的设计思想，属于将先应式(预先路由)与反应式(按需路由)相结合的综合型的路由算法。CBRP 具有参与路由处理的主机量少、路由控制开销小、路由期间的网络阻塞少以及寻找路由时间短等特点。在 CBRP 协议中，Ad Hoc 网络分布的节点(终端机)被分为若干交叠或分离的群集，称为“簇”。每一个簇由一个“簇首”来管理簇内所有节点的全部信息及行为。簇首节点通过网关节点发现毗邻簇并由此寻找路由。网络中的每个节点都周期性地向外广播 Hello 消息(周期性握手信)。各节点通过 Hello 消息的交换得知自身周围分布的一跳及二跳节点，进一步可知自身所在网络分部的局域拓扑信息，这些信息是寻找路由的基础，但并不基于此完成路由。当某一节点发出路由请求后，该节点将向周围节点发出“RREO”控制包，各节点根据自身所在网络分部的拓扑结构以及自身身份采取不同的处理方式：首节点将 RREO 转发至目的节点或网关节点；网关节点将 RREO 转发至目的节点或毗邻首节点；普通成员节点将 RREO 发往目的节点或做丢弃处理。

1. 协议的总体数据结构

结构中包括了邻居列表、相邻簇列表和两跳拓扑数据库。邻居列表确定簇的形成，并可对链路进行侦听，每个条目包含：邻居 ID、邻居角色(簇首或是簇成员)、链路状态(双向或是单向链路)；相邻列表记录相邻簇信息，并且维护 CBRP 的相邻簇发现过程。每一个条目都包含相邻簇首的 ID，到达相邻簇首的网关节点(成员节点)、从网关到相邻簇首的链路状态(双向或单向)：两跳拓扑数据库，每个节点周期性地在 Hello 分组中广播它的相邻列表信息。因此，一个节点从它的邻居处检查它自己的邻居列表并可以完全推断出从它自己到两跳距离的网络拓扑信息，两跳拓扑信息被保存在每个节点的数据库中。

2. 链路/连接状态侦听机制

在簇头工作正常时，每个模块发送 Hello 信息给簇头，这个操作的目的是希望确定簇头工作是否正常，并且确保当有新的模块加入或撤出时，可以告知簇头。在协议中，每个节点既知道自己到邻居节点的双向链路，也知道从邻居节点到它本身的单向链路。

每个节点周期性地在 Hello 消息中广播它的邻居表，周期为 HELLO-INTERVAL 秒。如图 8-6 所示，其中第 1 行表示 32 位(共 4 个字节)，表中各项严格按照所占位数存储，在本章内容中出现此类表示方法为相同意义。图中字段 Length 表示列出的邻居数；S 表示当前发送者的状态，S 有三种状态：当 S 为 0 时代表未知 C-UNDECIDED)，当 S 为 1 时代表簇首(C-HEAD)，当 S 为 2 时代表簇成员(C-MEMBER)；L 表示发送者相应邻居的链路状态，有两种状态：当 L 为 0 时代表 LINK-BIDIRECTIONAL，当 L 为 1 时代表 LINK-FROM；R 表示发送者相应邻居的角色，R 有两种状态；0 为非首（C-MEMBER/C-UNDECIDED），1 为簇首（C-HEAD）。邻居节点的 IP 地址和 L、R 位是从邻居节点表中得来的，发送者的 ID 在 IP 头里面的源节点值域处指定，状态字段说明了发送者是首、簇成员还是未定义。每 16 个邻居地址后面就会有一个长 4 字节的 L/R 比特块。只是当有 16 个邻居被列出的话，才会有一个这样的 L/R 比特块。

```
 0                   1                   2                   3
 0 1 2 3 4 5 6 7 8 9 0 1 2 3 4 5 6 7 8 9 0 1 2 3 4 5 6 7 8 9 0 1
                                                +-+-+-+-+-+-+-+-+
                                                |  Length     |S|
+-+-+-+-+-+-+-+-+-+-+-+-+-+-+-+-+-+-+-+-+-+-+-+-+-+-+-+-+-+-+-+-+
|L|R|L|R|L|R|L|R|L|R|L|R|L|R|L|R|L|R|L|R|L|R|L|R|L|R|L|R|L|R|L|R|
+-+-+-+-+-+-+-+-+-+-+-+-+-+-+-+-+-+-+-+-+-+-+-+-+-+-+-+-+-+-+-+-+
|                     Neighbor1 IP address                      |
+-+-+-+-+-+-+-+-+-+-+-+-+-+-+-+-+-+-+-+-+-+-+-+-+-+-+-+-+-+-+-+-+
|                     Neighbor2 IP address                      |
+-+-+-+-+-+-+-+-+-+-+-+-+-+-+-+-+-+-+-+-+-+-+-+-+-+-+-+-+-+-+-+-+
                               …
```

图 8-6　Hello 消息格式

如图 8-7 的网络拓扑结构，节点 7 的邻居列表显示节点 4 到达节点 7 有一条单向链路，可是节点 4 并不知道自己可以通过这条链路到达节点 7。邻居列表的第二和第三栏，还有 Hello 信息中的状态字段不作为链路侦听的目的，这些信息主要用于簇形成和相邻簇的发现。除维护每个节点的邻居列表之外，Hello 信息周期性的广播也能够使每个节点获得两跳以内所有双向链路的所有信息。这些信息被保存在两跳数据库当中。通过检查节点的两跳拓扑数据库，节点可以告诉其两跳并且链路状态为双向链路的邻居，通过中间节点可以到达它们。

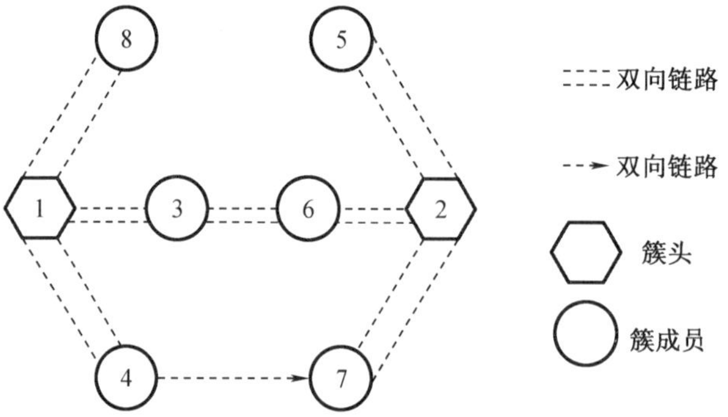

图 8-7　链路状态

3. 簇的构造

所有点在唤醒的时候都是未定状态。一个未定点，开启一个定时器 u-timer，设定 UNDECIDED-PD 时间长度，然后广播一个 Hello 包，当一个簇头接收到一个未定点发来的

Hello 消息,它会发送一个触发 Hello 消息。当一个未定点从簇头收到一个 Hello 消息,表示它们直接有一个双向链路,它就会中断自身的 u-timer 定时器,然后设置它自身的状态为 C-MEMBER;当一个节点的定时器 u-timer 超时,一个节点的邻居点中没有包含任何双向链路的邻居,它则会重新进入未定状态;否则它选举自己为簇头。选举自己为簇头之后,它再发的 Hello 消息中就要把 C-UNDECIDED 改成 C-HEAD。

4. 改变簇的规则

一个非簇头不该质疑一个已存在的簇头的状态,例如 X 是一个非簇头节点并有一个到簇头 Y 的双向链路,X 不能变成一个簇头,即使它的 ID 比 Y 的低。如果两个头靠得很近(如它们之间有一个双向链路),当超过规定的时间(CONTENTION-PERIOD)时,它们中的一个将会丢失当簇头的资格。

8.4.2　ZRP 协议[6]

ZRP 路由协议的结构主要包括四个部分:区域内路由协议(IARP)、区域间路由协议(IERP)、边界广播协议(BRP)和第二层的邻居发现/维护协议(NDP)。

ZRP 路由协议将区域内主动路由选择部分称为 IARP。全局按需路由选择部分被称为 IERP,IERP 和 IARP 并不是体的路由协议。IARP 是一个跳数受限的主动连接状态路由子协议,它保存着本区域中所有节点的路由信息。相应的,IERP 也是按需路由协议的子协议,它提高了基于 IARP 的连通区域内的路由发现及路由保存服务的质量。

不同于一般的数据分组广播,ZRP 路由协议使用“边界广播”技术。边界广播利用 IARP 提供的拓扑信息,直接向区域中的边界节点发送询问请求。边界广播数据分组的传递服务由 BRP 提供。BRP 通过扩充的路由区域图为询问信息构造边界节点的广播树;也可以通过基于路由区域图的源路径选择询问控制机制,使得路由请求直接避开网络中已经覆盖的区域。

为了能够检测到新的邻居节点和连接失败,ZRP 路由协议声明了一个“Neighbor Discovery Protocol(NDP)”,该协议由 MAC 层规定。NDP 定时发送“HELLO”报文。邻居节点收到该报文后对路由表进行更新。如果在一定时间内没有收到该邻居节点的“HELLO”报文,则将与之相应的路由信息从路由表中删除。如果 MAC 层规定中不包括 NDP,则该功能将由 IARP 提供。图 8-8 说明了各个协议之间的关系。路由更新由 NDP 发起,当邻居节点路由表更新时通知 IARP。IERP 通过 IARP 提供的路由表信息进行路由请求的应答。IERP 将请求信息传递给 BRP。BRP 利用 IARP 提供的路由表指引路由请求脱离请求源。

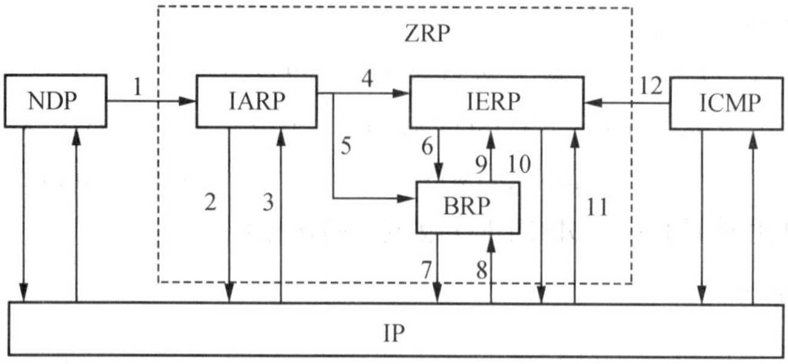

图 8-8　ZRP 路由协议结构示意图

ZRP 路由协议的操作流程：

(1)邻居发现协议 NDP 将收集来的邻居节点的信息传给 IARP，IARP 再将这些信息收集起来组成自己的链路状态信息 LSA。

(2)IARP 周期性地将它的 LSA 发送给它的邻居节点，或者是中继转发其他节点的 LSA，这要视区域半径的大小来定。

(3)IP 层将收到的 LSA 传给 IARP 并由后者将其集合在一起，生成链路状态表 LST，与此同时通过 IARP 的路由算法生成区域内的路由表以供 IERP 和 BRP 的查询使用。

(4)IARP 将它的路由表传给 IERP，以便 IERP 查询在区域内是否存在到目的节点的路径。

(5)IARP 将它的路由表传给 BRP，以便 BRP 生成边界多播生成树 BST。

(6)IERP 将查询完 IARP 路由表和 IERP 路由表并发现不存在到目的地的可用路径的路由请求送给 BRP，包括自身的主动请求分组和中继的其他请求分组，最后由 BRP 通过 BST 完成转发。

(7)BRP 收到(6)传来的路由请求，根据这个路由请求的标识生成一个动态的 BST，将它传给 IP 层完成下一跳的功能。

(8)BRP 收到 IP 层送来处理过的数据包，并将进一步对其进行解包以便 IERP 能够识别。

(9)BRP 将从 IP 层送来的数据包进行解包，转成 IERP 可以处理的格式并传给 IERP。

(10)IERP 将路由应答分组传给 IP 层，这是在 IERP 查询完 IARP 和 IERP 两个路由表之后给出的应答，或者自己是路由应答分组中记录的路径节点，需要中继路由应答给源节点。

(11)IP 层将收到的应答分组传给 IERP，看自己是不是源点以及是否需要中继转发。

(12)当出现找不到正确路径等情况时，通过调用 ICMP 协议来发出错误信息。

8.4.3　ZHLS 协议[7]

在 ZHLS 中，网络被划分为不重叠的区域，包含区域级拓扑和节点级拓扑两种拓扑，分别如图 8-9 所示。在图 8-9(a)中，一个网络被划分为 9 个区域，在图 8-9(b)中，描述了区域 5 的节点级拓扑。每个节点构建一个用于节点级数据包转发的域内路由表和一个用于区域级数据包转发的域间路由表。网关节点用于在区域间转发数据包，如图 8-9(b)中区域 5 的 j、h、f 和 g。

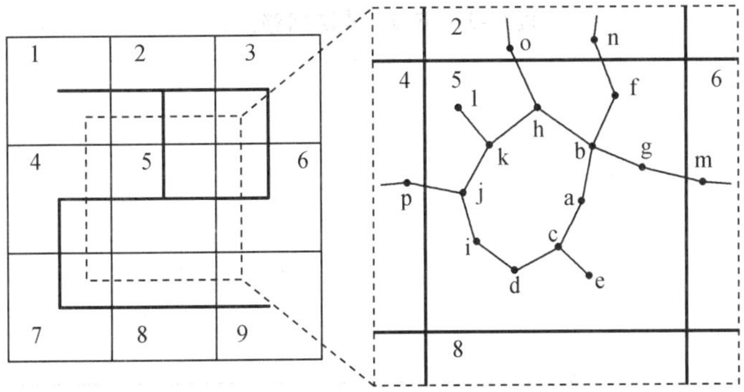

(a) 区域级拓扑　　(b) 节点级拓扑

图 8-9　ZHLS 网络结构

初始化时，每个节点通过全球定位系统(GPS)知道自己的位置，从而知道区域 ID。然后，每个节点构建一个域内路由表和域间路由表。域内路由表按照以下步骤构建：

(1)每个节点广播一个链路请求。

(2)接收到链路请求的节点回复一个链路响应(节点 ID，区域 ID)。

(3)接收到所有链路响应之后，节点生成节点链路状态分组(NodeLSP)，该节点链路状态分组包含相同区域的其邻居的节点 ID 和不同区域的邻居的区域 ID。

(4)节点将 NodeLSP 洪泛到整个区域。当接收到来自区域内所有节点的 NodeLSP 时，节点使用最短路径算法来构建区域内路由表。

在图 8-9 (b) 中，在广播链路请求之后，节点 j 从 p、i 和 k 接收链路响应，生成节点 LSP(4,i,k)，并且在其区域中泛洪。当 j 从所有节点接收到所有 NodeLSP 时，它使用最短路径算法构造区域内路由表，如表 8-1 所示。

表 8-1　节点 j 的区域内路由表

目的节点	下一跳节点
k	k
h	k
i	i
4	p
⋮	⋮

每个节点接收到其他节点的所有 NodeLSP 后，区域也将生成 ZoneLSP，并由网关节点洪泛到整个网络。一个区域只有一个 ZoneLSP，表示哪些区域链接到它。例如，图 8-9 (b)中的区域 5 的 ZoneLSP 是(2,4,6)，并且网关节点 j、h、f 和 g 分别将 ZoneLSP 泛洪到区域 4、

2(h 和 f 两者)和 6。当所有节点接收到所有区域的 ZoneLSP 时,它们构造区域间路由表。例如,图 8-9 (a)的节点 j 的区域间路由表将如表 8-2 所示。

表 8-2　节点 j 的域间路由表

目的节点	下一跳区域	下一跳节点
4	4	p
7	4	p
2	2	k
6	6	k
⋮	⋮	⋮

在 ZHLS 中,每个节点具有两个路由表,区域内路由表和区域间路由表。然而,与区域内路由表不同,为了创建区域间路由表,每个网关节点在整个网络中广播区域 LSP。网络中的每个节点接收/转发并存储所有 ZoneLSP。这些分组对于维护路由表是必要的,但是在网络拓扑结构构建时或者当拓扑结构改变时,大量的这些分组在整个网络中被广播,从而消耗稀缺的网络资源。

8.5　组播路由协议

8.5.1　组播的概述

1. 单播、组播、广播的区别[8]

图 8-10 所示为单播、组播与广播示意图。

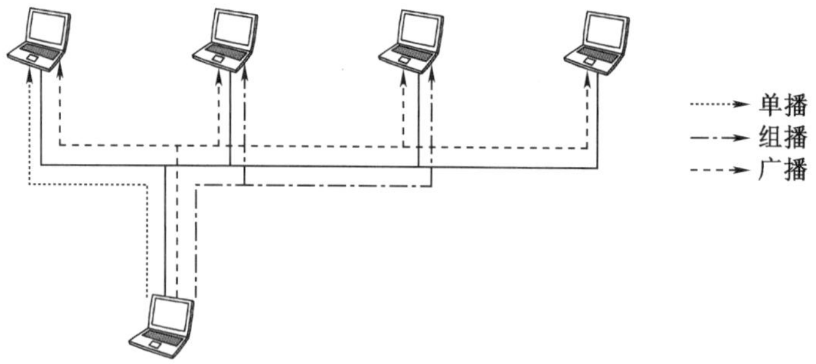

图 8-10　单播、组播与广播示意图

单播是在一个发送者与一个接收者之间进行的通信方式,即“点对点”或“单对单”方式若存在多个接收者,则发送者要与每一个接收者建立起单独的数据信道。所以如果接收者一旦较多的话,发送者不得不重复发送相同的数据,这样就导致大量带宽被浪费、网络发生拥塞和发送者负担过重,这就是单播通信方式网络瓶颈所在。而在组播通信方式下,通过路由器的支持,发送者只要发送一次数据就可到达所需要的接收者了。图 8-11 描述了单播与组播实现点对多点传输的比较。可见,虽然单播通信方式提供了服务器与用户间良好的交互性,但在目前有限网络带宽的条件下依靠单播来为大用户量提供服务是不现实的。

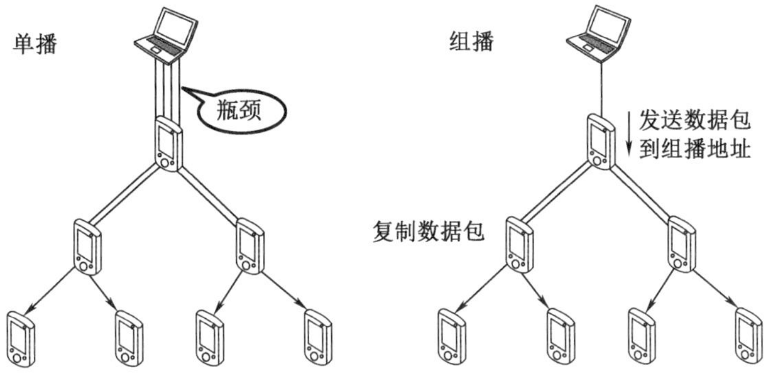

图 8-11　单播与组播实现点对多点传输的比较

广播是"单对全体"的通信方式,网络对其中每一台主机发出的数据都进行无条件复制并转发,无论是否需要,所有主机都可以接收到所有信息。有线电视网就是典型的广播网络,即电视机接收到所有频道的信号。而组播则依靠组成员与组的管理机制,在发送前就可明确哪些接收者需要所发的数据,如果有不需要的则不会发送。广播的特点如下:

(1)网络架设成本低,维护方便。

(2)由于不用重复发送相同的数据,所以服务器的负担很小。

(3)与用户的交互性差,无法及时按照用户要求提供个性化服务。

(4)广播禁止在 Internet 上传输。

通过以上分析,可知组播这种"单对多"的通信方式兼有单播和广播的优点,不仅能够根据需要选择接收者来发送数据,还能有效节省网络带宽,减少服务器负载。

8.5.2 组播路由协议的设计要求[8]

组播路由协议的主要目的是将组播报文从发送节点传送到组播成员节点,它包括了以下功能:

(1)组播成员的识别:通过组播地址识别网络中所有的成员节点。

(2)路由结构的建立和维护:建立和维护组播成员之间的路由。

(3)报文的转发:将报文从发送节点转发到接收节点。

在 Ad Hoc 网络的组播路由协议中,组播成员识别功能要求有效地处理组成员动态加入、离开组和拓扑结构动态变化等问题。路由结构的建立和维护要求在节点移动的情况下保持合理的开销、提供有效的数据传输效率。此外,由于节点能力的限制,组播路由协议需要满足简单、分布式处理和适应性、动态性等要求。简而言之,为了获得传输的效率,Ad

Hoc 网络的组播协议不仅需要处理组播成员的动态变化,还需要处理拓扑结构的变化、无线传输的高报文丢失率和带宽有限以及节点资源受限等问题。其中传递的效率指投递率在满足应用需要的情况下消耗的网络资源尽可能少。

Ad Hoc 网络的组播路由协议,不仅需要确定哪些中间节点对组播分组进行转发,以尽可能减少重复分组和控制开销、提高带宽的利用率,而且需要满足一些新的要求,具体的要求如下:

(1)功能性要求:节点的移动不受限制,移动节点可以自由地加入或离开组播组,需要对组播组进行动态维护。

(2)鲁棒性要求:组播路由协议应能够自动适应节点的移动、链路失败以及节点失效等情况。

(3)可扩展性要求:应避免全局的洪泛,可以使用简单的分层方法。

(4)QoS 要求:可以提供一定的服务质量。

(5)可靠性要求:组播数据分组的传输具有一定的可靠性。

8.6 基于树的组播路由

8.6.1 MAODV 协议[9]

MAODV 协议是单播 AODV 路由协议的组播路由扩展,修改了 RREQ 和 RREP 控制信息,增加了路由激活信息 MACT,路由的建立和维护过程也有些不同。MAODV 采用双向共享树的组播分发机制,组播分发树是按需创建的,而且 MAODV 组播树中的组成员都可以受理加入组申请。“双向”是指组播树中的节点同时设置指向上游节点(父母节点)和下游节点(子节点)的指针,如图 8-12 所示。MAODV 组播树的所有节点可分为三类:组成员(隶属于组播树中相应的组播组的端节点)、路由器(能够将组成员连入组播树但不是组播组成员的中间节点)和组长(特殊组成员),组长负责为自己所在的组维护一个组序列号,定期向全网广播组联络报文 GRPH 收到 GRPH 报文的节点将获悉该组的存在。组长每次广播 GRPH 报文前,先将组序列号加 1,这样越大的组序列号就对应着越新的组状态。

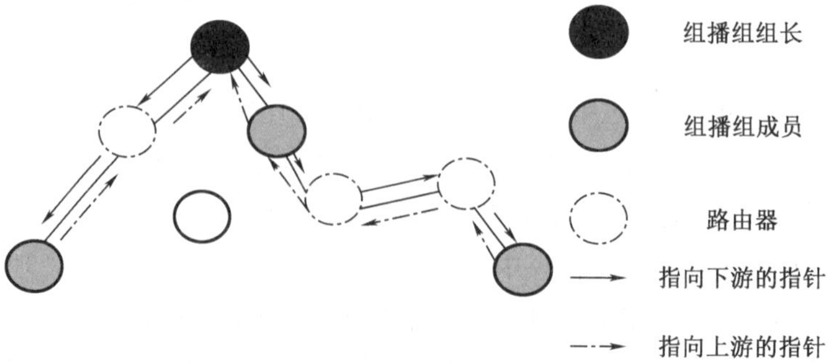

图 8-12 MAODV 组播树

路由请求报文（RREQ）、路由应答报文（RREP）、路由激活报文（MACT）、组联络报文（GRPH）是 MAODV 中几种主要类型的控制信息。当信源节点要加入组播树或者有数据分组要发送时，如果本地不存在到该组播树的路径，启动到组播树的路由发现过程。首先全网广播 RREQ，接收到 RREQ 的中间节点首先检查自己是否有到该组的路由或是否为该组的成员。如果存在路由，会检查自己路由项中的组序列号是否大于或等于 RREQ 中的组序列号，如果两者相等，再检查路由项中的跳数是否比 RREQ 中的跳数要小，较大的组序列号意味着中间节点拥有的路由比信源节点请求的要新，较小的跳数意味着中间节点拥有的路由比信源节点请求的要短，只有拥有更新、跳数更小的路由项的中间节点或该组的成员能满足信源节点的路由请求。不能满足信源节点的中间节点重新广播收到的 RREQ，同时，这些中间节点也在单播路由表中添加到信源节点的路由项，并把下一跳设置成将 RREQ 发送给自己的节点。如果接收到 RREQ 的节点是组成员或满足条件的中间节点，则该节点通过发送 RREP 回复信源节点的路由请求。RREP 传播的同时，沿途节点在单播路由表中添加到组地址的路由项，并将下一跳设置成把 RREP 发送给自己的邻居节点。

信源节点在发送完 RREQ 后将等待一段时间，并记录下这段时间内接收到的最大序列号和最小跳数的 RREP，该 RREP 意味着一条最新最短的到组播树的路径。信源节点把 MACT 单播发送给邻居节点（把最大组序列号最短跳数的 RREP 发送给自己的邻居节点），邻居节点收到 MACT 后激活单播路由表中到该组地址的路出项，并把 MACT 转发给路由项指出的下一跳节点。MACT 的传播激活了唯一的一条从信源节点到组播树某成员的路径上所有中间节点的路由项，保证了信源节点到组播树只有一条路径。组播组组长定期在全网范围内广播 GRPH，GRPH 的信息包括该节点担任组长的所在组的 IP 地址和序列号。收到 GRPH 分组的节点据此更新自己的组长列表。如果组长接收到的组地址与自己所领导的组相同，而且组长不是自己的 GRPH，说明网络上存在另一个组地址与自己所在组相同的组播树，并且两个组播树能合并起来，于是可以由地址较小的组长启动组播树的合并过程。

8.6.2　AMRIS 协议[10]

利用递增序号的 Ad Hoc 组播路由协议，AMRIS 是一个基于共享分发树的组播路由协议。网络中的每个节点分配一个 MID（组播会话成员 ID 号），该 ID 号的大小将用于指导组播数据的流向。开始时，一个被称为 SID（会话节点）的特定节点根据组播会话需要向其邻居节点广播一个 NEW-SESSION 分组（包含节点的 ID，MID、路由度量），邻居节点收到该分组后，就计算生成它们自己的 MID，取值要大于分组中指定的那个，并且不应连续，这样便于共享分发树的快速本地修改。然后，接收节点将分组中的 MID 用它们自己的 MID 替换，并修改路由度量后继续转发 NEW-SESSION 分组。最后建立一个如图 8-13 所示的从会话节点向外辐射状 MID 递增的分层逻辑结构。

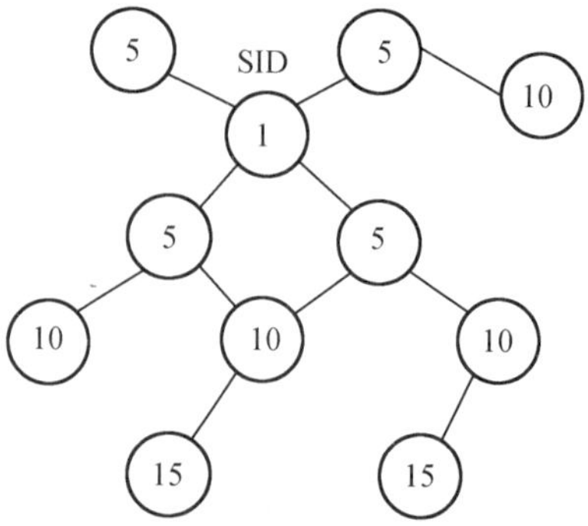

图 8-13 AMRIS 组播树的结构

节点可以通过发送 JOIN-REQ 来加入一个组播会话并由此加入一个已存在的或形成一个新的共享分发树。具体过程如下:请求加入节点在具有比自己更小的 MD 的潜在父亲节点列表中选择一个节点,并向其发送一个 JOIN-REQ 分组。接收节点接收到 JOIN-REQ 分组后,如果它是该组播会话的组成员,就送回一个 JOIN-ACK 分组;否则,接收节点发送一个 JOIN-REQTASSIVE 分组给它的潜在父亲,重复该过程,直至找到一个为组成员的父亲节点,由它沿着 JOIN-REQTASSIVE 分组的反向路径向请求加入节点响应一个 JOIN-ACK 分组。如果请求加入节点接收 JOIN-ACK 分组失败或在发送了 JOIN-REQ 之后不能发现任何的父亲节点,它就执行 BR 过程。BR 过程的作用就是在共享分发树发生变化的时候局部地动态修复分发树。它采用扩展环搜索算法使得请求加入节点成功地加入已有的共享分发树,从而加入组播会话。每个组成员节点需要周期性地广播信标消息(beacon)给它的邻居。信标消息包含节点 ID,MID、成员关系状态、登记的父亲和孩子节点的 ID 以及它们的 MID。AMRIS 协议通过信标机制来监测链路是否失效。如果在一个给定的时间间隔内没有接收到邻居节点发送的信标,该节点就认为邻居节点已经移出了通信范围。如果先前的邻居是一个父亲节点,该节点必须给一个新的潜在父亲节点发送 JOIN-REQ 分组以重新加入组播会话中。如果此节点加入任务失败或没有合格的邻居存在,它将执行 BR 过程。

8.7 基于网格的组播路由——ODMRP 协议

ODMRP 协议是一种基于网状有源组播树的按需组播协议。当信源有数据要发送时,信源节点负责建立和维护组播树,且该组播树为信源节点独有,不与其他信源节点共享。如果有多个信源节点,需要分别建立自己的组播树,所以网络中的某些节点可能同时属于同组播群里不同的组播树。

ODMRP 协议使用了一个转发组的概念,即由一系列节点负责在组成员之间转发组播数据,这样每个组播组都形成了一个网格的转发结构,从而用网状结构替代了传统上组播的树形结构。组播通过使用和保持网状转发结构,克服了在无线移动网络中组播树形结构中节点间间断性的连接、通信过于集中、频繁的树形结构的重新配置、共享树中最短路径等缺点。ODMRP 在成员离开组时不发请求信息。ODMRP 的这些机制能减轻信道负载，使移动网络更稳定。

ODMRP 按照信源的要求建立并更新组成员和多跳路由，其中包括一个请求阶段和一个应答阶段。图 8-14 为 ODMRP 按需建立的请求与应答过程。

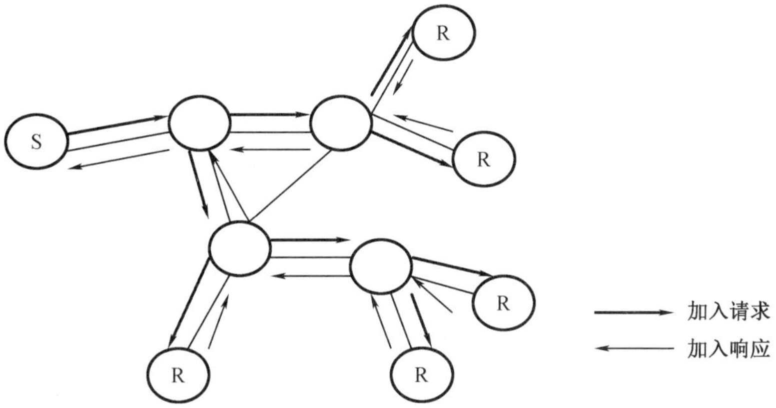

图 8-14　ODMRP 按需建立的请求与应答过程

当组播信源要发送数据包时，会广播一个带有要发送数据的广播包，这个包称为加入请求包(JOIN-QUERY)，该包周期性地在全网广播以刷新成员信息和更新路由，当某节点收到一个非重复的加入请求时，会将其上游节点的信息(主要是地址和 ID)存入自己的路由表并再将其广播出去，当加入请求包达到组播信宿时，信宿产生并广播一个加入应答包(JOIN-REPLY)给其邻居。节点收到加入应答后，先检查某一条路由中下一节点信息是否和自己路由表匹配。如果匹配，意味着节点位于通往信源的路径上，是转发组的一部分，该节点就会被注上标记以标志成为转发组的成员。同时，节点广播加入该应答。应答包全部以最短路径返回信源，包经过的节点组成一个“转发组”。

图 8-15 为转发组示意图。如图所示，转发组实际上就是转发组播数据包的一系列节点，通过这些节点的支持组播成员以最短路径发送数据包。无论是组播组成员还是转发组成员都会转发组播数据包。如果组播的一个信宿恰好在一个组播的信源和另一个信宿之间，那么这个节点也可以作为转发组节点。很明显，这种网状结构比树形结构保持了较多的冗余连接，可以帮助克服节点的变换，信道的衰减等，也避免了组播树中频繁的重新配置。

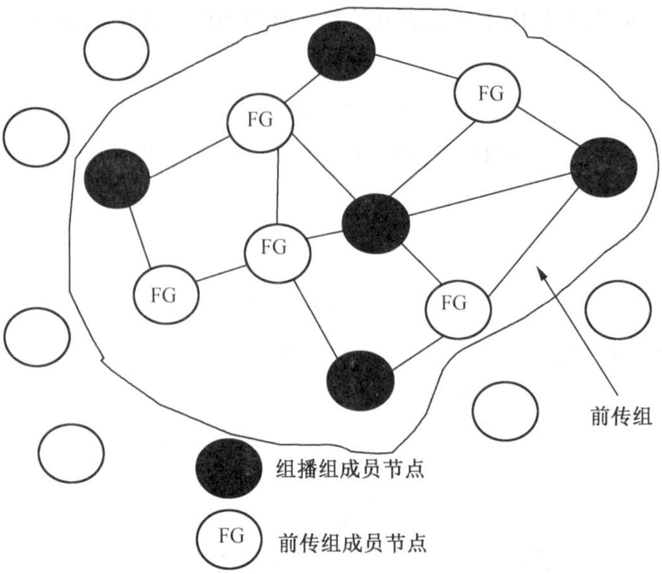

图 8-15 转发组示意图

经过转发组确认和路由建立的阶段,信源以通过所选的路径和转发组向组播信宿发送数据包。当节点收到组播数据包时,只有在该包为非重复出现且节点是组播会话的转发组成员的情况下才会转发。这个过程在保证为组播成员提供备份路由和多条连接的情况下,减少了业务开销并防止数据包通过失效路由发送。

在 ODMRP 中,不用专门的控制信息来加入或离开组。当组播的信源离开某个组时,仅停止发送加入请求数据包即可。同样,当某个信宿不再从某个组播组接收数据时,仅不再发送加入应答。在定时器过时后,该节点自动不再成为组成员。

8.8 混合型组播路由——AMRoute 协议

AMRoute 协议(Ad Hoc multicast routing protocol)是相对研究较多的混合型组播路由协议。其基本思想就是通过建立共享组播树来传送组播数据,这种组播树只由组播组发送节点和接收节点构成,不需要其他节点参与组播的操作,以尽量减少组播控制信息和节约其他节点的资源。AMRoute 协议通过在这些成员节点间建立虚拟链路来传送数据。这种虚拟链路其实就是在两个成员节点间通过单播路由连接,因此只要两个成员节点之间还存在有效的单播路由,就可以不受网络拓扑变化的影响。AMRoute 首先在成员节点之间用虚拟链路建立网状连接,然后需要的时候再从这种组播网中挑选出路径建立没有冗余路径的临时组播树。这样既利用了组播树传输数据的高效性,又保留了组播网的鲁棒性。

要完成协议的操作需要使用到以下五种控制报文:JOIN-REQ、JOIN-ACK、JOIN-NAK、TREE-CREATE、TREE-CREATE-NAK。其中,JOIN-REQ 报文的作用是核心节点周期性广播此报文,用于其他成员的发现;JOIN-ACK 报文对应树节点对不同的核心节点的

JOIN-ACK 的确认;JOIN-NAK 报文用于当树节点离开时产生此报文;TREE-CREATE 报文由核心节点周期地产生,用于刷新组播的生成树;TREE-CREATE-NAK 报文由树节点产生,将一个树链路转化为一个网格链路。由于 AMRoute 组播路由协议兼有网格和树型结构的特征,所以其路由的建立包括两个步骤:网格的建立与共享树的建立。

AMRoute 的组成员网格包含所有成员,每个成员初始化时,先建立仅包含自己的单节点网格,自己就是核心节点,然后广播 JOIN-REQ 报文给其他成员。当成员节点 A 收到 B 的 JOIN-REO 报文时,A 用 JOIN-ACK 报文应答,并将 B 作为同组邻居节点,B 收到 JOIN-ACK 报文后,也将 A 作为它的同组邻居节点;然后 A 和 B 通过“核心判决算法”来决定哪一个节点获得核心地位。这个过程不断进行,从而成为一个统一的网格。AMRoute 的“核心判决算法”可以很简单,如具有高 PP 地址的节点成为核心。

当网格建立好后,核心节点周期性广播 TREE-CREATE 报文给本组邻居以建立共享树。其中每一个 TREE-CREATE 报文可以被唯一标识。当成员节点 A 收到一个非重复的来自 B 的 TREE-CREATE 报文后,它将此报文转发到所有其他网格链路上,并且标志 B 到 A 的输入和输出的链路为树连接。如果收到来自 C 的重复 TREE-CREATE 报文,则将沿接收链路返回一个 TREE-CREATE-NAK 报文,C 收到此返回报文后将标志 C 到 A 的链路为网格连接而不是树连接。以上过程如图 8-16 所示。

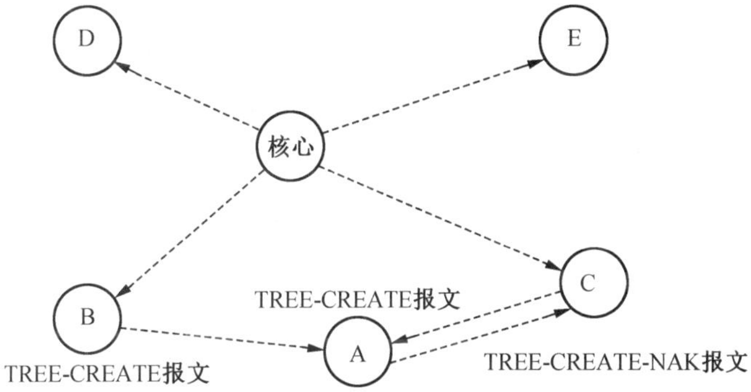

图 8-16　AMRoute 共享树建立过程

节点如果要离开组播组就发送 JOIN-NAK 报文,退出所在的网格,并不再转发数据。

8.9　路由抗干扰

在 Ad Hoc 网络中,由于外界干扰电磁干扰的影响,网络拓扑会不断变化,路径质量也时高时低,传统 Ad Hoc 网络路由协议往往不能发挥出预期的效果。由此,为了减少外界干扰对网络性能带来的影响,当前主要在传统 Ad Hoc 路由协议基础上,采用了一定的抗干扰路由技术,保证正在传输的数据的可达性,同时降低和抵御外界的电磁干扰对网络性能造成的影响,从而起到 Ad Hoc 网络抗干扰的作用。当前主要的抗干扰路由技术有多路径传输机制、重路由机制、协作中继机制等[11]。

8.9.1 多路径传输机制

通常,网络抗干扰方式分为时域抗干扰方式(如网络编码技术抗干扰)、频域抗干扰方式(如跳频抗干扰)和空域抗干扰方式(如多路径传输抗干扰)。在网络中采用多路径传输路由来抵抗外界干扰,是 Ad Hoc 网络中常用的抗干扰方法之一。多路径传输,指的是在路由发现时,寻找到多条源节点到目的节点之间的路径,并按照规则选择相应的一条或者多条路径进行传输数据包,多路径传输机制本质是通过增加源节点到目的节点之间的传输带宽,提高数据包正确递交率,减少外界干扰因素对网络的影响。

当外界电磁干扰影响网络性能时,采用多条路径进行通信,确保通信数据包可以正确到达目的节点。多路径传输方式不固定,允许节点自主选择如何使用已选出来的多路径,保证数据的传输。一般,多路径传输机制分为两种:源节点在开始阶段找到到达目标通信节点的多条可用路径,通过一定的算法选择一条最优路径进行通信,当这条路径失效后,才能通过已选择出的多路径中的其他路径来进行数据传输,这种方式称为备份多路径。源节点在开始阶段找到多条与目标通信节点相连的路径,使用这些路径共同进行数据通信,这就是并行多路径。

多径传输有以下特点:当路径发生失效时,多路径传输通过备用路径或者并行的其余路径有效地减少和避免了传统 Ad Hoc 网络中单径路由的路径失效概率以及重路由过程的开销;采用并行多路径传输可以使得业务负载均衡,可以增加路径的可靠性;节点对选择出的多路径可以同时使用也可以选择最好的路径进行传输,剩下的路径作为备份路径,多路径传输可以通过节点感知到的数据计算得到各路径的丢包率、时延等参数,判断出当前所在网络的拥塞度大小,进而动态改变和调整每条路径的负载量,这样可以在保证服务的同时减少和避免路径失效的概率,提高路径的可靠性。在并行多路径时,源节点通过路由发现过程,寻找到不止一条到达目标节点的路径,并选择一定数目的路径,同时向目的节点进行数据传输,这样当其中一条或者几条路径受到外界电磁干扰的影响失败后,仍然有路径可以到达目的节点,只有通信节点对间的所有路径都断开失败了,才会开始重新寻找通信节点对之间合适的路径,并行多路径通过提高源节点到目的节点之间的带宽,减少外界电磁干扰对传输数据的影响。

与并行多路径不同,在备份多径中,使用的是备份路由策略。在路由发现过程中,源节点寻找到多条到达目的节点的路径,通过一定算法从中计算选择出一条最优的通信路径进行通信,将其他的不止一条的通信节点对之间的路径当作有效的备用路径,只有当这条最优路径收到电磁干扰导致失败后,源节点进行主备用路径切换,使用剩下的多条路径进行数据传输。这样,在干扰发生后,通过多条备用路径的使用,提高了源节点到目的节点之间的带宽,同时多条备用路径同时受到干扰的可能性比较低,从而可以起到抵御外界干扰的影响。所谓路径的独立性是指在多路径环境中,各条路径的不相关性、独立性越高,多路径中的每条路径越能充分利用网络资源,避免和减少同时被外界干扰的可能性,降低外界干扰对传输的业务造成的影响。

8.9.2　重路由机制

当网络受到外界电磁干扰的影响或者节点移动性引起的网络拓扑的变化导致路径失效,采用重路由机制可以远离干扰区域、减少拓扑变化的影响,完成数据的传输。一般重路由机制主要运用在路由维护阶段,为了保证数据包的正确到达,通过牺牲时延和路径长度换取能够避免干扰或者拓扑变化影响的路径。通常重路由机制可以分为如下三类。

(1)完全重路由。当源节点与目的节点之间的路径失败之后,由源节点重新发起。路由发现过程,在源节点和目的节点之间重新找到并建立一条路径。

(2)部分重路由。当源节点与目的节点之间的路径失败之后,由链路失败处的节点发起路由发现过程,绕开干扰区域或者拓扑变化快的区域,找到并建立到达目的节点的路径。

(3)组播重路由。在网络中首先寻找并设置一个组播源节点,在组播源节点到目的节点和目的节点的相邻节点之间建立一棵组播树,通过组播方式建立源节点到目的节点的有效路径。

以下给出了两种情况下使用部分重路由机制,绕开干扰的方式。当节点未感知到干扰的情况(图 8-17),源到目的节点间建立好了一条路径,在这条路径上,节点 1 向 3 发送数据。当数据包递交率下降,低于最低门限,则转发节点 1 认为当前到 3 的链路失败;节点 1 根据自己的邻居表,选择另外一个邻居节点 2,发送 Hello 信息;节点 2 的链路也失败,则继续选择节点 1 的另一个邻居节点,发送 Hello 信息。当链路失败的次数超过了预先设定的次数,以转发点 1 到目的区域中心 C 的直线为参考边,与该边成直角或者预先设定的角度附近的节点 4 发送 Hello 包。节点 4 收到后,根据自己的邻居表选择下一跳进行转发,直到目的区域收到 Hello 包,则建立起新的链路。

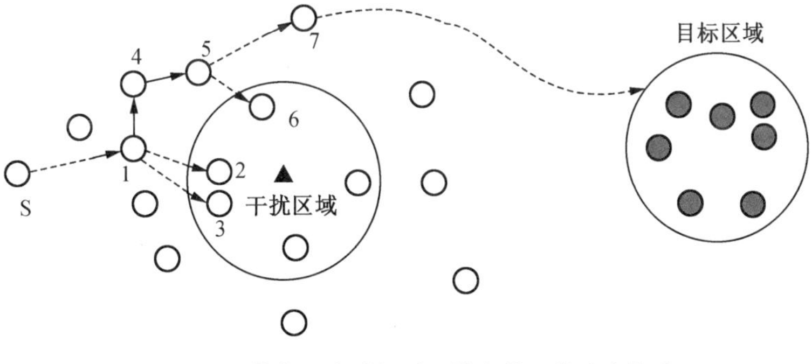

图 8-17　节点 1 未感知到干扰条件下的路由策略

当节点能够感知到干扰存在的情况(图 8-18):源到目的节点间建立好了一条路径,节点分为普通节点、干扰节点、边界节点三种。当节点感知到干扰之后,节点变为干扰节点,向周围周期性地发送受到干扰的信息。这个信息直到传给第一个自身未被干扰的节点后,该节点变为边界节点。边界节点将它所有的邻居节点按照收到的信息分类为边界节点、干扰节点和普通节点。边界节点选择自己的相邻节点中除干扰节点外的、到达目标区域路径最短的那个节点作为数据通信传输的下一跳节点 M,向其发送边界节点信息包。边界节点计算以源到目的区域中心为参考线,边界节点到源节点为边,之间的夹角为 θ_1,通告给下一

跳 M。M 节点同样计算出夹角 θ_2，判断当 $\theta_2>\theta_1$ 或者 M 是边界节点时，则由 M 向源节点发送干扰发现信息。源节点收到后，改为向 M 发送信息，M 转发给自己的邻居节点，完成通信。若是判断不成立，则删除 M 点，重新寻找下一跳。

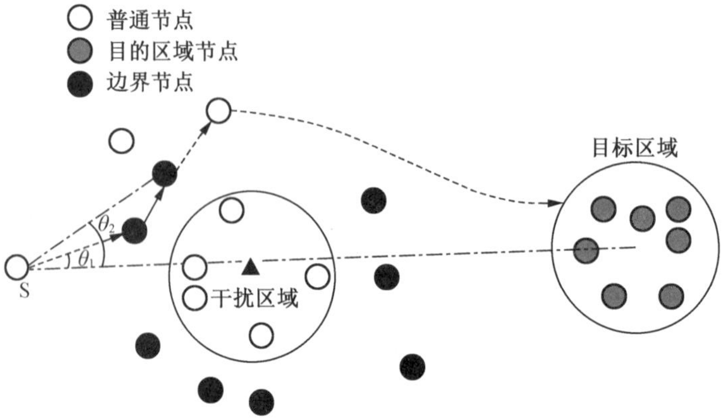

图 8-18　节点能够感知到干扰存在时的路由策略

若源节点收到超过两次的干扰发现信息，即是干扰范围。节点位置移动、干扰机位置变化后，按照规则找到了另外的下一跳节点，此时源节点会比较这些边界节点的位置信息，进行计算。找到角度最大的点作为定位点（图 8-19），从而避开干扰范围。文献[12]提出了一种快速从路径失败中恢复的方法。为了保障路由快速恢复，该方法使用了任意播策略。当现有的传输路径失败后，则路径上的节点根据失败节点分为两个部分，源部分包含源节点和上游节点，目的部分包含目的节点和下游节点。位于失败节点附近的上游节点广播发送 Reco-requ 信息，该信息中包含信息序列号，源部分所有节点，目的部分所有节点等信息。当有节点收到 Reco-requ 信息后，首先检查之前是否已经收到相同的 Reco-requ。如果之前收到过，则丢弃这个 Reco-requ 信息，如果之前没有收到相同的 Reco-requ，则检查自己是否是源部分的节点。如果是，则继续广播这个信息；如果是目的部分的信息，则向源部分回复 Reco-Reply 信息，重新建立起源到目的节点的路径。如果节点既不在源部分也不在目的部分，则在收到 Reco-requ 信息后，增加跳数，继续广播转发该信息。

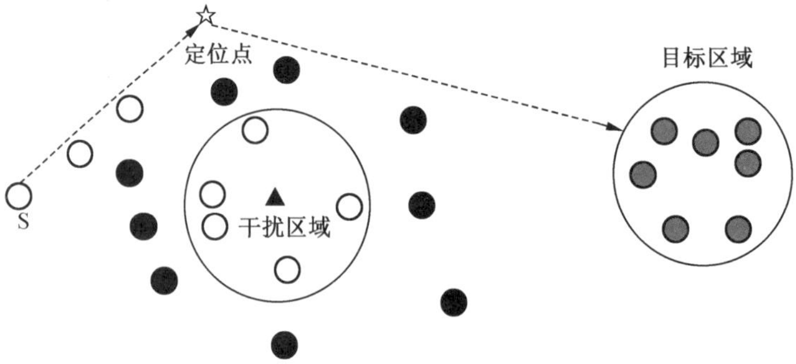

图 8-19　寻找定位点

这样，目的部分与源部分建立多条连接，最终源节点选择第一个收到 Reco-Reply 信息的路径作为源部分到目的部分的连接路径。这样源到目的重新建立起连接。

8.9.3　协作中继机制

在网络中，当源节点已经完成路由发现过程，建立与目标节点进行通信的效路径后，此时通信节点对开始进行有效通信。由于网络中存在外界电磁干扰或者网络拓扑发生变化，导致路径连接失败，或者由于网络中节点功率的限制，使得数据不能发送，造成路径不可靠，此时采用协作策略机制，利用协作节点进行协作通信，减少重路由带来的路径时延增加，减少重路由次数，同时提高了网络容量。

自从20世纪七十年代末，Cover和Gamal等提出中继信道理论后，协作通信受到越来越多的研究者的关注，协作中继就是指源节点到目的节点的路径变得不可靠，造成数据包递交率低下时，使用协作节点或者协作路径辅助传输数据，保证源节点的数据能正确到达目的节点。在路径上使用协作策略修复路径，增加了局部路径的带宽，从而减少干扰的影响的同时，提高了网络的可靠性。与传统的通信方式相比，协作通信需要有中继节点的参与，利用中继节点抵抗外界电磁干扰对网络可靠性的影响。根据协作策略的使用，一般分为协作中继策略和协作分集策略。

协作中继策略是指，在无线网络中，源节点需要与目标节点进行通信时，路径周围的相邻节点会监听到数据包，当源节点到目的节点之间的路径发生断开，此时通过算法在这些邻居节点中找到合适的中继节点，通过中继节点转发数据包，从而局部修复失败的路径；协作分集策略(图8-20)是指，源节点需要和目标节点进行通信时，路径周围相邻的节点会监听到数据包，一个路径节点的邻居节点可能不止一个，当受到外界干扰或者网络中节点功率限制的影响，导致路径上某条链路失败，此时通过协作分集策略，选取失败链路周边的所有或者部分邻居节点统一向目的节点或者知道目的节点的一个节点发送存储的数据，通过这样提高了局部链路的带宽，修复了失败路径，保证了数据传输。

1. 协作中继节点选择

在协作中继机制中，不是所有节点都适合作为中继节点进行协作中继过程，若选择出的节点性能不佳，不但不能提高网络递交率、减少网络时延，反而会降低吞吐量，浪费网络资源，因此中继节点的选择十分重要。

当前，按照选择的中继节点数量，可以分为单中继节点选择和多中继节点选择；按照中继选择时的信道情况，可以分为统计信道状态下的中继选择和瞬时信道状态下的中继选择；根据中继发生时间，可以分为主动式中继选择和反应式中继选择；根据实现方式，可以分为分布式中继选择和集中式中继选择；根据所获得信道信息的多少，可以分为全局信道信息的中继选择和局部信道信息的中继选择。

在中继节点选择中，机会中继节点选择和选择协作中继节点选择是典的中继节点选择方法。在机会中继节点选择方法中，节点在选择中继节点时，首先需要获得相邻两跳信道的瞬时信道状态信息，并且对信道信息做排序，选择两跳信噪比的最小值最高的节点，作为协作中继节点，进行数据转发；在选择协作中继节点方式中，首先选择出能够正确接收来自源节点信息的所有节点，然后在这些节点中选择下一跳实时信噪比最大的节点作为协作中继节点。

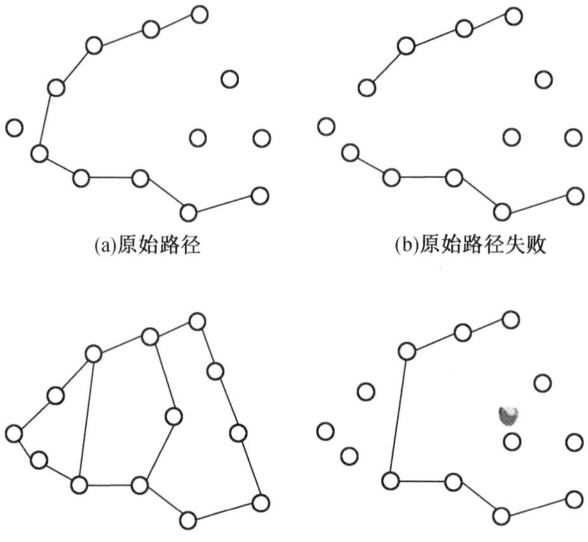

(a)原始路径　(b)原始路径失败

(c)目的部分与源部分建立连接　(d)路径恢复

图 8-20　协作分集策略

2. 协作中继过程

如图 8-21 所示，在无线网络中，通信节点对之间已经建立起有效的通信路径，并且在传输数据，在这条路径周边的邻居节点可以接收到数据信息，邻居节点存储这些数据信息，在收到来自目的节点发往源节点的 ACK 后，邻居节点删除之前存储的信息。当某一时刻，受到外界干扰的影响，导致路径上某一段链路失败，这时采用协作中继机制，如图 8-21(c)所示，通过协作中继节点选择的方法，选取链路断开处的一个邻居节点作为协作点，由该邻居节点向目的节点发送存储的数据信息。相比传统路由修复，采用协作中继策略的路由修复减少了端到端的传输时延，提高了路径抗干扰能力，提高了网络容量。

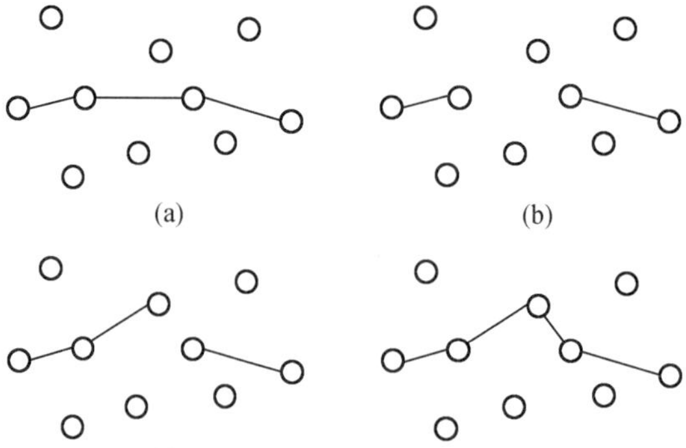

(a)　(b)

(c)　(d)

图 8-21　协作中继过程

3. 协作分集过程

如图 8-22 所示,源节点在已建立好的路径上向目的节点发送数据,在某一时刻由于受到外界干扰的影响或者网络中节点功率的限制,使得某一链路传输失败,此时采用协作分集策略。如图 8-22(c)图所示,通过中继节点选择方法,选取链路断开处的所有或者部分邻居节点作为协作点,由这些协作节点向目的节点或者知晓目的节点的节点发送存储的数据信息。这样提高了路径抗干扰的能力,减小了路径失败的风险。

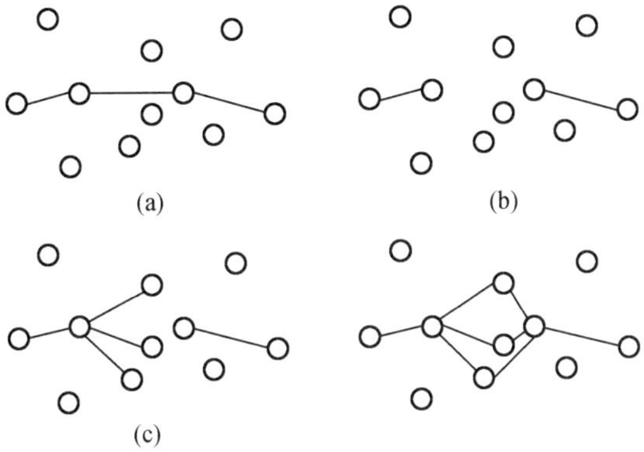

图 8-22　协作分集过程

8.10　小　　结

本章深入探讨了无线通信网络中的单播和组播路由协议,特别关注了在网络动态和不确定环境下如何实现有效的数据传输。首先分析了 Ad Hoc 无线网络的基本特性,及其对路由协议设计的特定要求,然后分别探讨了几种典型的单播与组播路由协议。最后以稳健路由为切入点,讨论了多路径传输机制、重路由机制和协作中继机制等策略,这些策略旨在提升网络面对外界电磁干扰和节点移动性时的鲁棒性,确保数据传输的可靠性。

思考与探究

1. 假设在一个多跳无线网络中,每个节点都配备了两个无线接口,分别工作在 2.4 GHz 和 5 GHz 频段上。请设计一个路由协议或策略,使得在网络中的每个节点可以根据当前环境条件和需求动态选择最优的频段进行通信。

2. 请设计一种适合于低功耗、资源受限的 IoT 设备的路由协议(如睡眠/唤醒周期管理和按需路由发现),确保其既能有效管理设备之间的通信,又能最大限度地节省能源。

参 考 文 献

[1] 年梅. Ad Hoc 网络的单播和组播路由协议的研究[D]. 上海:华东师范大学, 2006.

[2] 赵迪. Ad hoc 网络路由协议性能研究与 AODV 协议的优化[D]. 成都:西南交通大学, 2011.

[3] 孙长宇. 无线 Ad Hoc 网络路由协议的性能分析与改进研究[D]. 哈尔滨:哈尔滨工程大学, 2010.

[4] 王金龙,王呈贵,吴启晖,等. Ad Hoc 移动无线网络[M]. 北京:国防工业出版社, 2004.

[5] 杨彦君. CBRP 路由协议研究与仿真[D]. 哈尔滨:哈尔滨工业大学, 2008.

[6] 黄小岭. Ad Hoc 网络 ZRP 路由协议研究与仿真[D]. 赣州:江西理工大学, 2009.

[7] HAMMA T, KATOH T, BISTA B B, et al. An efficient zhls routing protocol for mobile Ad Hoc networks[C]//17th International Workshop on Database and Expert Systems Applications (DEXA'06). 2006:66-70.

[8] 马卫华. Ad Hoc 网络组播路由协议的研究[D]. 长沙:国防科学技术大学, 2010.

[9] 吴明锋. Ad hoc 单播和组播路由协议的比较与优化[D]. 无锡:江南大学, 2010.

[10] 梁涛. Ad Hoc 网络组播协议的改进与仿真[D]. 天津:天津大学, 2009.

[11] 王嘉欣. 移动 Ad Hoc 网络抗干扰可靠路由技术[D]. 成都:电子科技大学, 2013.

[12] LEUNG R, LIU J, POON E, et al. MP-DSR: a QoS-aware multi-path dynamic source routing protocol for wireless Ad-Hoc networks[C]//Proceedings LCN 2001. 26th Annual IEEE Conference on Local Computer Networks. 2001:132-141.

第 9 章　无线高效通信服务

无人机是信息时代高技术含量产物,它涉及传感器技术、通信技术、信息处理技术、控制技术以及航空动力推进技术等。一方面,无人机的发展离不开通信技术的支持;另一方面,无人机的发展也促进了通信技术的进步。本章首先介绍了无人机赋能高效通信服务的研究现状,然后从空地协同通信服务和空地动态通信服务两个角度,利用非凸优化、凸优化等方法,对问题进行求解,实现场景适配的高效通信传输,有效提升数据传输能力。

9.1　无人机赋能高效通信服务现状

9.1.1　产生背景

无人机的发展离不开通信技术的支持,作为连接无人机系统和控制中心的纽带以及无人机群协作的桥梁,无人机通信发挥着至关重要的作用。美国在《2013—2038 年无人系统综合路线图》中明确,通信是无人系统面临的九项瓶颈技术之一。其最新版无人机/无人系统综合路线图《2017—2042 年无人系统综合路线图》再次强调,无人机相关技术应支撑跨域指控、跨域通信等。与蜂窝网络中控制信道和数据信道类似,无人机通信分为两种通信行为,即控制和非有效载荷通信(control and non-payload communication,CNPC)、有效载荷通信。为确保无人机安全飞行和可靠指挥与控制,无人机与控制中心以及无人机间等各方交换关键安全与控制信息的通信通常称为 CNPC。实现可靠和安全的 CNPC 链路是大规模部署和使用无人机的必要条件。与之对应,根据相应的任务,无人机可能需要及时发送和接收任务数据,例如航拍图像、高速视频和数据包,这类通信称为有效载荷通信。2017 年,第三代合作伙伴计划(3rd Generation Partnership Project,3GPP)规定了这两种链路的通信要求[1]。与 CNPC 相比,有效载荷通信通常具有更高的数据速率要求,某些场景下上行链路可达 50 Mbps。为了满足多种无人机应用中的 CNPC 和有效载荷通信要求,需要高效的无线通信技术来实现空对空和空对地无线通信的无缝连接和高可靠吞吐量。本书重点研究面向有效载荷通信的数据传输技术。

目前,一些商业公司已经公布了用无人机作为通信平台的计划。这些计划通常在通信基础设施还不完善的地区通过无人机携带通信平台扩展网络的覆盖范围,或者是通过灵活部署无人机平台来增强现有网络的性能。Facebook 公司的 Aquila 计划是其中典型代表之一。Aquila 计划利用高空无人机平台作为移动基站为地面用户提供网络服务 。2020 年 1 月,中国移动联合华为公司完成全球首个无人机 5G 高空基站应急通信测试,在飞行高度

200 m 时覆盖能力超过 6.5 km,验证了 5G 高空基站方案的可行性及落地性,为今后的抗震救灾等应用场景提供了更优质的应急通信方案。除系留式无人机,诺基亚贝尔实验室提出了 F-Cell,利用集成太阳能电池模块的无人机基站,以无线的方式实现自我供电、自我配置以及自动连接到网络,并在联网后立即开始传输高清视频。由于其灵活性(无线)、大容量、低延时和可扩展性,F-Cell 将有望解决运营商及企业在小型基站与回传布线、部署及成本等方面面临的难题。

与传统地面通信网络相比,由于无人机的空间移动性,无人机通信呈现出不同的特点。首先,无人机飞行高度高于传统地面基站。传统地面通信基站高度在几十米左右,而我国法律法规允许的小型无人机飞行高度可达百米以上甚至数千米,远超地面基站部署高度。因此,两者在覆盖范围方面存在较大差异,这也对无线链路产生了一定影响,在下一小节中将会具体介绍无人机通信中无线传输的特点。另外,无人机通信中节点具有很高的移动性。地面基站或者接入点通常部署位置固定,而无人机可在空间中以受控的轨迹高速移动。此外,在尺寸、质量与功率(size, weight and power,SWAP)方面,无人机与地面通信也存在很大差异。地面基站或者接入点通常具有来自电网的稳定电源的供电,而无人机的 SWAP 约束使其飞行持续时间和通信能力极其受限。除了传统的和通信相关的能量消耗之外,无人机还需要消耗额外的推进能量以维持滞空并在空中自由移动,而推进能量消耗往往远大于通信相关的能量消耗[2]。为此,无人机通信中能耗或者能效问题不同于传统地面蜂窝网络。总的来说,以上特点给无人机通信带来机遇的同时,也对系统设计提出了更高的挑战。如无人机的高移动性使其可以快速飞到目标区域上空为其提供通信覆盖,不受地面地形和障碍物的影响,但无人机高移动性会导致更频繁的跨区切换以及时变的无线回程链路。

9.1.2 典型数据传输场景

无人机可用于边境监测、紧急救援、精准农业和电力巡检等方面,由于无人机在商业和公共服务等方面的广泛应用,对无人机的研究由来已久。早期对无人机的研究集中在无人机导航与控制理论方法层面[3-5]。随着无人机应用的拓展与普及,无人机通信能力受限成为制约无人机行业成规模发展的一个技术难题,将无人机引入无线通信领域可以增强现有地面通信网络。如图 9-1 所示,无人机可以用作空中通信平台,为地面用户提供空中无线服务,或者为分隔的用户提供信息中继转发服务。在工业探索方面,谷歌和 Facebook 都试图建立一种空中无线接入网络,从而为更多的用户提供互联网服务;在学术研究方面,*IEEE Communications Magazine*、*IEEE Journal on Selected Areas in Communications*、*China Communicatios* 等国际通信领域知名期刊纷纷推出无人机专题征稿,旨在推动无人机通信理论技术研究与发展[6-8]。将无人机引入无线通信网络可以带来很多优势,比如可以充分利用无人机移动性来改善通信信道条件。但是无人机通信也带来了一些新问题和新挑战,比如空地信道建模、无人机位置优化、空地协同干扰管理和路径规划等。

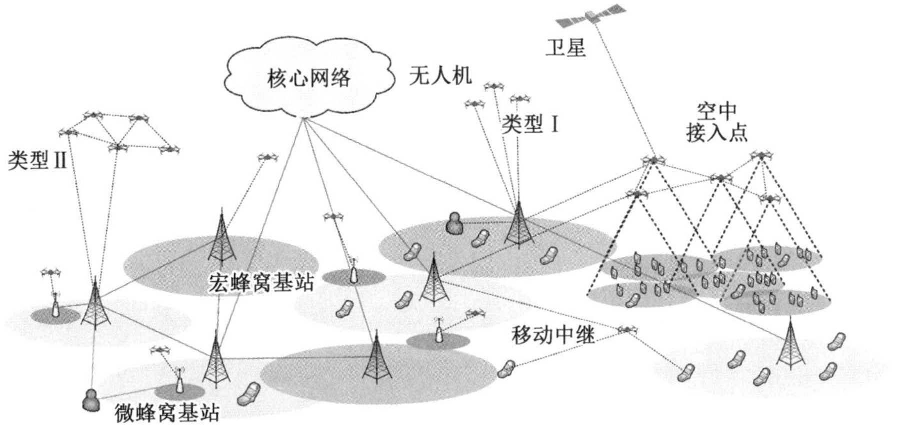

图 9-1　无人机通信的应用场景与网络架构

目前,有多种无线通信技术可作为无人机通信候选技术,如近距离直接通信、卫星通信(satellite communication,SatCom)、自组织网络通信以及借助蜂窝的移动通信技术(即 cellular-connected UAVs)。近距离直接通信指无人机间或者无人机与地面节点间建立直接通信链路,显然,这种方式通信距离受限,难以适应远距离以及大规模无人机场景。卫星通信方式是指借助卫星实现无人机信息的中继。由于通信距离远,卫星通信方式在时延和容量方面对支撑无人机通信带来较大挑战。自组织网络中各节点地位对等,不存在中心节点,具有很强的鲁棒性,但在路由和接入协议方面还存在一些设计挑战。

传统蜂窝网络通信中,地面基站的位置是固定的。相比基于固定设施的无线通信而言,将无人机引入无线网络可以带来很多优势。首先,由于无人机飞行高度通常高于地面基站,无人机与地面用户之间(无人机与无人机之间)的通信链路更容易出现直射传输的情况。特别是对于蜂窝网络边缘用户来说,通信链路质量一般要优于传统的地面基站与用户之间的链路。其次,由于无人机的移动性,其可以根据地面(空中)用户的通信需求、空间位置变化实时动态调整其空间位置,从而实现更好的通信链路状态。无人机增强无线通信的典型应用场景,可以将其归为四类:无人机使能的基站、无人机使能的中继、无人机使能的能量传输和无人机使能的缓存。

1. 无人机使能的基站

在现有蜂窝通信网络中,通信节点需要通过接入地面固定的无线接入点实现通信,比如宏蜂窝基站和微蜂窝基站。但是,由于自然灾害或者其他因素地面接入点可能受到损坏。另外,在高山高原以及山区等自然条件恶劣的情况下通常难以架设固定的通信设施。此时,无人机可作为空中接入点或者移动基站为地面用户提供网络连接服务。通过近期对无人机基站场景的研究,人们对无人机使能的基站有了更为深入的认识。与地面基站相比,无人机的高移动性导致了无人机在 3D 空间中的部署优化。在垂直维度上,由于增加无人机的高度不仅增大了无人机与其服务用户之间的距离,而且提高了其视距链路传输的概率,因此需要综合优化无人机的高度以实现最佳信道状态。文献[9]考虑了无人机空地传输和多个终端直通(device-to-device,D2D)通信对共存的网络,推导分析了系统可实现吞吐量和无线覆盖率。为缓解用户密集时基站出现的过载情况,文献[10]研究了无人机基站的数量及其部署优化问题,提出了一种无人机基站部署方案。文献[11]和文献[12]分析了覆盖多个随机分布的地面用户所需的无人机数量,而 Alzenad 等则设计了一种无人机最佳覆盖算法,达到了使用最小发射功率最大化覆盖用户数量的目的。文献[13]通过联合优化无人机的位置和姿态以改善无线网络的连通性。图 9-2 所示为无人机使能的基站。

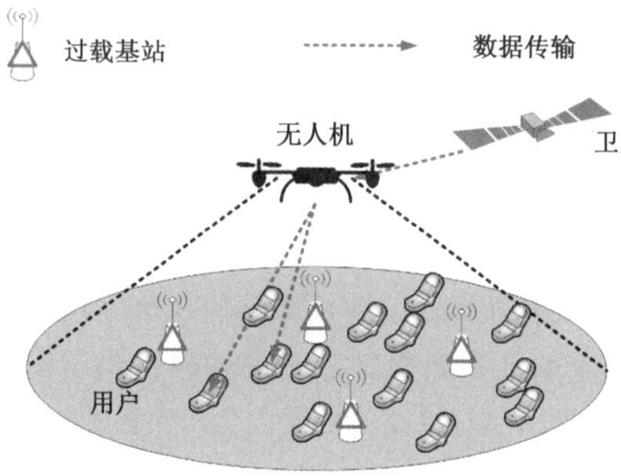

图 9-2　无人机使能的基站

2. 无人机使能的中继

由于无人机的灵活机动性,其可以用作移动中继,为分隔的用户或者回传链路受限的基站提供信息中继转发服务。相比于传统的地面静态中继,无人机使能的移动中继具有很多明显的优势。首先,它可以不受地理条件的限制快速部署,适合突发情况或者临时使用。更重要的是,它可以实时动态调整自己的空间位置,以此充分适应信道状态的变化。文献[14]首次研究利用无人机的移动性为地面两个分隔用户提供信息中继服务,通过联合优化无人机轨迹和发射功率,无人机移动中继系统的性能要远高于传统静态中继方式。在文献[14]的基础上,研究人员开始关注无人机移动中继的不同应用场景。其中,文献[15]研究利用无人机中继提高系统的物理层安全;文献[16]研究了空中全双工无人机中继系统与地面 D2D 通信的频谱共享优化问题,通过优化空中无人机轨迹和各个节点的发射功率最大化中继系统的数据传输总量。图 9-3 所示为无人机使能的中继。

3. 无人机使能的能量传输

无人机与物联网的结合展现出巨大的潜力。首先,因为地面的传感器节点通常是能量受限的,无人机可以作为能量源或者携带能量源为传感器节点提供无线能量。其次,无人机还可以利用自己的移动性收集地面传感器节点的信息或者将携带的信息分发给地面用户。目前,在无人机辅助能量传输方面已经有相关报道研究。文献[17]研究了无人机能量传输中的时间调度和功率控制问题,其中无人机作为空中能量源为地面低功率 D2D 通信用户提供能量。文献[18]考虑的是无人机为地面节点传输无线能量,通过优化无人机轨迹实现节点收集能量最大化。文献[19]充分发挥能量传输与移动边缘计算的优势,提出了一种两阶段交替优化方法。图 9-4 所示为无人机使能的能量传输。

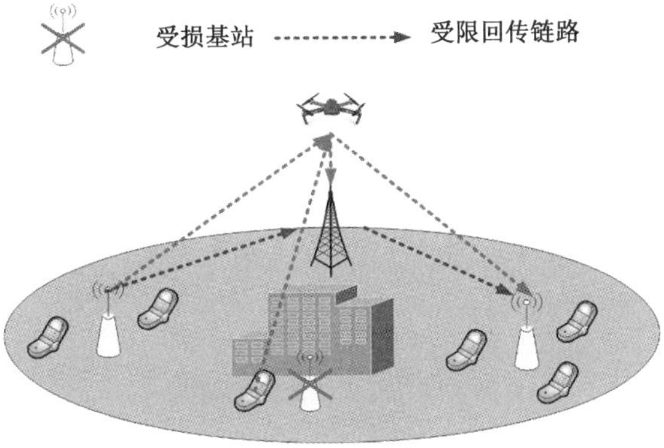

图 9-3 无人机使能的中继

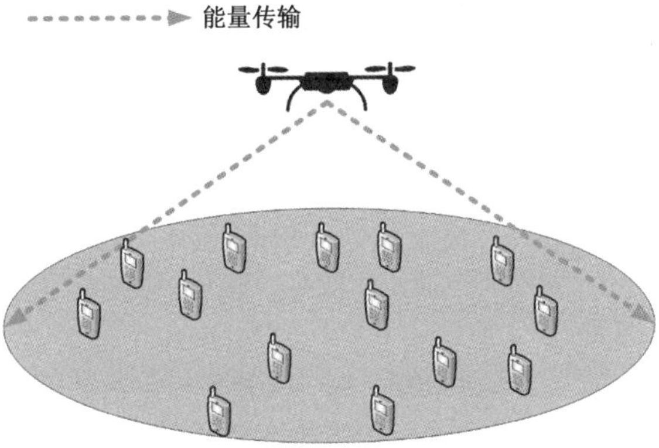

图 9-4 无人机使能的能量传输

4. 无人机使能的缓存

虽然人类个体的行为难以预测,但是从人类群体行为上来看,也存在某些规律可循,比如许多用户将在不同的时间段内请求相同的热点内容。通过在本地内存中预先缓存受欢迎的内容,无线缓存技术可以减轻数据直接访问中心的压力。但是,传统的静态缓存设备难以适应用户移动性的特点。无人机固有的移动性特征可以充分被利用来实现这一愿景。此外,无人机支持的缓存在环境监测,如农业、土壤和海洋监测等方面也可以发挥重要作用。无人机可以缓存由传感器收集的信息并传输到地面中心,进而由地面中心做出决策。文献[20]研究了无人机的最佳位置以及缓存内容优化问题,并且引入了机器学习的框架来预测文件缓存。文献[21]研究了无人机主动缓存问题中的无人机轨迹、缓存内容和通信调度联合优化问题,从而最小化文件缓存和文件恢复代价。图 9-5 为无人机使能的缓存

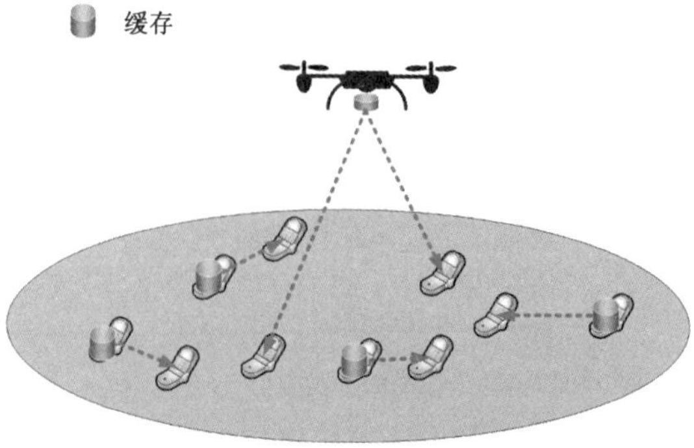

图 9-5　无人机使能的缓存

9.2　无人机空地协同数据传输优化

当无人机作为空中接入点为地面用户提供无线服务时，无人机与地面通信链路需要占用一定的频谱资源，而目前频谱管理机构并没有为无人机通信分配专用的频谱资源，无人机通信主要占用开放频段或者与蜂窝通信共享频谱资源。即使未来为无人机分配专用频段，由于频谱资源的有限性，为提高频谱使用效率，通过空地协同频谱共享也是一种实现高效空地数据传输的有效手段。

因此，本章首先研究如图 9-6 所示的空地协同数据传输场景。在地面通信设施不可用的情况下，采用无人机提供网络连接是一种快速恢复地面通信的手段。与此同时，D2D 通信也是地面通信设施不可用情况下的一种有效提升系统容量的方法[22-23]。本节以 D2D 通信作为一种地面通信方式，研究空地协同数据传输问题，但是所研究的 D2D 通信可以推广到更为一般性的地面通信场景，比如微蜂窝基站与地面用户之间通信、相邻小区中基站与用户的通信，甚至是车联网中车与车之间的通信。

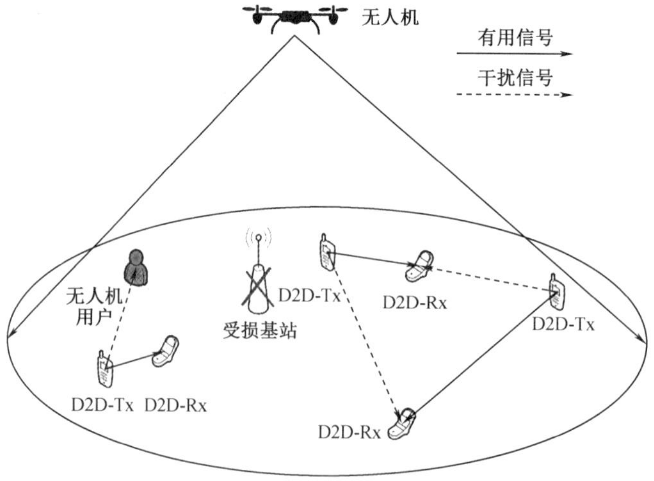

图 9-6　空地协同数据传输场景

然而，无人机通信与 D2D 通信共享频谱资源时会产生严重的干扰[24-25]。有效的资源共享方式对于无人机与 D2D 通信共存网络是至关重要的。针对该问题，目前主要存在两种解决方案。一种是通过连续凸近似获得次优解，即通过解决一系列凸优化问题求解原问题。所形成的凸问题可以通过标准凸优化技术来解决，例如内点法（interior point method，IPM）。但是计算复杂度随着 D2D 通信链路数目的增加而急剧增长。从博弈论的角度设计分布式频谱共享算法是另一种广泛使用的方法[26-27]。然而，利用博弈论获得的系统均衡点，其最优性难以得到保证。考虑到无人机的特性，例如有限的机载能量和低计算能力，本节旨在设计一种低复杂度并且具有高性能的频谱共享算法。

9.2.1　系统模型与问题描述

1. 场景描述

考虑一个无人机作为空中基站服务地面用户的场景，其中某些用户接收无人机信息，称为无人机用户。同时，多个相互干扰的 D2D 发射机（D2D-Tx）向其相应的接收机发送信息。D2D 通信对之间的距离通常远小于用户与地面基站或其他接入点之间的距离，这意味着更好的信道状态。在某些情况下，比如校园和体育场馆中，单一通信方式（无人机或 D2D 通信）难以满足密集用户的需求。在这种情况下，允许某些用户与无人机通信而其他用户能够直接通信，可以提高系统总的吞吐量性能。不同的无人机用户采用 OFDMA（orthogonal frequency division multiple access）接入方式，并且每一个无人机用户使用的子信道可以同时服务于多个 D2D 通信对。本小节假设信道分配已经完成，在此基础上研究空地协同数据传输中功率控制问题。由于所有用户共享相同的频谱，因此无人机用户将接收到 D2D 发射机的干扰信号。

用 $N=\{1,2,\cdots,n,\cdots,N\}$ 表示 D2D 通信对的集合，p_0 和 p_n 分别为无人机和第 n 个 D2D 发射机的发射功率，定义向量 $\boldsymbol{p}=\{p_0,p_1,\cdots,p_N\}$。令 $g_U(x,y)$ 表示从无人机到位于点 (x,y) 的无人机用户的信道增益，$g_{n,n}$ 表示从第 n 个 D2D 发射机到其接收机的信道增益。从第 n 个 D2D 发射机到位于点 (x,y) 的无人机用户的干扰链路信道增益为 $\tilde{g}_n(x,y)$。D2D 发射机和 D2D 接收机之间的信道建模为 $g_n=\beta_0\rho_n^2D^{-\alpha}$，其中 β_0 是在参考距离为 d_0 时的信道增益，ρ_n^2 是均值为 1 的服从指数分布的随机变量，α 是 D2D 链路的路径损耗指数，D 是 D2D 发射机和接收机之间的距离。

2. 空地信道建模

无人机与地面用户之间的信道建模为直射链路和非直射链路的概率叠加。具体来说，$g_U(x,y)$ 由下式给出：

$$g_U(x,y)=\begin{cases}\left(\sqrt{x^2+y^2+H^2}\right)^{-\alpha_u} & \text{LoS}\\ \eta\left(\sqrt{x^2+y^2+H^2}\right)^{-\alpha_u} & \text{NLoS}\end{cases} \tag{9-1}$$

式中，α_u 是无人机空地通信链接的路径损耗指数；η 表示由非直射传输带来的额外的衰减。

LoS 传输概率取决于无人机和地面用户的位置、环境参数和地面用户的仰角 θ，可以表示为

$$\mathrm{Pr}_{\mathrm{LoS}}=\frac{1}{1+a\exp[-b[(\theta-a)]]} \tag{9-2}$$

式中，常量 a 和 b 为环境参数，仰角 θ（以“度”为单位）由下式给出：

$$\theta=\frac{180}{\pi}\times\sin^{-1}\left(\frac{H}{\sqrt{x^2+y^2+H^2}}\right) \tag{9-3}$$

则 NLoS 链路传输的概率为$\mathrm{Pr}_{\mathrm{NLoS}}=1-\mathrm{Pr}_{\mathrm{LoS}}$。在实际通信环境中，除去直射和非直射传输外，可能还存在其他类型传输，但是其概率一般很小，在本章信道建模中不予考虑。空地信道链路增益 $g_U(x,y)$ 由下式给出：

$$g_U(x,y)=\mathrm{Pr}_{\mathrm{LoS}}\times(\sqrt{x^2+y^2+H^2})^{-\alpha_u}+\mathrm{Pr}_{\mathrm{NLoS}}\times\eta(\sqrt{x^2+y^2+H^2})^{-\alpha_u} \tag{9-4}$$

同理，无人机与第 n 个 D2D 接收机的干扰链路信道增益 $\tilde{g}_{U,n}$ 也可以获得。图 9-7 给出了无人机不同位置下的空地传输链路增益。从图中看出，当无人机的高度固定时，信道增益依赖于无人机和地面用户之间的距离。

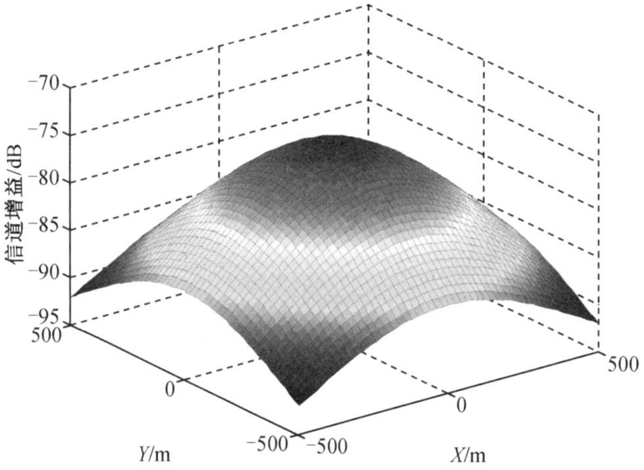

图 9-7 空地传输链路增益

3. 优化问题建模

无人机用户接收到的 SINR 为

$$\gamma_{UU}=\frac{p_0 g_U(x,y)}{\sum_{n=1}^{N}p_n\tilde{g}_n(x,y)+\sigma^2} \tag{9-5}$$

式中，σ^2 是系统噪声功率。第 n 个 D2D 接收机处的 SINR 为

$$\gamma_n=\frac{p_n g_{n,n}}{\sum_{m\in\mathcal{N},m\neq n}p_m\tilde{g}_{m,n}+p_0\tilde{g}_{U,n}+\sigma^2} \tag{9-6}$$

因此，无人机辅助通信下的 D2D 通信对的和速率为$f(\boldsymbol{p})=\sum\log_2(1+\gamma_n)$。本节通过

寻找最优的功率来最大化 D2D 通信对的和速率，同时满足无人机空地数据传输的最小速率要求。优化问题可以写为如下形式：

$$\begin{cases}\max\limits_{p=\{p_0,p_1,\cdots,p_N\}} f(\boldsymbol{p}) \\ \text{s.t.}\quad C1: \log_2(1+\gamma_{UU}) \geqslant R_{\min} \\ \qquad C2: 0 \leqslant p_n \leqslant p_n^{\max}, \forall n \\ \qquad C3: 0 \leqslant p_0 \leqslant p_0^{\max}\end{cases} \tag{9-7}$$

式中，$p_n^{\max}$ 为第 n 个 D2D 发射机的最大发射功率；$p_0^{\max}$ 和 $R_{\min}$ 是无人机的最大发射功率和无人机用户数据传输速率需求。C1 确保无人机用户速率不低于所需的阈值，C2 和 C3 是无人机和 D2D 对的发射功率限制。

9.2.2　空地协同数据传输优化算法设计

问题(9-7)中约束条件 C1 可以转换为如下等价形式：

$$C1: \sum_{n=1}^{N} p_n \widetilde{g}_n(x,y) \leqslant \frac{p_0 g_U(x,y)}{2^{R_{\min}}-1} - \sigma^2 \tag{9-8}$$

因此，问题(9-7)中的所有约束条件都是凸函数。然而，因为其目标函数非凸，优化问题仍然难以直接求解。注意到目标可以写作如下两个函数的差值形式：

$$f(\boldsymbol{p}) = l(\boldsymbol{p}) - h(\boldsymbol{p}) \tag{9-9}$$

式中

$$l(\boldsymbol{p}) = \sum_{n=1} \log_2\left(\sum_{m=1} p_m g_{m,n} + p_0 \widetilde{g}_{U,n} + \sigma^2\right)$$

$$h(\boldsymbol{p}) = \sum_{n=1} \log_2\left(\sum_{m\in\mathcal{N},m\neq n} p_m \widetilde{g}_{m,n} + p_0 \widetilde{g}_{U,n} + \sigma^2\right) \tag{9-10}$$

因为 $l(\boldsymbol{p})$ 和 $h(\boldsymbol{p})$ 都是凹函数，目标函数 $f(\boldsymbol{p})$ 可以看做是两个凸函数之差，则有如下定理。

定理 9.1　给定点 $\boldsymbol{p}'$，通过连续求解下列问题，可以获得一系列非递减解 $\{\boldsymbol{p}^{k+1}\}$：

$$\begin{cases}\max\limits_{p} f(\boldsymbol{p},\boldsymbol{p}') = l(\boldsymbol{p}) - [h(\boldsymbol{p}') + \langle \nabla h(\boldsymbol{p}'), \boldsymbol{p}-\boldsymbol{p}' \rangle] \\ \text{s.t.}\ C1, C2, C3,\end{cases} \tag{9-11}$$

其中，$\boldsymbol{p}'=\boldsymbol{p}^k \cdot \nabla h(\boldsymbol{p}')$ 的第 n 个元素为

$$\nabla h(\boldsymbol{p}') = \begin{cases}\displaystyle\sum_{k\in N,k\neq n} \frac{g_{n,k}}{\sum_{m\in N,m\neq k} p'_m \widetilde{g}_{m,k} + p'_0 \widetilde{g}_{U,k} + \sigma^2} \frac{1}{\ln 2} & n \neq 0 \\ \displaystyle\sum_{k\in N} \frac{\widetilde{g}_{U,k}}{\sum_{m\in N,m\neq k} p'_m \widetilde{g}_{m,k} + p'_0 \widetilde{g}_{U,k} + \sigma^2} \frac{1}{\ln 2} & n = 0\end{cases} \tag{9-12}$$

证明　因为 $l(\boldsymbol{p})$ 和 $h(\boldsymbol{p})$ 是凹函数，所以有 $h(\boldsymbol{p}) \leqslant h(\boldsymbol{p}') + \langle \nabla h(\boldsymbol{p}'), \boldsymbol{p}-\boldsymbol{p}' \rangle$。进一步

地,可得 $f(\boldsymbol{p})=l(\boldsymbol{p})-h(\boldsymbol{p})\geqslant f(\boldsymbol{p},\boldsymbol{p}')$。因此,$f(\boldsymbol{p},\boldsymbol{p}')$ 是函数 $f(\boldsymbol{p})$ 的一个紧下限。此外,由于 $\boldsymbol{p}^{k+1}$ 是问题(9-11)在第 k 次的最佳解,则有

$$\begin{aligned}f(\boldsymbol{p}^{k+1})&=l(\boldsymbol{p}^{k+1})-h(\boldsymbol{p}^{k+1})\geqslant l(\boldsymbol{p}^{k+1})-[h(\boldsymbol{p}')+\langle\nabla h(\boldsymbol{p}'),\boldsymbol{p}^{k+1}-\boldsymbol{p}'\rangle]\\&=\max_{\boldsymbol{p}} l(\boldsymbol{p})-[h(\boldsymbol{p}')+\langle\nabla h(\boldsymbol{p}'),\boldsymbol{p}-\boldsymbol{p}'\rangle]\geqslant l(\boldsymbol{p}')-h(\boldsymbol{p}')=f(\boldsymbol{p}^{k})\end{aligned}\tag{9-13}$$

这表明通过求解问题(9-11),可以得到一系列非递减的解值。定理 9.1 证毕。

接下来,采用内点法求解式(9-11)中的凸问题,定义 $\lambda_{\mathrm{th}}=\dfrac{g_U(x,y)}{2^{R_{\min}}-1}$,则关于问题(9-11)的障碍函数为

$$\varphi(\boldsymbol{p})=-\sum_{n=0}^{N}\log p_n-\sum_{n=0}^{N}\log(p_n^{\max}-p_n)-\log\left[p_0\lambda_{\mathrm{th}}-\sigma^2-\sum_{n=1}^{N}p_n\tilde{g}_n(x,y)\right]\tag{9-14}$$

问题(9-11)中的最优解可以通过求解下面无约束最小化问题得到:

$$\min\ \varphi(\boldsymbol{p},\boldsymbol{p}')=-tf(\boldsymbol{p},\boldsymbol{p}')+\varphi(\boldsymbol{p})\tag{9-15}$$

式中,t 控制约束条件的精度,在实际中可以通过逐渐增大 t 获得问题(9-11)的最优解。式(9-15)中无约束优化问题可以通过牛顿算法求解,则功率更新公式为

$$\boldsymbol{p}^{l+1}=\boldsymbol{p}^{l}+s\Delta_{\mathrm{nt}}\tag{9-16}$$

式中,Δ_{nt} 为牛顿步径;s 为步长,步长 s 可以通过回溯直线搜索算法得到,如表 9-1 所示。

表 9-1 回溯直线搜索算法

1:初始化 φ 在 $\boldsymbol{p}$ 处的下降方向 Δ_{nt}、$\alpha\in(0,0.5)$ 和 $\beta\in(0,1)$
2:更新 $s=\beta s$
3:直至 $\varphi(\boldsymbol{p}+s\Delta_{\mathrm{nt}})>\varphi(\boldsymbol{p})+\alpha s\,\nabla\varphi(\boldsymbol{p})^{\mathrm{T}}\Delta_{\mathrm{nt}}$

牛顿步径 Δ_{nt} 的计算是牛顿方法的重要步骤之一。为此,应首先得到式(9-15)中目标函数的一阶导数 $g=\nabla\varphi(\boldsymbol{p},\boldsymbol{p}')$,然后构建 Hessian 矩阵 $\boldsymbol{H}=\nabla^2\varphi(\boldsymbol{p},\boldsymbol{p}')$。对无人机和第 n 个 D2D 对的发射功率求导,可得一阶导数分别为

$$g\mid_{p_0}=-t\frac{1}{\ln 2}\left(\sum_{k=1}J_k^0-\sum_{k=1}R_k^0\right)-\frac{1}{p_0}+\frac{1}{p_0^{\max}-p_0}-\frac{\lambda_{\mathrm{th}}}{p_0\lambda_{\mathrm{th}}-\sigma^2-\sum_{n=1}p_n\tilde{g}_n(x,y)}\tag{9-17}$$

$$g\mid_{p_n}=-t\frac{1}{\ln 2}\left(\sum_{k=1}J_k^n-\sum_{k=1,k\neq n}R_k^n\right)-\frac{1}{p_n}+\frac{1}{p_n^{\max}-p_n}+\frac{\tilde{g}_n(x,y)}{p_0\lambda_{\mathrm{th}}-\sigma^2-\sum_{n=1}p_n\tilde{g}_n(x,y)}\tag{9-18}$$

式中

$$J_k^0 = \frac{\tilde{g}_{U,k}}{\sum_{m=1} p_m g_{m,k} + p_0 \tilde{g}_{U,k} + \sigma^2}$$

$$R_k^0 = \frac{\tilde{g}_{U,k}}{\sum_{m \neq k} p'_m \tilde{g}_{m,k} + p'_0 \tilde{g}_{U,k} + \sigma^2} \tag{9-19}$$

$$J_k^n = \frac{g_{n,k}}{\sum_{m=1} p_m g_{m,k} + p_0 \tilde{g}_{U,k} + \sigma^2}$$

$$R_k^n = \frac{g_{n,k}}{\sum_{m \neq k} p'_m \tilde{g}_{m,k} + p'_0 \tilde{g}_{U,k} + \sigma^2} \tag{9-20}$$

则 Hessian 矩阵的第(n,m)个元素为

$$\boldsymbol{H}(n,m) = \begin{cases} t\dfrac{1}{\ln 2} N \sum\limits_{k \in N} \dfrac{\tilde{g}_{U,k}\tilde{g}_{U,k}}{\left(\sum_{m=1} p_m g_{m,k} + p_0 \tilde{g}_{U,k} + \sigma^2\right)^2} + \dfrac{\lambda_{\text{th}}\lambda_{\text{th}}}{\left(p_0 \lambda_{\text{th}} - \sigma^2 - \sum_{n=1} p_n \tilde{g}_n(x,y)\right)^2} + \\ \dfrac{1}{p_0{}^2} + \dfrac{1}{(p_0^{\max} - p_0)^2}, n = m = 1 \\ t\dfrac{1}{\ln 2} \sum\limits_{k \in N} \dfrac{\tilde{g}_{U,k} g_{m,k}}{\left(\sum_{m=1} p_m g_{m,k} + p_0 \tilde{g}_{U,k} + \sigma^2\right)^2} - \dfrac{\lambda_{\text{th}} \tilde{g}_n(x,y)}{\left[p_0 \lambda_{\text{th}} - \sigma^2 - \sum_{n=1} p_n \tilde{g}_n(x,y)\right]^2}, \\ n = 1, m \neq 1 \text{ 或 } n \neq 1, m = 1 \\ t\dfrac{1}{\ln 2} \sum\limits_{k \in N} \dfrac{g_{n,k} g_{m,k}}{\left(\sum_{m=1} p_m g_{m,k} + p_0 \tilde{g}_{U,k} + \sigma^2\right)^2} + \dfrac{\tilde{g}_n(x,y)\tilde{g}_m(x,y)}{\left[p_0 \lambda_{\text{th}} - \sigma^2 - \sum_{n=1} p_n \tilde{g}_n(x,y)\right]^2} + \\ \dfrac{1}{p_n{}^2} + \dfrac{1}{(p_n^{\max} - p_n)^2}, n = m \neq 1 \\ t\dfrac{1}{\ln 2} \sum\limits_{k \in N} \dfrac{g_{n,k} g_{m,k}}{\left(\sum_{m=1} p_m g_{m,k} + p_0 \tilde{g}_{U,k} + \sigma^2\right)^2} + \dfrac{\tilde{g}_n(x,y)\tilde{g}_m(x,y)}{\left[p_0 \lambda_{\text{th}} - \sigma^2 - \sum_{n=1} p_n \tilde{g}_n(x,y)\right]^2}, \\ n \neq m, n \neq 1, m \neq 1 \end{cases} \tag{9-21}$$

牛顿步径 Δ_{nt} 可以通过求解方程 $H\Delta_{\text{nt}} = -g$ 获得。最终,求解问题(9-7)的算法由表 9-2 给出。

表 9-2 空地协同数据传输优化算法

1:初始化$\boldsymbol{p}^{(0)}=\{p_n^0\}$、$t=t^{(0)}>0$、$\mu>1$、$\varepsilon_1$和$\varepsilon_2$
2:重复
3: $t=t^{(0)}>0$
4: 重复
5: 设置$\boldsymbol{p}^k$为初始点,最小化$\varphi(\boldsymbol{p},\boldsymbol{p}')$
6: 重复
7: 利用式(9-17)、式(9-18)和式(9-21)计算牛顿步径Δ_{nt}和牛顿增量$\lambda^2=-\boldsymbol{g}^{\mathrm{T}}\Delta_{\mathrm{nt}}$
8: 利用表 9-1 算法求解牛顿步长 s
9: 判断停止条件是否满足,如果满足,转到步骤 10;否则,执行步骤 7
10: 更新$\boldsymbol{p}^l=\boldsymbol{p}^*(c)$和$t=\mu t$
11: 判断停止条件是否满足,如果满足,转到步骤 12;否则,执行步骤 5
12: 更新$\boldsymbol{p}^{k+1}=\boldsymbol{p}^*(c)$
13:判断停止条件是否满足,如果满足,算法停止;否则,执行步骤 2

所提的空地协同数据传输算法基于连续凸算法,共包含三层迭代。外部迭代是通过解决问题(9-11)的功率更新过程,内部迭代分别是内点法和牛顿方法。其计算复杂度可以大致估计如下:牛顿步径的计算(即表 9-2 中算法的步骤 7)占据计算的主要位置,其需要浮点运算并且具有$O(N^3)$的复杂度。在功率控制算法中,假设三层迭代的迭代次数为K_1、K_2和K_3,则总计算复杂度约为$O(K_1K_2K_3N^3)$。

9.2.3 低复杂度空地协同数据传输优化算法

由前文可知,式(9-7)中优化问题可以利用连续凸优化算法来求解。然而,高计算复杂度$O(K_1K_2K_3N^3)$不利于在实际系统中的应用,特别是对于计算能力有限无人机通信的场景。因此,本小节设计了一种低复杂度空地协同数据传输方法。

可以观察到算法的主要计算量源于获取牛顿步径Δ_{nt},这需要在获得一阶导数和 Hessian 矩阵的基础上求解方程$H\Delta_{\mathrm{nt}}=-g$。通常情况下,牛顿步径Δ_{nt}是使用矩阵逆运算获得的,所以具有较高的复杂度。直接使用矩阵逆运算忽略了矩阵的潜在特征,例如对称性和正定性。在文献[28]和文献[29]中,作者考虑了 Hessian 矩阵的低秩和对角线特征,提出了一种快速内点算法。然而,本小节研究的问题并不具备这些特征。接下来,本小节首先对 Hessian 矩阵展开研究。为表述方便,首先定义如下两个函数:

$$X_k(n,m)=\frac{g_{n,k}g_{m,k}}{\left(\sum_{m=1}p_mg_{m,k}+p_0\tilde{g}_{U,k}+\sigma^2\right)^2}$$

$$Y(n,m)=\frac{\tilde{g}_n(x,y)\tilde{g}_m(x,y)}{\left[p_0\lambda_{\mathrm{th}}-\sigma^2-\sum_{n=1}p_n\tilde{g}_n(x,y)\right]^2} \tag{9-22}$$

由此可得

$$\sum_{k=1} X_k(n,m) \overset{(a)}{=} \sum_{k=1} \frac{1}{\left(\sum_{m=1} p_m \sqrt{\frac{g_{m,k}}{g_{n,k}}} + \frac{p_0 \tilde{g}_{U,k} + \sigma^2}{\sqrt{g_{n,k} g_{m,k}}}\right)^2} \overset{(b)}{<} \sum_{k=1} \frac{1}{\left(\sum_{m=1} p_m \sqrt{\frac{g_{m,k}}{g_{n,k}}}\right)^2} \tag{9-23}$$

式中,(a)是通过将分子和分母同时除以 $g_{n,k}g_{m,k}$ 得到的,而(b)中则是忽略了来自无人机的干扰和噪声。此时,可以观察到:当第 n 个 D2D 发射机的发射功率接近其最大功率时,有 $1/(p_n^{\max}-p_n)^2 \to \infty$。这意味着

$$\sum_{k\in N} \frac{1}{\left(\sum_{m=1} p_m \sqrt{g_{m,k}/g_{n,k}}\right)^2} \ll \frac{1}{p_n^{\max} - p_n} \tag{9-24}$$

在低发射功率或 $p_n \to 0$ 的情况下,可得 $1/p_n{}^2 \to \infty$。因此

$$\sum_{k\in \mathcal{N}} \frac{1}{\left(\sum_{m=1} p_m \sqrt{g_{m,k}/g_{n,k}}\right)^2} \ll \frac{1}{p_n{}^2} \tag{9-25}$$

当第 m 个 D2D 发射机的发射功率远小于第 n 个 D2D 发射机的发射功率时,则有

$$\sum_{k\in \mathcal{N}} \frac{w}{\left(\sum_{m=1} p_m \sqrt{g_{m,k}/g_{n,k}}\right)^2} \ll \frac{1}{p_m{}^2} \tag{9-26}$$

综上所述,如果存在一个 D2D 发射机的发射功率明显大于其他发射机,则 Hessian 矩阵中 $\sum X_k(n,m)$ 的值要小于其他项。因此,现在的问题是研究在空地协同数据传输中是否存在具有高发射功率的 D2D 对。本小节考虑两种情况:稀疏网络和密集网络。在稀疏网络中,因为 D2D 通信链路之间的影响小,此时一些 D2D 发射机将以高功率传输信息。然而,密集网络中,D2D 发射机的发送功率通常较低,以免影响其他通信用户。接下来,本小节详细讨论密集网络场景。

由于问题(9-7)中目标函数形式复杂,精确的分析处理具有很大挑战性。为此,本小节引入算术-几何均值不等式(arithmetic-geometric means inequality)。

引理 9.1　对于任意正数列 $x_1,\cdots,x_N$,下式成立:

$$G_N = \left(\prod_{n=1}^{N} x_n\right)^{\frac{1}{N}} \leqslant \frac{1}{N}\sum_{n=1}^{N} x_n = A_N \tag{9-27}$$

式中,A_N 和 G_N 分别为算术和几何平均值。当 $x_1=x_2=\cdots=x_N$ 时,等式严格成立。

由式(9-27)可得

$$\begin{aligned} f(\boldsymbol{p}) &= \log_2\left(\prod_{n=1}^{N} 1 + \frac{p_n g_{n,n}}{\sum_{m\in\mathcal{N},m\neq n} p_m \tilde{g}_{m,n} + p_0 \tilde{g}_{U,n} + \sigma^2}\right) \\ &\leqslant N\log_2\left(1 + \frac{1}{N}\sum_{n=1}^{N} \frac{p_n g_{n,n}}{\sum_{m\neq n} p_m \tilde{g}_{m,n} + p_0 \tilde{g}_{U,n} + \sigma^2}\right) \end{aligned} \tag{9-28}$$

一般认为,在密集网络中用户之间相互干扰非常严重,因此导致低信干噪比。在这种情况下,可以使用式(9-28)中的右侧来近似原目标函数,即

$$f(\boldsymbol{p}) \approx N\log_2\left(1+\frac{1}{N}\sum_{n=1}^{N}\frac{p_n g_{n,n}}{\sum_{m\neq n}p_m\tilde{g}_{m,n}+p_0\tilde{g}_{U,n}+\sigma^2}\right) \tag{9-29}$$

因为对数函数是单调递增函数,可通过研究下面函数的最优值来得到原函数的最优值:

$$R(\boldsymbol{p}) = 1+\frac{1}{N}\sum_{n=1}^{N}\frac{p_n g_{n,n}}{\sum_{m\neq n}p_m\tilde{g}_{m,n}+p_0\tilde{g}_{U,n}+\sigma^2} \tag{9-30}$$

对于每一个 D2D 发射机,对其功率求导可得

$$\frac{\partial^2 R(\boldsymbol{p})}{\partial {p_n}^2} = \frac{1}{N}\sum_{n\neq k}\frac{2p_n g_{n,n}{g_{n,k}}^2}{\left(\sum_{m\neq n}p_m\tilde{g}_{m,n}+p_0\tilde{g}_{U,n}+\sigma^2\right)^3} \tag{9-31}$$

这意味着如果 D2D 发射机的发射功率未达到其最大值或最小值,则始终存在 $R(\boldsymbol{p}')\geqslant R(\boldsymbol{p})$ 的一个解,使得另外一个 D2D 对的发射功率到达其最大值。因此,在密集网络中存在至少一个具有最大发射功率的 D2D 对。

定理 9.2 定义 $z=\max(1+\gamma_n)/(1+\gamma_m)$,当 $z\to 1$ 时,式(9-29)中的近似函数与原目标函数之间的差值无限接近 0。

证明 原函数与近似函数之间的差值为

$$N\log_2\left(1+\frac{1}{N}\sum_{n=1}^{N}\frac{p_n g_{n,n}}{\sum_{m\neq n}p_m\tilde{g}_{m,n}+p_0\tilde{g}_{U,n}+\sigma^2}\right)-\log_2\left(\prod_{n=1}^{N}1+\frac{p_n g_{n,n}}{\sum_{m\neq n}p_m\tilde{g}_{m,n}+p_0\tilde{g}_{U,n}+\sigma^2}\right)$$

$$= N\log_2\left(\frac{A_N}{G_N}\right) \tag{9-32}$$

利用 Specht 比率 $S(z)$,可得

$$\frac{A_N}{G_N}\leqslant S(z)=\frac{(z-1)z^{\frac{1}{z-1}}}{e\ln z} \tag{9-33}$$

式中,$z=\max\dfrac{1+\gamma_n}{1+\gamma_m}$。

对式(9-33)两侧取对数可得

$$0\leqslant\log_2\left(\frac{A_N}{G_N}\right)\leqslant\log_2\left[\frac{(z-1)z^{\frac{1}{z-1}}}{e\ln z}\right] \tag{9-34}$$

当 $z\to 1$ 时,利用变量替换 $z=z+1$,可得

$$\lim_{z\to 1}\log_2\left[\frac{(z-1)z^{\frac{1}{z-1}}}{e\ln z}\right]\overset{z=z+1}{=}\log_2\left[\lim_{z\to 0}\frac{z(1+z)^{\frac{1}{z}}}{e\ln(1+z)}\right]$$

$$=\log_2\left[\lim_{z\to 0}\frac{(1+z)^{\frac{1}{z}}}{e}\lim_{z\to 0}\frac{z}{\ln(1+z)}\right]=0 \tag{9-35}$$

当 $z\to\infty$ 时，下式成立：

$$\lim_{z\to\infty}\log_2\left[\frac{(z-1)z^{\frac{1}{z-1}}}{e\ln z}\right]=\log_2\left(\lim_{z\to\infty}\frac{z^{\frac{z}{z-1}}}{e\ln z}\right)=\log_2\left(\lim_{t\to 0}\frac{z}{e\ln z}\right)=\infty \tag{9-36}$$

定理 9.2 证毕。

从上面的分析可以看出至少存在一个具有高发射功率的 D2D 对，这意味着 $\sum X_k(n,m)$ 要比其他项小。因此，本小节设计了一种低复杂度的功率控制算法，即用方程式逼近 Hessian 矩阵(9-21)：

$$H^a(n,m)=\begin{cases} t\dfrac{1}{\ln 2}\sum\limits_{k\in N}\dfrac{\widetilde{g}_{U,k}\widetilde{g}_{U,k}}{\left(\sum_{m=1}p_m g_{m,k}+p_0\widetilde{g}_{U,k}+\sigma^2\right)^2}+\dfrac{\lambda_{\text{th}}\lambda_{\text{th}}}{\left(p_0\lambda_{\text{th}}-\sigma^2-\sum_{n=1}p_n\widetilde{g}_n(x,y)\right)^2}+ \\ \dfrac{1}{p_0^{\ 2}}+\dfrac{1}{(p_0^{\max}-p_0)^2},\quad n=m=1 \\ -\dfrac{\lambda_{\text{th}}\widetilde{g}_n(x,y)}{\left[p_0\lambda_{\text{th}}-\sigma^2-\sum_{n=1}p_n\widetilde{g}_n(x,y)\right]^2},\quad n=1,m\neq 1\ \text{或}\ n\neq 1,m=1 \\ t\dfrac{1}{\ln 2}\sum\limits_{k\in N}\dfrac{g_{n,k}g_{m,k}}{\left(\sum_{m=1}p_m g_{m,k}+p_0\widetilde{g}_{U,k}+\sigma^2\right)^2}+\dfrac{\widetilde{g}_n(x,y)\widetilde{g}_m(x,y)}{\left[p_0\lambda_{\text{th}}-\sigma^2-\sum_{n=1}p_n\widetilde{g}_n(x,y)\right]^2}+ \\ \dfrac{1}{p_n^{\ 2}}+\dfrac{1}{(p_n^{\max}-p_n)^2},\quad n\neq 1,m\neq 1,n=m \\ \dfrac{\widetilde{g}_n(x,y)\widetilde{g}_m(x,y)}{\left[p_0\lambda_{\text{th}}-\sigma^2-\sum_{n=1}p_n\widetilde{g}_n(x,y)\right]^2}\quad n\neq 1,m\neq 1,n\neq m \end{cases} \tag{9-37}$$

注释 9.2　在实际网络中，可能会出现用户都以较低功率发送信号的情况。在这种情况下，$\sum X_k(n,m)$ 不能被忽略。在后面的算法收敛性证明中，将看到无论 $\sum X_k(n,m)$ 取何值，都可以保证所提算法的收敛性。但是，该值会影响近似的精度。为了保持更多的矩阵信息，Hessian 矩阵中非对角元素的第一项 $t\dfrac{1}{\ln 2}\sum X_k(n,m)$ 可以被忽略，而相应的 Hessian 矩阵中对角元素项保留。当 Hessian 矩阵近似为式(9-37)时，所提方法可用于降低计算 Newton 步径的复杂度。具体而言，近似的 Hessian 矩阵为

$$\boldsymbol{H}^a=\begin{bmatrix} H_1 & & & \\ & H_2 & & \\ & & \ddots & \\ & & & H_{N+1}\end{bmatrix}+\begin{bmatrix}\nabla b_1\nabla b_1 & \cdots & \cdots & \nabla b_1\nabla b_{N+1}\\ \vdots & \ddots & & \vdots\\ \vdots & & \ddots & \vdots\\ \nabla b_{N+1}\nabla b_1 & \cdots & \cdots & \nabla b_{N+1}\nabla b_{N+1}\end{bmatrix}=\boldsymbol{H}_{\text{d}}+\nabla\boldsymbol{b}\,\nabla\boldsymbol{b}^{\text{T}} \tag{9-38}$$

式中

$$\nabla \boldsymbol{b} = \frac{[\lambda_{\text{th}}, -\widetilde{g}_1(x,y), \cdots, -\widetilde{g}_N(x,y)]^{\text{T}}}{p_0\lambda_{\text{th}} - \sigma^2 - \sum_{n=1} p_n \widetilde{g}_n(x,y)}$$

$$H_n = t\frac{1}{\ln 2}\sum_{k\in\mathcal{N}} X_k(n,n) + \frac{1}{p_n^{\ 2}} + \frac{1}{(p_n^{\max} - p_n)^2} \tag{9-39}$$

引理 9.2 近似 Hessian 矩阵是一个正定矩阵。

证明 由于 $\boldsymbol{H}_{\text{d}}$ 是对角矩阵且 $H_n>0$，因此 $\boldsymbol{H}_{\text{d}}$ 为正定矩阵。此外，考虑到 $\nabla\boldsymbol{b}\ \nabla\boldsymbol{b}^{\text{T}}$ 是半正定的，则矩阵和 $\boldsymbol{H}^a=\boldsymbol{H}_{\text{d}}+\nabla\boldsymbol{b}\ \nabla\boldsymbol{b}^{\text{T}}$ 为正定。引理 9.2 证毕。

由引理 9.2 可知，近似后，Hessian 矩阵是可逆的。因此，牛顿步径可以通过矩阵求逆得到。具体地，矩阵 $\boldsymbol{H}^a$ 是正定并且可逆的，可得

$$\boldsymbol{\Delta}_{\text{nt}} = (\boldsymbol{H}_{\text{d}}+\nabla\boldsymbol{b}\ \nabla\boldsymbol{b}^{\text{T}})^{-1}(-g) \tag{9-40}$$

利用逆矩阵定理，牛顿步径可以进一步求解为

$$\boldsymbol{\Delta}_{\text{nt}} = \boldsymbol{H}_{\text{d}}^{\ -1}(-g) - \frac{\boldsymbol{H}_{\text{d}}^{\ -1}\ \nabla\boldsymbol{b}(-g)\nabla\boldsymbol{b}^{\text{T}}\boldsymbol{H}_{\text{d}}^{\ -1}}{1+\nabla\boldsymbol{b}^{\text{T}}\boldsymbol{H}_{\text{d}}^{\ -1}\ \nabla\boldsymbol{b}} \tag{9-41}$$

$\boldsymbol{\Delta}_{\text{nt}}$ 可以按如下方式计算得到：首先计算 $z=\boldsymbol{H}_{\text{d}}^{\ -1}(-g)$ 和 $E=1+\nabla b^{\text{T}}H_{\text{d}}^{\ -1}\ \nabla b$；其次，求解 $Ew=\nabla\boldsymbol{b}z$；最后，计算 $\boldsymbol{\Delta}_{\text{nt}}=z-\boldsymbol{H}_{\text{d}}^{\ -1}\ \nabla\boldsymbol{b}w$。计算牛顿步径 $\boldsymbol{\Delta}_{\text{nt}}$ 的复杂度约为 $O(N)$，在所提低复杂度算法中，假设三层迭代的迭代次数为 L_1、L_2 和 L_3，则总计算复杂度估计为 $O(L_1L_2L_3N)$。因此，所提的低复杂度算法在无人机通信中具有更大的优势。

9.2.4 结果与分析

本小节给出一系列仿真结果来证明所提算法的有效性。主要仿真参数设置如下：无人机最大发射功率 $p_0^{\max}=5$ W；参考处信道增益 $\beta_0=10^{-3}$ dB；环境参数 $a=11.95$、$b=0.136$；D2D 通信对距离 $D=30$ m；D2D 链路和无人机空地链路损耗因子分别为 $\alpha=2$ 和 $\alpha_{\text{u}}=3$。D2D 通信对的数量、无人机用户的速率要求以及 D2D 发射机的最大发送功率根据具体的仿真场景而变化。考虑 D2D 对随机均匀地分布于 1 000×1 000 m^2 的区域内，其中无人机位于所考虑区域的中心以服务地面用户。所提供的结果是在 100 个独立实验上取平均值。

图 9-8 给出了所提低复杂度算法的收敛行为，其中 D2D 对的数量 $N=5$，最大发射功率 $p^{\max}=100$ mW。从图中可以看出，所提低复杂度功率控制算法可以快速收敛，大约执行五次迭代。此外，可以看到经过两次迭代后，其中两个 D2D 发射机的功率达到最大发射功率，而另外 D2D 发射机则降低其功率以减少相互干扰。

图 9-9 描述了两种算法在不同 D2D 对数目设置下的和速率性能，其中所提算法 1 指的是表 9-2 中算法，所提算法 2 指的是所提低复杂度算法，最大发射功率分别设置为 $p^{\max}=100$ mW 和 $p^{\max}=10$ mW。首先可以观察到两种情况下系统和速率随着 D2D 对数目的增加而增长。但通信链路之间的相互干扰阻止了和速率呈现线性增长的趋势，增长速度随着 D2D 对数目的增加而逐渐减慢。并且从图 9-9 中还可以发现，所提的两种算法在不同场景中获得了几乎相同的性能，这验证了所提低复杂度算法的有效性。这是因为 Hessian 矩阵

的近似总能获得下降方向。因此，解值随迭代次数逐渐减小。另外，从图 9-9 中的曲线可以看出，通过提高 D2D 的发射功率可以提升系统性能。

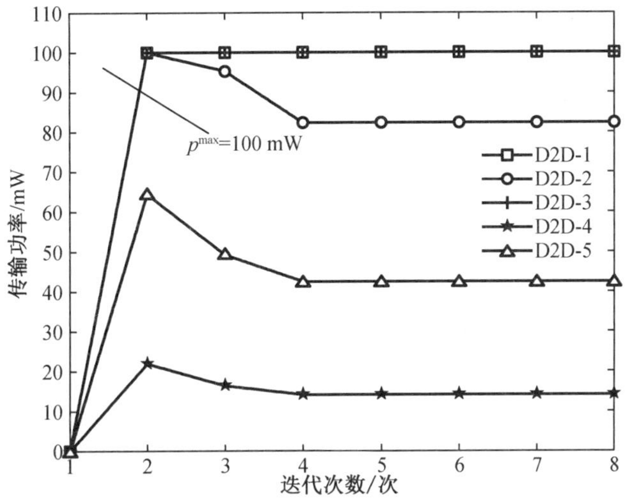

图 9-8　算法收敛行为图

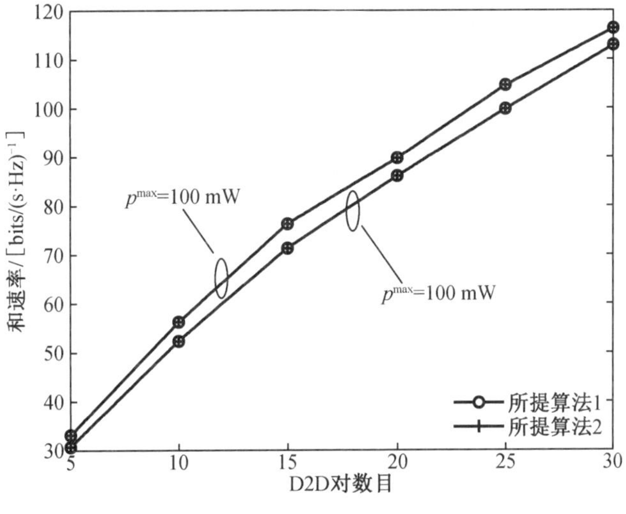

图 9-9　不同 D2D 对数目设置下的和速率对比

为了进一步评估算法性能，图 9-10 给出了系统和速率随着无人机用户速率需求的变化情况，其中 D2D 对的数量是 $N=10$。显然，和速率随着用户速率需求的提高而降低。值得注意的是，尽管用户需求不断增加，两种算法获得的系统和速率几乎相同。一个有趣的现象是，在高用户速率需求的情况下，系统和速率几乎不受最大发射功率的影响。这是因为高用户速率需求对发射功率施加严格限制并且不允许过高发射功率，这意味着用户速率需求主导系统和速率。相应地，在低用户速率需求的情况下，最大发射功率的约束对系统和速率有很大影响。

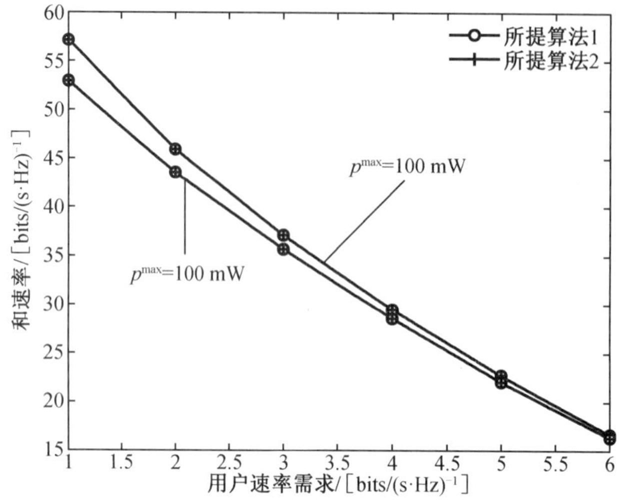

图 9-10　不同用户速率需求下的性能对比

此外,图 9-11 展示了所提出的两种数据传输算法的运行时间,其运行时间由 Matlab 中内嵌函数 tic-toc 计算。观察图 9-11 中的曲线趋势,可以发现低复杂度算法的复杂度远低于算法 9-2,这得益于低复杂度算法降低了牛顿步径的计算量。

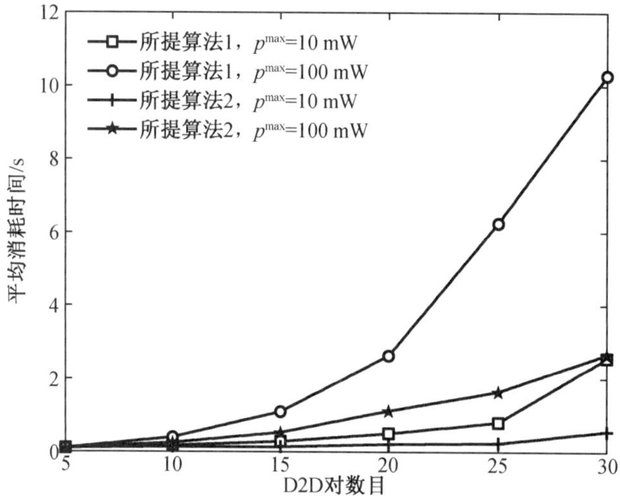

图 9-11　不同 D2D 对数目下的平均消耗时间对比

9.3　无人机空地动态数据传输优化

9.3.1　系统模型与问题描述

考虑如下一个空地通信场景：M 个用户随机分散在地面上，并定义为集合 $\mathcal{M}=\{1,2,\cdots,m,\cdots,M\}$。由于地震或者其他原因，地面基站已经损坏以致不可用。部署无人机作为空中接入点为地面用户提供网络服务，无人机飞行高度和续航时间分别为 H 和 T。无人机初始和终止位置分别定义为 $[x_0,y_0,H]$ 和 $[x_F,y_F,H]$。为表述方便，令 $[x_0,y_0,0]$ 为所考虑的坐标系原点。总时间长度 T 被分为 N 个小时隙，其中每个时隙的长度为 δ，即 $T=N\delta$。因此，无人机的轨迹可表示为 $\{x[n],y[n],H\},\forall n$。离散点数量 N 的选择需要综合考虑计算复杂度和精度的需求。具体而言，一方面，较大的离散点数量 N 或较小时间长度 δ 会给系统带来更多优化变量，从而增加计算复杂度；另一方面，这也更加准确精细地刻画了无人机的轨迹。考虑到无人机最大飞行速度 V 的限制，无人机的位置受到以下限制：

$$\begin{gathered}(x[1]-x_0)^2+(y[1]-y_0)^2\leqslant(V\delta)^2\\(x[n]-x[n-1])^2+(y[n]-y[n-1])^2\leqslant(V\delta)^2,\ \forall n=2,3,\cdots,N\\(x_F-x[N])^2+(y_F-y[N])^2\leqslant(V\delta)^2\end{gathered}\tag{9-42}$$

由于无人机的飞行高度 H 是固定的，不失一般性，接下来的叙述分析聚焦二维场景 $\{x[n],y[n]\}$。考虑无人机到地面用户传输的下行链路，多用户采用正交频分多址接入方式，每个用户占用相同的带宽。系统总带宽和无人机最大发射功率分别用 B 和 P_T 表示。在第 n 个时隙，无人机与第 m 个地面用户的信道增益建模为

$$g_m[n]=\frac{\beta_0}{(x[n]-x_m)^2+(y[n]-y_m)^2+H^2}\tag{9-43}$$

式中，β_0 是在参考距离为 d_0 处的信道增益；$(x_m,y_m,0)$ 是第 m 个地面用户的位置坐标。从式(9-43)中可以看出，信道增益随着无人机高度的增加而单调减小。在这种情况下，无人机飞行在最低的可允许高度对系统是有益的。因此，本节中没有考虑无人机的高度优化问题。在时间长度 T 内，第 m 个地面用户接收到的平均吞吐量为

$$R_m=\frac{1}{T}\sum_{n=1}^{N}\frac{B}{M}\log_2\left(1+\frac{p_m[n]g_m[n]}{\sigma^2B/M}\right)\tag{9-44}$$

式中，$p_m[n]$ 是无人机在第 n 个时隙时分配到第 m 个地面用户的发射功率；σ^2 是系统噪声功率谱密度。为了确保所有地面节点都具有通信机会，不同于以往的最大化和吞吐量，本节通过分配无人机发射功率和规划无人机轨迹来实现最小用户平均吞吐量最大化。在数学上，所研究的问题可以表述如下：

$$
\begin{cases}
\max\limits_{\{x[n],y[n]\},\{p_m[n]\}} \min\limits_{m} R_m \\
\text{s.t.}\quad \text{C1}: \sum\limits_{n=1}^{N}\sum\limits_{m=1}^{M} p_m[n] \leqslant P_{\mathrm{T}} \\
\qquad \text{C2}: p_m[n] \geqslant 0, \forall n \in \mathcal{N}, \forall m \in \mathcal{M} \\
\qquad \text{C3}: (x[1]-x_0)^2+(y[1]-y_0)^2 \leqslant (V\delta)^2 \\
\qquad \text{C4}: (x[n]-x[n-1])^2+(y[n]-y[n-1])^2 \leqslant (V\delta)^2, n=2,\cdots,N \\
\qquad \text{C5}: (x_{\mathrm{F}}-x[N])^2+(y_{\mathrm{F}}-y[N])^2 \leqslant (V\delta)^2
\end{cases}
\tag{9-45}
$$

约束条件 C1 和 C2 表示无人机功率约束，C3–C5 是无人机的轨迹约束。问题(9–45)涉及发射功率和轨迹的联合优化，是一个非凸优化问题，不能直接利用现有算法求解。

9.3.2 空地动态数据传输优化算法设计

通过引入辅助变量 s，原始优化问题(9–45)可以等价表述为如下形式：

$$
\begin{aligned}
&\max_{\{x[n],y[n]\},\{p_m[n]\},s} s \\
&\text{s.t.}\quad R_m \geqslant s, \forall m \in \mathcal{M} \\
&\qquad \text{C1–C5}
\end{aligned}
\tag{9-46}
$$

式(9–46)中问题仍然是一个非凸优化问题。仔细观察可以发现，给定无人机轨迹时，系统不同状态下的信道增益 $g_m[n]$ 可知，则平均吞吐量 R_m 是关于无人机发射功率的凹函数。此外，给定无人机发射功率时，可以通过分析得到关于平均吞吐量 R_m 的严格下界。基于这些观察，本小节首先研究了两个子问题：给定轨迹下的发射功率优化和给定发射功率下的轨迹优化问题。然后，基于得到的结果，设计了联合发射功率和轨迹优化的空地动态数据传输算法。

在给定无人机轨迹 $\{x[n],y[n]\}$，$n=1,2,\cdots,N$ 时，发射功率优化问题如下：

$$
\begin{cases}
\max\limits_{\{p_m[n]\},s} s \\
\text{s.t.}\quad \text{C1}: \dfrac{1}{T}\sum\limits_{n=1}^{N} \dfrac{B}{M}\log_2\left(1+\dfrac{Mp_m[n]g_m[n]}{B\sigma^2}\right) \geqslant s, \forall m \in \mathcal{M} \\
\qquad \text{C2}: \sum\limits_{n=1}^{N}\sum\limits_{m=1}^{M} p_m[n] \leqslant P_{\mathrm{T}}, \\
\qquad \text{C3}: p_m[n] \geqslant 0, \forall n \in \mathcal{N}, \forall m \in \mathcal{M}
\end{cases}
\tag{9-47}
$$

这是一个标准的凸优化问题，可以利用现有算法求解，例如内点法。当使用内点算法时，计算复杂度为 $O(N^3M^3)$。

当无人机的发射功率 $\{p_m[n]\}$ 给定时，无人机的轨迹优化问题如下所示：

$$\begin{cases}\max\limits_{\{x[n],y[n]\},s} & s\\ \text{s.t.} & \text{C1}: \dfrac{1}{T}\sum\limits_{n=1}^{N}\dfrac{B}{M}\log_2\left(1+\dfrac{M\beta_0 p_m[n]/(B\sigma^2)}{(x[n]-x_m)^2+(y[n]-y_m)^2+H^2}\right)\geqslant s,\forall m\in\mathcal{M}\\ & \text{C2}: (x[1]-x_0)^2+(y[1]-y_0)^2\leqslant(V\delta)^2\\ & \text{C3}: (x[n]-x[n-1])^2+(y[n]-y[n-1])^2\leqslant(V\delta)^2, n=2,3,\cdots,N\\ & \text{C4}: (x_F-x[N])^2+(y_F-y[N])^2\leqslant(V\delta)^2\end{cases}$$

(9-48)

问题(9-48)中只有约束条件C1是非凸函数。因此,本小节通过使用约束C1的下界设计一种迭代轨迹优化算法。用$\{x^k[n],y^k[n]\}$表示第k次迭代时无人机轨迹,第$(k+1)$次无人机轨迹$\{x^{k+1}[n],y^{k+1}[n]\}$为$x^{k+1}[n]=x^k[n]+\Delta_x^k[n]$和$y^{k+1}[n]=y^k[n]+\Delta_y^k[n]$,其中$\Delta_x^k[n]$和$\Delta_y^k[n]$为第$k$次迭代时增量。则有$R_m^{k+1}=B/(MT)\sum r_{m,n}^{k+1}$和

$$r_{m,n}^{k+1}=\log_2\left(1+\gamma\frac{\beta_0}{d_{m,n}^k+f(\{\Delta_x^k[n],\Delta_y^k[n]\})}\right) \tag{9-49}$$

式中

$$\gamma=\frac{Np_m[n]}{B\sigma^2}$$

$$d_{m,n}^k=(x^k[n]-x_m)^2+(y^k[n]-y_m)^2+H^2$$

$$f(\{\Delta_x^k[n],\Delta_y^k[n]\})=\Delta_x^k[n]^2+\Delta_y^k[n]^2+2(x^k[n]-x_m)\Delta_x^k[n]+2(y^k[n]-y_m)\Delta_y^k[n]$$

(9-50)

因为$\log_2[1+a/(b+x)]$是关于x的凸函数,由凸函数的一阶泰勒近似可得

$$\log_2\left(1+\frac{a}{b+x}\right)\geqslant\log_2\left(1+\frac{a}{b}\right)-\frac{a}{\ln 2b(a+b)}x \tag{9-51}$$

根据上面不等式,可以得到

$$r_{m,n}^{k+1}\geqslant r_{m,n}^{k+1,lb}=\log_2\left(1+\gamma\frac{\beta_0}{d_{m,n}^k}\right)-\frac{\gamma\beta_0}{\ln 2d_{m,n}^k(\gamma\beta_0+d_{m,n}^k)}f(\{\Delta_x^k[n],\Delta_y^k[n]\}) \tag{9-52}$$

给定第k次轨迹$\{x^k[n],y^k[n]\}$,则第$(k+1)$次轨迹可通过求解下列优化问题获得:

$$\begin{cases}\max\limits_{\{\Delta_x^k[n],\Delta_y^k[n]\},s} & s\\ \text{s.t.} & \text{C1}: \dfrac{1}{T}\sum\limits_{n=1}^{N}\dfrac{B}{M}r_{m,n}^{k+1,lb}\geqslant s,\forall m\in\mathcal{M}\\ & \text{C2}: (x^k[1]+\Delta_x^k[1]-x_0)^2+(y^k[1]+\Delta_y^k[1]-y_0)^2\leqslant(V\delta)^2\\ & \text{C3}: (x^k[n]+\Delta_x^k[n]-x^k[n-1]-\Delta_x^k[n-1])^2+\\ & \quad (y^k[n]+\Delta_y^k[n]-y^k[n-1]-\Delta_y^k[n-1])^2\leqslant(V\delta)^2, n=2,3,\cdots,N\\ & \text{C4}: (x_F-x^k[N]-\Delta_x^k[N])^2+(y_F-y^k[N]-\Delta_y^k[N])^2\leqslant(V\delta)^2\end{cases}$$

(9-53)

这是一个凸优化问题,可以使用标准凸优化技术来解决。由于优化变量是每次迭代的增量,因此可以获得一系列非递减值。

由于所研究的轨迹优化和功率分配问题是非凸的,找到全局最优解是非常困难的。基于上面的结果,本小节设计了一种可以获得次优解的有效算法。如表 9-3 中算法所示,所提算法的核心思想是交替优化发射功率和轨迹。在每次迭代中,所提算法的主要复杂度在于步骤 2 和 4,都是需要解决一系列凸问题。步骤 2 和 4 的计算成本约为 $O((MN)^3)$ 和 $O(L(2N)^3)$,其中 N 和 M 是时隙和节点的数量,L 为轨迹优化时迭代次数,即求解问题(9-48)所需的迭代次数。

表 9-3 空地动态数据传输优化算法

1:初始化无人机轨迹 $\{x^k[n],y^k[n]\}$ 和迭代次数 $k=0$
2:给定轨迹 $\{x^k[n],y^k[n]\}$,求解功率优化问题(9-47),得到最优解 $\{p_m[n]\}^*$ 和 s^*
3:更新发射功率 $\{p_m[n]\}^{k+1}=\{p_m[n]\}^*$ 和最优解值 $s^{k+1}=s^*$
4:给定发射功率 $\{p_m[n]\}^{k+1}$,求解轨迹优化问题(9-48),得到最优解 $\{\Delta_x^k[n]\}$,$\{\Delta_y^k[n]\}$
5:更新无人机轨迹 $\{x[n],y[n]\}^{k+1}$
6:判断停止条件是否满足,若满足,停止;否则,执行步骤 2

9.3.3 结果与分析

考虑一个 2 000×500 m^2 区域,其中无人机为三个地面节点提供无线网络连接,地面用户位置分别为(200,400,0) m、(1 000,200,0) m 和(1 800,400,0) m。不失一般性,考虑通信系统为单位带宽,其他系统参数如下:$\sigma^2=-169$ dBm/Hz、$H=100$ m、$V=100$ m/s、$T=50$ s、$P_T=5$ W、$\delta=1$ s 和 $\varepsilon=0.01$。因此系统中离散点的数量 $N=50$。参考距离 $d_0=1$ m 的信道增益为 $\beta_0=10^{-3}$ dB。本小节给出了两种案例下的仿真结果,其中无人机初始位置在两种案例下均为(0,0,100) m,终点位置在案例一中为(2 000,0,100) m,在案例二中为(2 000,500,100)。作为一种对比方案,考虑无人机以均匀速度沿直线从初始位置飞到终点位置的情况。该轨迹也用作表 9-3 中算法的初始轨迹。此外,为了与静态系统相比较,考虑一个在地面节点的几何中心的静态接入点为用户提供网络连接。

图 9-12 显示了两个案例中的无人机轨迹、速度和发射功率。可以观察到,当飞行时间足够时,无人机会遍历所有的通信节点。此外,无人机的飞行速度在某些点接近于零,意味着无人机将在节点上悬停一段时间。在这种情况下,无人机期望采用最短的遍历路径飞行,从而节省飞行时间,将更多的时间用在无人机悬停时与地面用户通信上。从图中可以观察到无人机的发射功率与无人机的位置紧密相关,这意味着联合发射功率和轨迹优化的必要性。在空间域中可以观察到与注水定理相似的现象。具体地,当无人机接近节点时,信道条件好,发射功率将提高;相反,当无人机远离节点时,相应的发射功率降低。其中节点 2 的发射功率总是低于其他节点。这是因为无人机在节点 2 上空盘旋的时间更长。

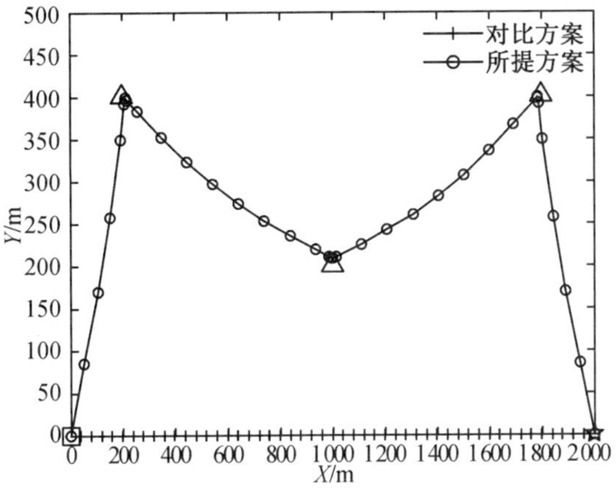

(a1) 案例一无人机轨迹

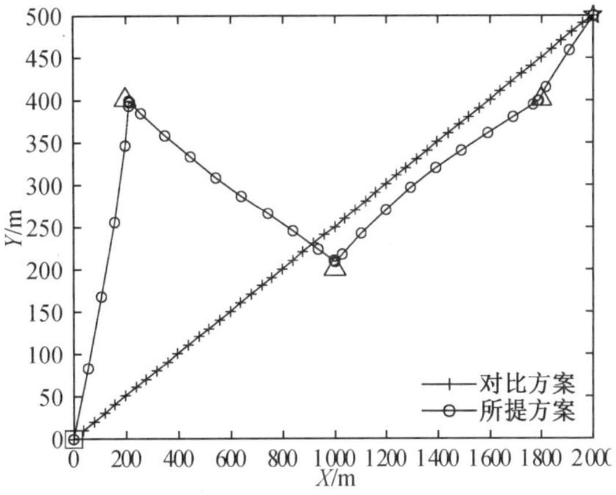

(b1) 案例二无人机轨迹

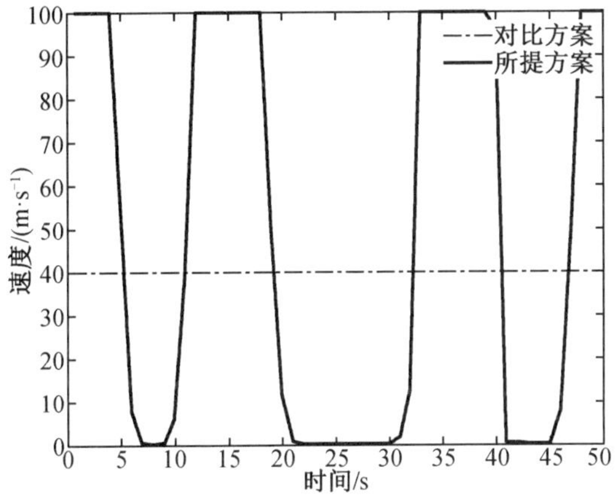

(a2) 案例一无人机速度

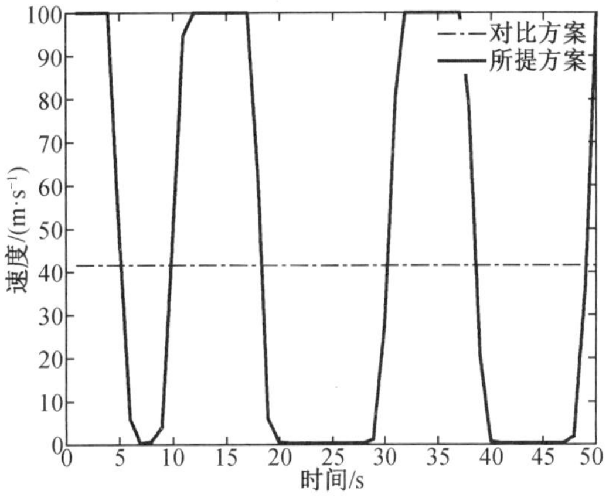

(b2) 案例二无人机速度

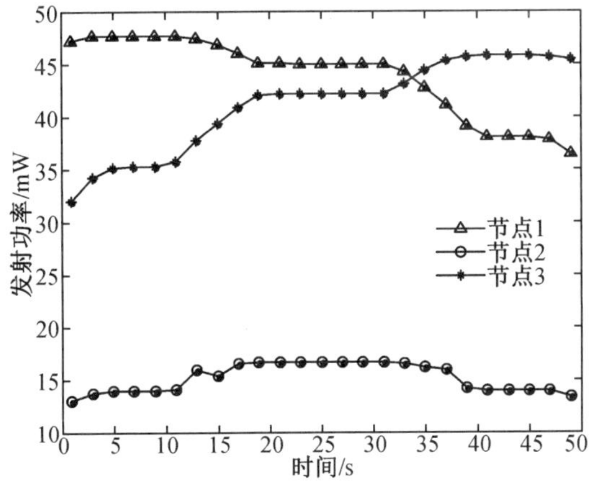

(a3) 案例一无人机功率

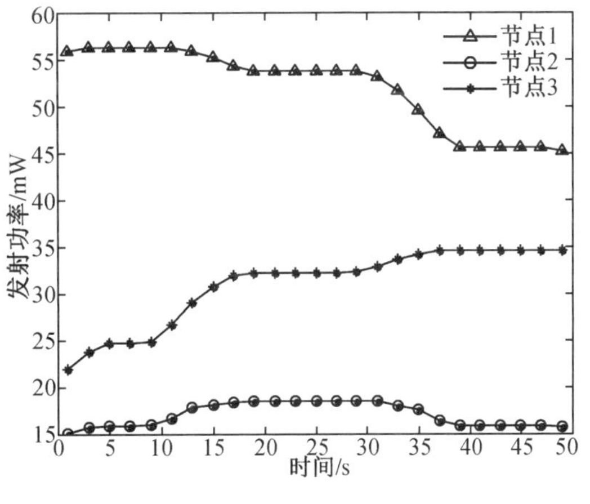

(b3) 案例二无人机功率

图 9-12　不同案例下的无人机轨迹、速度和发射功率

为了评估所提算法的性能，本小节给出了不同算法获得的最小平均吞吐量与发射功率的关系，如图 9-13 所示。可以看出，所提算法优于基准方法和静态部署情况。主要原因是经过优化的无人机轨迹可以更好地适应无人机分布情况,并且所提出的算法将大部分功率集中到具有最佳链路质量的时隙上,从而提升系统吞吐量。

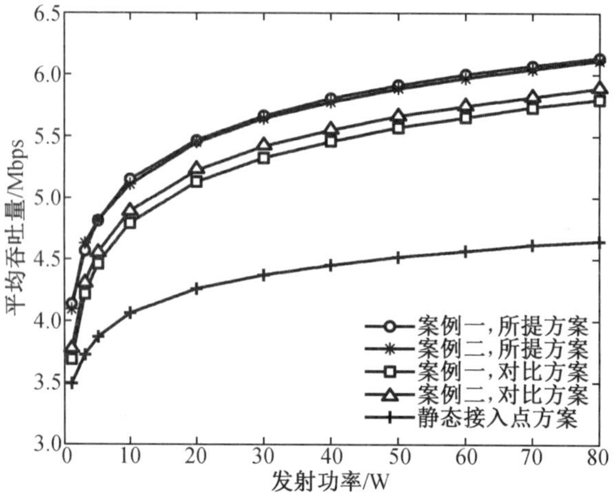

图 9-13　不同发射功率下的系统平均吞吐量对比

9.4　小　　结

本章分别研究了无人机辅助高效通信服务中的空地协同通信服务和空地动态通信服务问题。针对空地协同场景,提出了一种基于连续凸优化的功率控制算法,并通过分析所提算法中的海森矩阵结构,进一步提出一种低复杂度空地协同数据传输方式。针对空地动态场景,利用交替优化的思想,通过联合优化无人机发射功率和轨迹实现最大化用户通信服务质量。仿真结果验证了所提算法的优越性。

思考与探究

1. 请分析不同多址接入方式(FDMA、TDMA、CDMA 等)下无人机辅助网络的性能?
2. 空地信道通常建模为直射链路,请思考在小尺度衰落情况下的建模方式。

参 考 文 献

[1]　3GPP TR 36. 777. Technical Specification Group Radio Access Network: Study on Enhanced LTE Support for Aerial Vehicles[R/OL]. (2017-12-14)[2024-10-12]. ftp://www.3gpp.org/specs/archive/36_series/36.777/.

[2]　ZENG Y, ZHANG R. Energy-efficient UAV communication with trajectory optimization

[J]. IEEE Transactions on Wireless Communications, 2017, 16(6): 3747-3760.

[3] 秦博，王蕾. 无人机发展综述[J]. 飞航导弹，2002, 2002(8):4-10.

[4] 汤明文，戴礼豪，林朝辉，等. 无人机在电力线路巡视中的应用[J]. 中国电力，2013, 46(3):35-38.

[5] 王涛，王维平，李小波，等. 一种多无人机集群持续侦察分层控制框架及关键算法[J]. 系统仿真学报，2018, 30(4):17-24.

[6] AHMED N, KANHERE S S, JHA S. On the importance of link characterization for aerial wireless sensor networks[J]. IEEE Communications Magazine, 2016, 54(5): 52-57.

[7] KOULALI S, SABIR E, TALEB T, et al. A green strategic activity scheduling for UAV networks: a sub-modular game perspective[J]. IEEE Communications Magazine, 2016, 54(5): 58-64.

[8] XIAO Z, XIA P, XIA X G. Enabling UAV cellular with millimeter-wave communication: potentials and approaches[J]. IEEE Communications Magazine, 2016, 54(5): 66-73.

[9] MOZAFFARI M, SAAD W, BENNIS M, et al. Unmanned aerial vehicle with underlaid device-to-device communications: performance and tradeoffs[J]. IEEE Transactions on Wireless Communications, 2016, 15(6): 3949-3963.

[10] YANG P, CAO X, YIN C, et al. Proactive drone-cell deployment: overload relief for a cellular network under flash crowd traffic[J]. IEEE Transactions on Intelligent Transportation Systems, 2017, 18(10): 2877-2892.

[11] MOZAFFARI M, SAAD W, BENNIS M, et al. Efficient deployment of multiple unmanned aerial vehicles for optimal wireless coverage[J]. IEEE Communications Letters, 2016, 20(8): 1647-1650.

[12] LYU J, ZENG Y, ZHANG R, et al. Placement optimization of UAV-mounted mobile base stations[J]. IEEE Communications Letters, 2016, 21(3): 604-607.

[13] HAN Z, SWINDLEHURST A L, LIU K J R. Optimization of MANET connectivity via smart deployment/movement of unmanned air vehicles[J]. IEEE Transactions on Vehicular Technology, 2009, 58(7): 3533-3546.

[14] ZENG Y, ZHANG R, LIM T J. Throughput maximization for UAV-enabled mobile relaying systems[J]. IEEE Transactions on Communications, 2016, 64(12): 4983-4996.

[15] WANG Q, CHEN Z, MEI W, et al. Improving physical layer security using UAV-enabled mobile relaying[J]. IEEE Wireless Communications Letters, 2017, 6(3): 310-313.

[16] WANG H, WANG J, DING G, et al. Spectrum sharing planning for full-duplex UAV relaying systems with underlaid D2D communications[J]. IEEE Journal on Selected Areas in Communications, 2018, 36(9): 1986-1999.

[17] WANG H, WANG J, DING G, et al. Resource allocation for energy harvesting-powered D2D communication underlaying UAV-assisted networks[J]. IEEE Transactions on Green Communications and Networking, 2017, 2(1): 14-24.

[18] XU J, ZENG Y, ZHANG R. UAV-enabled multiuser wireless power transfer: trajectory

design and energy optimization [C]//2017 23rd Asia-Pacific Conference on Communications (APCC). 2017: 1-6.

[19] ZHOU F, WU Y, HU R Q, et al. Computation rate maximization in UAV-enabled wireless-powered mobile-edge computing systems[J]. IEEE Journal on Selected Areas in Communications, 2018, 36(9): 1927-1941.

[20] CHEN M, MOZAFFARI M, SAAD W, et al. Caching in the sky: Proactive deployment of cache-enabled unmanned aerial vehicles for optimized quality-of-experience[J]. IEEE Journal on Selected Areas in Communications, 2017, 35(5): 1046-1061.

[21] XU X, ZENG Y, GUAN Y L, et al. Overcoming endurance issue: UAV-enabled communications with proactive caching [J]. IEEE Journal on Selected Areas in Communications, 2018, 36(6): 1231-1244.

[22] DOPPLER K, RINNE M, WIJTING C, et al. Device-to-device communication as an underlay to LTE-advanced networks [J]. IEEE Communications Magazine, 2009, 47(12): 42-49.

[23] ASADI A, WANG Q, MANCUSO V. A survey on device-to-device communication in cellular networks[J]. IEEE Communications Surveys & Tutorials, 2014, 16(4): 1801-1819.

[24] YU C H, TIRKKONEN O, Doppler K, et al. Power optimization of device-to-device communication underlaying cellular communication [C]//2009 IEEE International Conference on Communications. 2009: 1-5.

[25] ZHAO W, WANG S. Resource allocation for device-to-device communication underlaying cellular networks: an alternating optimization method [J]. IEEE Communications Letters, 2015, 19(8): 1398-1401.

[26] NGUYEN H H, HASEGAWA M, HWANG W J. Distributed resource allocation for D2D communications underlay cellular networks[J]. IEEE Communications Letters, 2015, 20(5): 942-945.

[27] LI Y, JIN D, YUAN J, et al. Coalitional games for resource allocation in the device-to-device uplink underlaying cellular networks [J]. IEEE Transactions on Wireless Communications, 2014, 13(7): 3965-3977.

[28] WANG S, HUANG F, ZHOU Z H. Fast power allocation algorithm for cognitive radio networks[J]. IEEE Communications Letters, 2011, 15(8): 845-847.

[29] WANG S, GE M, WANG C. Efficient resource allocation for cognitive radio networks with cooperative relays[J]. IEEE Journal on Selected Areas in Communications, 2013, 31(11): 2432-2441.

第9章参考资料

第 10 章　无线可信数据服务

随着无线通信网络的普及和人工智能的快速发展,数据的安全性和可信度成了亟待解决的问题。如何在无线网络中实现数据的可信存证,成为当前研究的热点。本章将从技术背景、基础概念和应用部署等方面,着重探讨提供无线可信数据服务的基础技术无线区块链。希望通过本章的学习,能够对无线可信数据服务有一个全面的了解,并认识到无线区块链在其中的重要地位。

10.1　引　　言

随着信息技术的飞速发展,无线通信网络已经深入到我们生活的方方面面。从智能手机、平板电脑到物联网设备,无线通信网络为各种设备提供了便捷的数据传输服务。无线区块链结合了无线通信网络的便捷性和区块链技术的安全性,为无线可信数据服务提供了新的可能性。通过无线区块链,数据可以在去中心化的网络中安全传输,确保数据的真实性和不可篡改性。这将极大地推动无线通信网络在各个领域的应用和发展,为人们提供更加安全、可靠的数据服务。

依靠分布式、加密、不可篡改、通证化和去中心化五个基本要素,区块链能够建立以机器信任为基础的社会生产关系,发挥价值表示、传递与确认的核心作用,进而构筑起"价值互联网",深入推动国家治理现代化和社会经济发展。从技术层面,区块链又被称为分布式记账技术(distributed ledger technology,DLT),这是一种去中心化、防篡改的分布式数据存证系统[1]。在该系统中,各个节点之间建立通信连接关系,数据以点对点(Peer-to-Peer,P2P)的方式传递和存储,并依赖节点共同维护分布式账本来建立信任,是区块链的基础概念之一,它记录了网络中所有交易和数据的完整历史记录。分布式账本通过将交易打包成区块,并使用密码学哈希函数将区块链接在一起,形成一个不可篡改的链式结构。每个节点都保存了完整的分布式账本副本,确保了数据的透明性和可验证性。区块链技术应用已延伸到物联网、工业互联网、供应链等多个领域[2]。

将区块链技术与无线通信网络相结合,不仅可以为无线节点提供可信的数据共享服务,同时进一步拓展了区块链技术的应用。然而,在实际无线通信网络场景中部署和使用区块链仍面临着问题和挑战。首先,无线通信网络中节点资源和能量受限,如何高效配置节点的通信资源使得节点在保证无线区块链性能和自身能耗之间取得平衡是一个难点。其次,无线通信网络中拓扑实时动态变化,为实现节点在动态环境下的可信数据服务,则需要在动态网络中迅速调整资源配置,以保证无线区块链系统的稳健运行。因此,本章将研究动态无线区块链网络中通信资源优化和配置问题,为无线可信数据服务提供技术支撑。

10.2 无线区块链技术基础

本节将深入介绍区块链的架构、共识机制等基础知识,探讨无线区块链面临的挑战和问题,以及无线区块链相较于传统有线区块链的特点和优势。

10.2.1 区块链的架构、特点和分类

1. 区块链的架构

目前已有众多学者开展了对于区块链分层架构的研究[3-4]。与计算机的架构类似,区块链网络架构分为数据层、网络层和共识层,这是底层结构,为了实现区块链的扩展性,还包括激励层、合约层和应用层。如图 10-1 所示,每一层都有它的功能定位,通过各层之间的相互协作,以在分布式网络中实现一个去中心化的信任网络。

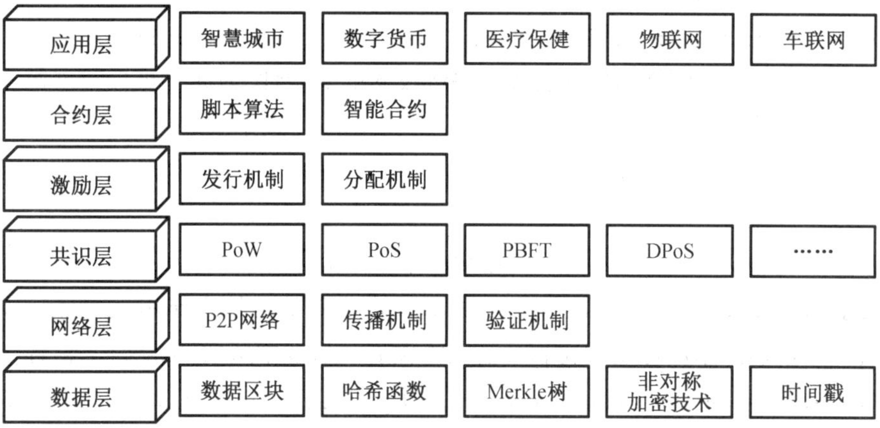

图 10-1 区块链架构

(1)数据层(Data Layer)

数据层处于架构的最低一层,通过对区块中的数据进行加密,保证了数据的不可篡改性。数据层主要由数据区块、哈希函数、Merkle 树、非对称加密以及时间戳组成。数据区块作为分布式账本用来保存数据,区块中的数据一旦被记录就不能被篡改。区块存储的内容分为区块头和区块体,如图 10-2 区块结构部分所示。在区块链中默克尔树(Merkle)根是通过编码算法生成的哈希值,其代表了区块体内所有交易的哈希组合。时间戳服务器根据区块中的交易的时间戳对它们进行排序。区块体存储区块的所有交易信息,为了节省区块存储空间和降低查询时间成本,采用 SHA256 哈希算法。区块链结构中主要包含交易、块、哈希指针和 Merkle 树[5]。

①交易:作为区块链的基础组成部分,交易由用户发布,包含有价值信息并在网络中传

播。在区块链系统中,一切具有价值的信息都可被视为交易。

②区块:区块作为区块链中的存储单元,其中包含区块头和许多交易,区块主要负责存储所有交易的信息。每个区块都有一个唯一的标识符(通常是哈希值),该标识符包含前一个区块的哈希指针,形成了区块链的链式结构。区块内还包含了时间戳和其他元数据,以及经过共识机制验证的交易信息。

③哈希指针:哈希指针是指一个块中包含对前一个区块的哈希值的引用。这个引用确保了区块链的连贯性和不可篡改性。每个区块的哈希指针连接到前一个区块,形成一个持续增长的链条,确保区块链的历史记录被完整保留,并且每个块都依赖于前一个块的信息。

④Merkle 树:Merkle 树用于有效地验证大量数据的完整性,是区块链中重要的数据结构,被用于验证块中的交易是否被篡改。每个叶子节点为每一个最小数据单元的哈希值,而除叶子节点外的其他节点则将其所有子节点的哈希值作为输入,每个交易经过哈希运算得到哈希值,然后两两配对并再次哈希,以此类推,直到形成最终的根哈希值。通过比较根哈希值,可以快速验证整个块中的交易是否完整。使用树形结构其时间复杂度为 $O(\log n)$。矿工在上一个主链区块的基础上进行新一轮挖矿,生成满足工作难度要求的新区块哈希,并将其连接到前一个区块的哈希上。由此形成区块链的链式结构,如图 10-2 中链式结构部分所示。

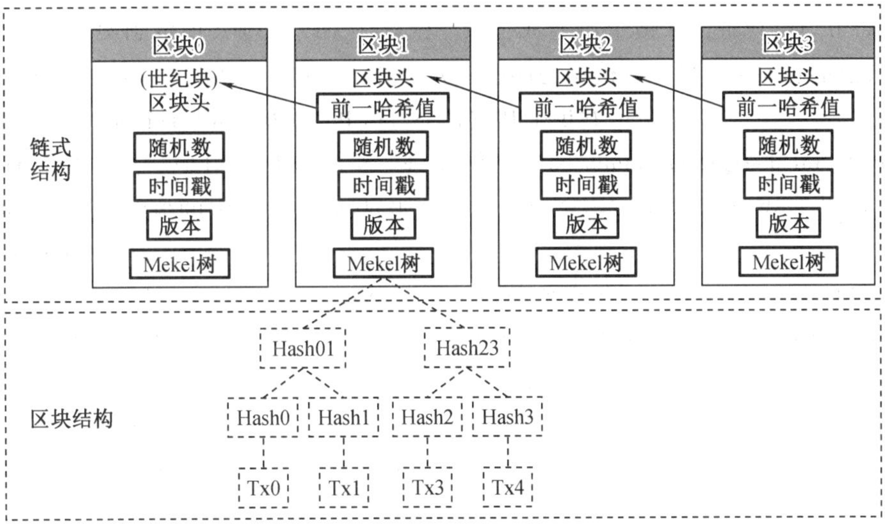

图 10-2 区块链数据结构

(2)网络层(network layer)

网络层包含众多子网络,它们由大量无线节点以及它们之间的链接组成,该层的作用是实现节点之间的通信,负责区块和交易信息在网络上传输。区块链采用 P2P 网络结构,每个节点具备路由、传输等功能。在区块链网络中,P2P 网络的作用是让网络中所有节点能够平等维护区块链账本,任意一个交易处理流程如图 10-3 所示。首先,节点会将与其他节点之间的交易广播到整个网络。其次,矿工创建一个新区块,其中包含一段时间内接收到的交易,并利用算力找到符合难度要求的工作量证明。一旦矿工成功解决了新区块的难题，将立即将该区块广播到整个网络。只有当区块中的所有交易都是有效的且之前未被记录时，网络中的其他节点才会接受该区块并将其存储。最后，节点将现有区块的哈希当作前一个哈希，继续进行挖矿。

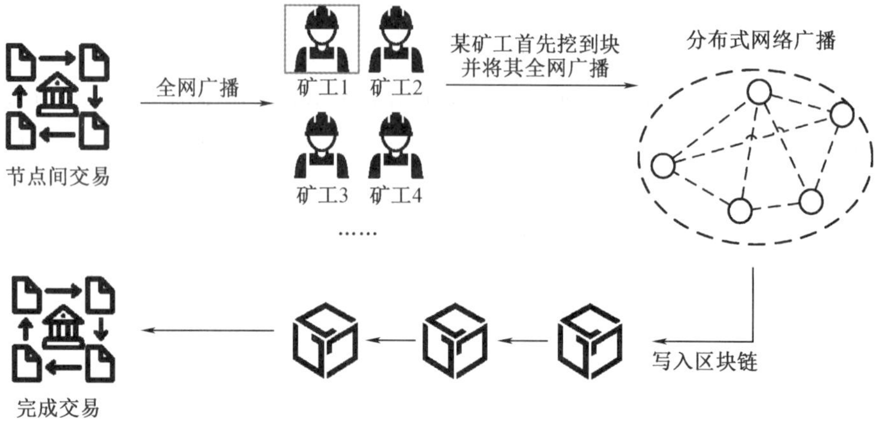

图 10-3　网络层工作流程

(3)共识层(Consenous Layer)

共识层主要用来确保全网节点账本的一致性。共识层的核心问题是在一个互不信任的分布式网络中，保证区块链节点达成一致。区块链系统依赖共识机制实现这一目标，使得参与节点能够在没有第三方机构的环境下进行安全的 P2P 交易。目前，各领域已经研究和应用了多种共识机制，常见的共识机制或算法包括 PoW、PoS 和 PBFT 等。

- PoW(proof-of-work)：PoW 是区块链系统中最早被提出且应用最广的一种共识机制。在 PoW 共识中节点需要解决一个难题，找到一个特定的数值，使得区块的哈希值必须等于或小于由难度定义的给定阈值[6]，图 10-4 展示了 PoW 共识机制中的区块创建过程。PoW 在网络中追加新区块的过程需要大量的计算资源。只有第一个找到正确答案的矿工才能创建新的区块，并且其他节点可以轻松验证这个答案的正确性。参与此过程的节点被称为矿工，而该过程被称为挖矿。
- PoS(proof-of-stake)：PoS 是一种基于持有币量来选择创建新区块的节点的算法，代替 PoW 中基于哈希算力的工作量证明，它依赖于在系统中拥有足够权益的条件来参与区块创建过程[7]。在 PoS 中，拥有更多币量的节点更有可能被选中创建新的区块，引入了币龄的概念，例如某节点拥有 100 个币，总共持有 20 天，那么该节点的币龄为 2 000。币龄高的节点在参与挖矿时的目标难度会低于币龄少的其他节点，从而发布新区块的概率也会增加。相对于 PoW，PoS 更环保、更具有持续性，同样网络条件下可以具有更高的吞吐量。

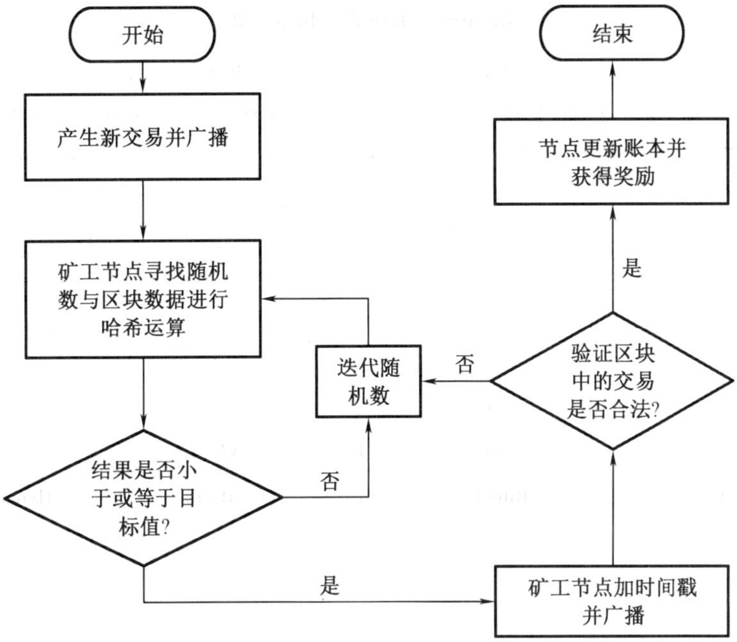

图 10-4 PoW 共识机制流程图

- PBFT(practical byzantine fault tolerance):为了解决拜占庭将军问题(Byzantine generals problem),提高区块链中的节点容错率,M. Castro 和 B. Liskov 提出了一种可容忍拜占庭错误的算法,即使网络中少数节点出现错误或恶意行为,仍然能够保持共识的准确性。PBFT 通过节点之间的相互通信和互相验证来达成共识,为了确保系统的安全性,要求至少 2/3 的节点是诚实的,其适用于需要高度实时性和可靠性的场景[8]。PBFT 的共识过程如图 10-5 所示。PBFT 算法提高了计算效率,但其通信复杂度高,性能会随着节点数量的增加迅速下降,且不适用于拓扑动态变化的通信网络。

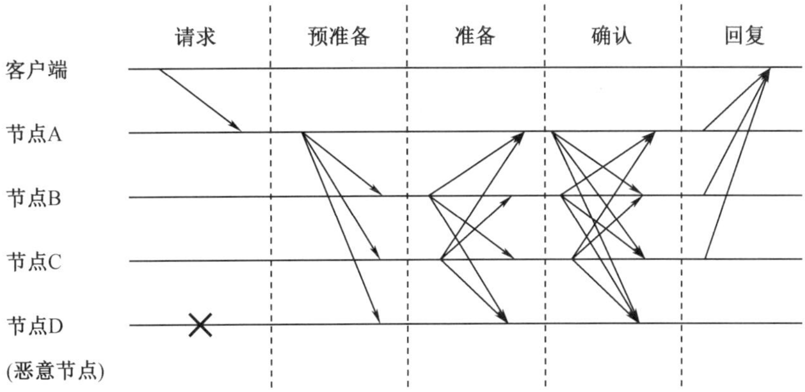

图 10-5 PBFT 的共识过程

表 10-1 在相同网络部署条件下对上述三种典型共识机制进行对比[9],在实际应用中,可依据性能特点将不同的共识机制应用于对应的领域中。

表 10-1 典型共识机制对比

共识机制	PoW	PoS	PBFT
核心思想	利用计算资源解决复杂数学难题	币龄决定用户生成区块的概率	通过代理进行大规模的一致性协作
延迟	高	中	低
吞吐量	低	中	高
可扩展性	高	高	低
分叉	容易	容易	困难
能耗	高	中	低
容错率	50%	50%	33%
典型应用	Bitcoin	PeerCoin	Hyperledger Fabric
通信资源占用	低	中	高

(4)激励层(incentive layer)

激励层将经济因素集成到区块链技术体系中,主要考虑经济激励的发行机制和分配机制,以鼓励区块链用户积极参与系统运行。在 PoW 中,矿工发布有效区块的奖励随时间递减。此外,PoW 另一种激励方式是来自交易的手续费。每笔交易都附带少量的手续费。随着全网计算能力的提升,矿工单独挖矿变得更难,因此,他们倾向于加入大型矿池[10],以增加奖励机会。矿池会根据节点的算力分配奖励,不同算力贡献的节点获得不同的分配。

(5)合约层(contract layer)

合约层主要封装各类脚本算法和智能合约,智能合约是一套以程序语言形式定义的契约,会在特定触发条件下自动执行。在区块链早期,智能合约仅限于简单的脚本语言,用于控制数字货币在交易市场的交易。智能合约是区块链中的可编程逻辑,它以代码的形式定义了交易执行的规则和条件。智能合约可以自动执行预先设定的操作,无须第三方信任,确保了无线区块链网络的自治性和安全性。智能合约可以根据具体的应用需求实现各种功能,如身份验证、数据访问控制、支付和资产管理等。

(6)应用层(application layer)

应用层是六层架构的最高一层,为无线节点、无线网络提供可靠的应用程序接口。

2. 区块链的特点

区块链技术具备去中心化、不可篡改性、透明性、匿名性和可追溯性等优点,为解决数据隐私安全问题提供了可行方案。在区块链中,无须受信任的第三方实体,就能实现防篡改的数据、透明可溯源的交易,以及分布式网络中安全的交易。

- 去中心化(decentralization):区块链系统是由网络中的多个节点共同维护和管理,体现出安全性和透明性。区块链的所有操作都部署在分布式账本上,允许在两个对等方之间进行交易验证,而无须第三方介入,降低了服务成本,缓解了性能瓶颈,并降低了单点故障风险。

- 不可篡改性(immutability):一旦数据被记录在区块链上,几乎不可能修改,这保证了数据的安全性和可信度。由于区块链的"区块+链"的特殊形式,区块链账本是由连续链接的区块组成的,若要修改其中一个区块,那么其后生成的区块均无效,因此任何篡改都很容易被发现。区块链不可篡改的特征保证了数据的完整性。
- 透明性(transparency):区块链上的交易和数据是公开可查的,这样增加了信任,并减少了潜在的欺诈。对于大多数公共区块链系统,各用户均可平等地访问区块链网络并与之互动,每一笔新交易均经过验证并被保存。因此,区块链数据对每个能够访问和验证区块链中已提交交易的用户基本上是透明的。
- 匿名性(anonymity):每个用户仅通过一串数字字符串来代表对应的地址,不使用真正的身份,通过数字签名进行身份认证,可以较好地保护个人隐私。
- 可追溯性(traceability):由于区块链是一个块链式结构,链上的信息依据时间顺序环环相扣,区块中记录的每一项交易都包含时间戳。因此,一旦发生问题,用户可以依据区块中的时间戳,轻松地实现向前追溯。

3. 区块链的分类

如今区块链技术迅速发展着,基于不同的场景可将区块链分成不同的类型,不同的类型具有一些不同的属性,如表 10-2 所示。

- 公有链:公共区块链是任何人都可以访问的公共区块链。它是一种完全去中心化的、对互联网上所有用户都开放的区块链,每个用户接入和离开都不需要得到许可,每个公有链用户都会维护一个账本。Bitcoin、Ethereum 等是公有链的典型代表。
- 私有链:仅供在私有组织例如公司内部等使用,私有链中心化程度比较高,只有单个组织获得授权的节点才能加入,其主要作用是对不同部门或个人之间发生的数据交换进行追踪。
- 联盟链:联盟链属于部分去中心化,仅供联盟成员使用。联盟区块链主要使用在机构和机构之间,用户的接入需要得到联盟内某些团体的许可,超级账本(hyperledger)是联盟链的代表。

表 10-2　公有链、私有链和联盟链对比

区块链分类	公有链	私有链	联盟链
参与者	不限	链所有者	联盟成员
常用共识机制	PoW、PoS、DPoS	PBFT、Raft	PBFT
效率	低	高	高
可扩展性	高	低	低
能耗	高	低	低
中心化程度	较低	极高	较高
突出的优势	信用的自建立	透明和可追溯	效用和成本优化

表 10-2(续)

区块链分类	公有链	私有链	联盟链
应用领域	去中心化金融等	私人企业业务等	供应链管理、医疗保健等
代表项目	Bitcoin、Ethereum	Tracr、Blockgraph	Hyperledger

10.2.2 无线区块链的优点和局限性及应用场景

无线区块链是基于无线节点网络构建起来的区块链系统，是将无线通信与区块链相结合的新兴领域，不仅具备去中心化、不可篡改、高鲁棒性的区块链特性，还充分融合无线通信网络的特点和优势，以支持移动去中心化的可信数据传输。

1. 无线区块链优势

无线区块链能实现无线网络中的可信数据传输、共识达成和智能合约执行等功能。通过利用无线通信的特点，如广域覆盖、高度移动性和自组织性，无线区块链为各种应用场景提供了安全可信的数据服务。在无线区块链的架构中，移动设备可以作为节点参与到区块链网络中，通过无线信道进行数据传输。这种去中心化的网络架构为移动设备提供了更大的参与度和自治性，同时也增加了网络的容错性和鲁棒性。通过无线区块链，用户可以在移动环境下实现数据的安全可信传输、身份验证和交易支持，为无线应用带来了更高的信任和安全性。无线区块链具有广泛的应用潜力。在物联网和在智能城市中，无线区块链可以用于智能交通管理、资源共享、环境监测和能源管理等方面[11]。此外，它还可以在移动支付、数字身份认证和供应链管理等领域发挥重要作用。无线区块链的特点可以总结为以下几点：

- 无线网络覆盖性：传统有线区块链的通信依赖于物理连接，受到地理位置和网络设施的限制，与传统有线区块链相比，无线区块链作为一种新兴的通信技术，可以利用现有的无线网络基础设施进行通信，具有更广泛的覆盖范围。无线通信技术可以在城市、农村甚至是偏远地区实现数据传输，为更多人提供服务，实现数字经济的普惠性发展。
- 移动性：无线区块链的移动性是其与传统有线区块链的显著区别之一。传统有线区块链主要依赖于固定网络连接，但无线网络可以通过移动设备在不同位置之间进行切换，实现无缝的移动。传统有线区块链的节点通信需要依赖于固定的网络连接，无法适应移动环境下的需求。然而，无线区块链充分利用了无线通信的特点，能够在移动设备上实现无缝通信。无线网络技术可以实现移动设备在不同位置之间的切换，使得节点能够随时随地接入区块链网络。这种移动性使得无线区块链在移动支付、物联网等领域具备了广泛的应用前景，为人们的日常生活和商务活动提供了更加便捷的服务。
- 自组织性：无线区块链的自组织性是其在分布式环境中的优势之一。无线区块链的节点能够根据网络的变化自发地进行组织,形成一种自适应的网络结构。无线区块链的节点可以通过自组织的方式加入或离开网络,节点之间可以通过无线通信协议进行通信和交换信息。这种自组织性赋予了无线区块链更强的鲁棒性和容错性,即使有节点离开或加入,整个系统仍能够有效运行。由于无线通信网络的去中心化特点,无线区块链在分布式环境中更具适应性和可靠性,也能够更好地应对故障和攻击。

- 共享资源:无线区块链在利用无线网络共享资源方面具有一定的优势。在传统有线区块链中,为了提供计算和存储资源,通常需要依赖单独的服务器或专用硬件设备。然而,无线区块链可以充分利用无线网络中的共享资源,如带宽和计算能力。无线区块链可以通过与无线网络的集成,利用网络中已有的带宽和分布式计算能力,并共享这些资源。这种资源共享方式不仅提高了网络的效率和性能,还降低了系统的成本,使得无线区块链更具可扩展性和灵活性。通过有效的资源管理和分配机制,无线区块链能够满足不同节点的需求,实现网络资源的最优利用,进一步推动区块链技术的发展。

2. 无线区块链的局限和挑战

然而,现有的无线区块链仍然存在一些局限性。首先,无线区块链面临着性能和扩展性的挑战。无线网络的不稳定性和高时延性可能会对无线区块链的性能造成影响。无线通信受到信号传输的限制,依然存在一定概率的分叉现象,这种分叉虽然不是因恶意攻击而导致的,但同样也会浪费诚实矿工的算力,降低区块链系统整体的计算能力,可能导致数据丢失或传输延迟较高,进而影响区块链的共识过程;随着非恶意分叉的频繁发生,区块链的整体增长速度就会变慢,这将间接增加恶意攻击者对区块链系统进行攻击的成功概率,影响到整个网络系统的安全性能,导致区块链系统变得更加脆弱且更容易发生分叉。其次,复杂无线环境下的区块链面临着资源有限和计算能力低下的挑战。无线设备通常具有资源受限的特点,无法承受大量计算和存储开销。

此外,无线区块链在隐私保护方面仍然存在一定的挑战。由于无线网络的广播特性和数据传输的公开性,用户的隐私可能面临泄露的风险。因此,如何保护用户数据的隐私,防止未经授权的访问和恶意篡改也成为研究的重点。另外,无线区块链在标准化和实际部署方面也面临着一些问题。无线通信领域拥有多个不同的标准和技术,如5G、Wi-Fi、LoRa等。如何在这样多样化的环境中实现无线区块链的标准化和互操作性是一个重要的研究方向。

10.3 面向可信数据服务的无线区块链系统传输速率优化

在前文中,对无线区块链网络进行了深入的研究,并详细讨论了其所具备的各种优点和存在的挑战。为了确保无线区块链网络能为用户提供可信的数据服务,其中一个关键点在于解决无线区块链网络中的资源分配与优化,以充分利用通信资源,从而提升整个区块链系统的安全性。然而,同时也无法忽视无线区块链面临着动态拓扑结构和有限通信资源等复杂挑战,这些挑战对其安全性构成了严峻考验。传输速率的优化对于区块链系统的性能和安全至关重要。高传输速率可以显著减少区块的传播延迟,但同时伴随着更大的能耗以及更多的带宽资源[12]。因此,当务之急是寻找一种能快速获取适用于不同无线网络拓扑的最优传输速率的方法,以确保无线区块链系统能持续稳定提供可信保证。

综上所述,本节将探讨数据通信传输速率对无线区块链网络的影响,并介绍一种考虑动态网络拓扑结构的方法以准确有效地获得理想的传输速率。首先,针对直接处理离散数据集会降低最优值精确性的问题,引入了曲线拟合方法转换为连续型效用函数,用以刻画传输速率对无线区块链网络性能的影响。其次,鉴于网络拓扑的动态性和复杂性,传统的数值分析方法在无线区块链网络时无法迅速获取最佳传输速率。为解决这个问题,本节介绍了一种基于图神经网络的智能模型,该模型能够提取识别区块链网络拓扑特征,进而准确推断相应的区块链网络效用函数系数,结合凸优化理论实现最佳传输速率的快速计算。仿真结果表明,在复杂无线通信网络下,所提出的方法能准确快速得到接近全局最优的速率值,在保证系统吞吐量和安全性的前提下大幅降低了消耗时间。

10.3.1 无线区块链系统模型

在无线区块链网络中,矿工节点负责两个关键步骤:生成区块后将其广播给其他矿工。一旦新生成的区块节点间达成共识,这些区块就会被添加到各自的本地区块链中。然而,由于复杂无线区块链系统的动态性质,加上节点的通信资源有限,导致无线通信不可靠,废区块数量增多。吞吐量反映了区块链处理交易的能力,分叉概率则直接与区块链网络的安全性相关。因此,在本节中我们将区块链的吞吐量和分叉率作为衡量区块链系统性能的关键指标。

因为 PoW 共识机制应用最为广泛且经历过实际系统的验证,在本节的无线区块链系统模型中采用 PoW 共识机制。PoW 是一种基于算力竞争的共识机制,其基本目的是通过在分布式节点之间引入计算资源竞争来保证数据一致性和共识安全性,节点生成的区块会在整个区块链网络中传播。

如图 10-6 所示,假设一个由 J 个节点组成的网络 $\mathcal{J}=\{1,2,\cdots,J\}$,其中包含两种类型的节点:全节点(矿工节点)和轻节点。节点间均为无线通信,共同组成了特定的网络拓扑结构。其中全节点负责挖矿生成区块,负责确认和存储从轻节点传输的信息,并产生新的区块添加到区块链中,因此矿工节点需要具有高计算能力和大存储容量,O 个矿工节点组成一个矿池,可表示为 $\mathcal{O}=\{1,2,\cdots,O\}$ 且 $\mathcal{O}\in\mathcal{J}$,其余节点则为只传输交易信息的轻节点,对于每个轻节点存在工作或空闲两种状态,只有在传输信息时处于工作状态。由于区块链出块间隔和区块大小会影响其他性能指标,为了更准确传输速率对区块链性能的影响,默认区块大小 B 和区块间隔 I 为恒定值,且节点都以相同的传输速率 r 进行信息传输。

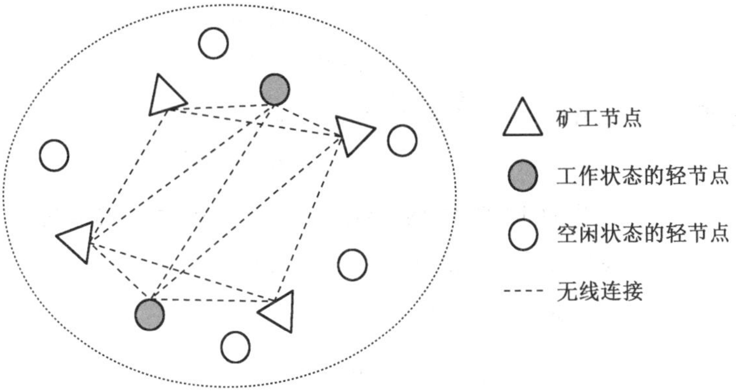

图 10-6　节点分布示意图

传输速率和网络拓扑是无线区块链网络性能的两个主要因素，它们在不同方面对整个系统产生深远的影响。传输速率在数据传输和交易确认的过程中起到了重要的作用，网络拓扑对于信息传播和数据同步至关重要。

- 传输速率 r：传输速率表示单位时间内传输的数据量，直接关系到交易的扩散速度和区块的确认时延。通过调整传输速率，可以减少传输延迟，降低废区块的产生概率，从而提高整个系统的性能。但过高的传输速率，会导致资源浪费，不利于无线区块链的持久运行。
- 网络拓扑和信息传播：考虑到无线网络中的网络拓扑和信息传播对于节点间的相互信息验证和数据同步至关重要，不同的拓扑结构会对信息传播产生不同的影响，直接关系到区块链中数据的一致性和可靠性，因此需要考虑网络拓扑动态变化。

传输速率和网络拓扑是影响无线区块链网络性能的关键因素，共同决定了区块链系统的可靠性、性能和效率。而分叉率和系统吞吐量是区块链系统的关键性能指标。其很大程度上取决于区块链数据结构和共识协议的选择。这两个指标通常呈现反比关系，例如，在 Bitcoin 系统中，只有连续产生六个或六个以上的区块后，交易才能得到确认，从而以降低交易吞吐量为代价减少了分叉事件的发生，进而提高了区块链网络的安全性。

- 分叉率 s：在区块链中，废区块是成功挖掘但未包含在主链中的区块，这是因为在相同高度已经挖到了另一个区块，并且该区块率先被添加到了主链中。如图 10-7 所示，矿工 A 挖出的区块便是废区块。废区块中的交易是无效的，若频繁产生的许多废区块积累起来，会导致区块链无法快速高效地处理交易，影响区块链的性能。此外，大量废区块的存在大概率会被攻击者利用，引起恶意行为的出现，如双重支付和 Sybil 攻击。废区块降低网络安全性的同时增加了带宽开销，并会消耗宝贵的无线通信资源。因此，为了确保区块链的可靠性和安全性，尽可能减少废区块的产生至关重要。

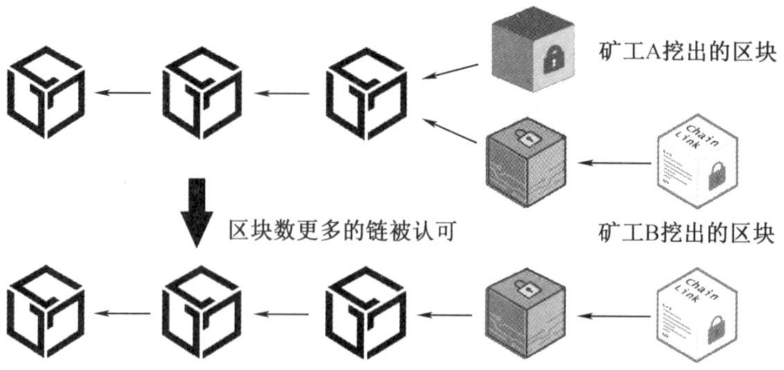

图 10-7 区块分叉

- TPS:交易吞吐量以每秒处理的交易数量来衡量。考虑到传输速率决定了交易确认的速度,传输时延 T 则限制了最大吞吐量,其可以表示为如下公式:

$$\frac{B}{\bar{s}_{tx}(T+I)} \tag{10-1}$$

式中,$\bar{s}_{tx}$ 代表平均交易大小,在本节假定交易大小固定不变。

吞吐量体现了区块链系统处理交易的能力,例如,Bitcoin 系统中通常限制在每秒 7 笔交易(TPS),而 Ethereum 系统的吞吐量则在 20~30 TPS 之间。吞吐量不仅会受到共识机制的影响,而且被网络通信能力所限制,尤其是在无线网络不稳定的通信条件下。

经过初步实验,图 10-8 展示了不同传输速率下 TPS 和分叉率的变化趋势。在图 10-8(a)中,可以看出随着传输速率的增大,网络吞吐量整体呈现不断增高的趋势。在图 10-8(b)中可以看出随着传输速率的增大,区块分叉率呈现下降趋势。当传输速率较低(0.000 1~0.001 Mbit/s)时,通信条件较差,不足以满足区块正常通信传输需求,导致矿工节点间不能及时达成共识,进而产生大量的废区块,但随着增大传输速率,网络中的废区块数量明显减少,同时吞吐量明显提升;当传输速率在 0.001~0.01 Mbit/s 时,由于通信条件较为改善,系统分叉率降低幅度相比前一范围有一定程度的减缓,吞吐量增长幅度相比前一范围明显减缓,但仍有所增加;当传输速率在 0.01~0.1 Mbit/s 和 0.1~1 Mbit/s 时,通信条件较为良好,所以分叉率随着传输速率的增加最终在 0.1~0.2 间波动。这表明了增加传输速率会改善系统的分叉率,但是并不会无限减小,吞吐量只有微小的波动,最终趋于稳定,约为 8 TPS。同时表明了增加传输速率确实能提升系统吞吐量,但是仅在一定范围内有效,增长上限终会稳定在某个值附近,并不会无限制增加。

由于实验数据中记录的传输速率以离散值的形式出现,而离散形式的最大值不一定是全局最优,这就降低了最优传输速率的准确性。需要通过使用拟合函数将离散数据转化为连续函数,更有效地研究传输率的影响,以获得更精确的最优传输速率。因此,使用拟合函数来处理数据是一种研究无线区块链系统网络性能的有效和必要手段。对区块链网络吞吐量和分叉率的拟合函数形式如下:

$$F_{\mathrm{T}}(r)=a_1 r^{b_1}+c_1 \tag{10-2}$$

$$F_{\mathrm{S}}(r)=a_2 r^{b_2}+c_2 \tag{10-3}$$

式中,a、b 和 c 代表函数拟合参数;$F_{\mathrm{T}}(\cdot)$ 和 $F_{\mathrm{S}}(\cdot)$ 均是关于传输速率的拟合函数。

式(10-2)和式(10-3)证明了该函数在拟合 TPS 和分叉率 s 时的普遍性。经过大量实验数据验证表明,该拟合函数的 R-squared 值平均可达到 90%。

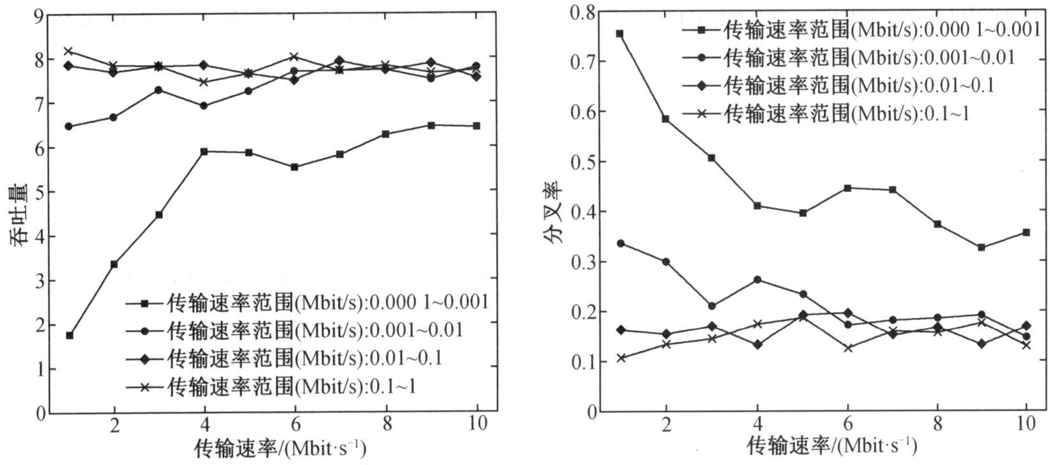

(a) TPS 的动态变化　　(b) 分叉率的动态变化

图 10-8　不同传输速率下 TPS 和分叉率的变化趋势

从无线区块链发展的角度来看,维持一个稳定、可信、高吞吐量和低分叉率的系统,可同时节约有限的无线资源,是实现无线可信服务的前提。为此需要建立一个无线区块链效用函数,在性能和资源之间取得平衡。根据拟合函数(10-2)和(10-3)可以观察到,当传输速率增加时,吞吐量会增加而分叉率会降低。然而,增大传输速率会带来额外的带宽和能量代价,为了避免过度提高传输速率造成资源浪费,在本模型中关注传输速率是有消耗成本的,使用的传输速率越高,消耗成本就越高。由此提出无线区块链的效用函数:

$$U(F,f,r)=\alpha F_{\mathrm{T}}(r)-\beta F_{\mathrm{S}}(r)-\gamma f(r) \tag{10-4}$$

式中 α、β 和 γ 为常数系数;$F_{\mathrm{T}}(\cdot)$ 和 $F_{\mathrm{S}}(\cdot)$ 分别为 TPS 和分叉率的拟合函数;$f(r)$ 为传输速率的能耗。

根据以上分析,无线区块链效用最大化问题可以表述如下:

$$\begin{cases}\max\limits_{r} U \\ \text{s.t.}\ \ 0<r\leqslant R\end{cases} \tag{10-5}$$

式中,目标函数 U 受拟合函数和传输速率的影响;R 表示传输速率的上限;$0<r\leqslant R$ 表示节点传输速率不超过网络允许的最大传输速率。

10.3.2　基于图神经网络的传输速率优化方法

对于无线区块链网络而言,找到最优的传输速率非常困难,原因在于多样性的拓扑结构、拓扑的动态性质、复杂的信息传播以及目标的多样性。无线网络中存在各种各样的拓扑结构,如星形、网状、树状等,每种拓扑结构都有其特定的传输特性,要找到每种拓扑结构的最优传输速率需要考虑不同的参数和条件。无线网络的拓扑结构通常是动态的,节点的连接和断开可能会频繁发生，这就会导致传输速率的最优值可能在不同时间点和条件下发生变化，需要实时根据节点信息进行调整和优化。区块在无线网络环境下的传播受到多种因素的影响，如信号干扰、节点移动性和网络拥塞等。不同的应用和场景可能对传输速率有不同的要求。例如，某些应用需要更高的吞吐量，而其他应用则需要维持低分叉率。这些因素都增加了获取最优传输速率的复杂性。

图神经网络可以从实际数据中学习网络拓扑的特性，擅长建模分析动态环境中拓扑节点之间的信息交互关系，并基于网络拓扑和节点特性来得到最优的传输速率，以满足不同拓扑结构和性能需求的要求，有效地解决上述问题。如图 10-9 所示，通过仿真实验获得不同的拓扑结构和对应的效用函数参数作为数据集用于模型训练，在模型使用过程中，将网络拓扑结构和相应函数拟合参数作为神经网络模型的输入，输出获得有效的拟合参数，最终快速准确地得到最优传输速率。

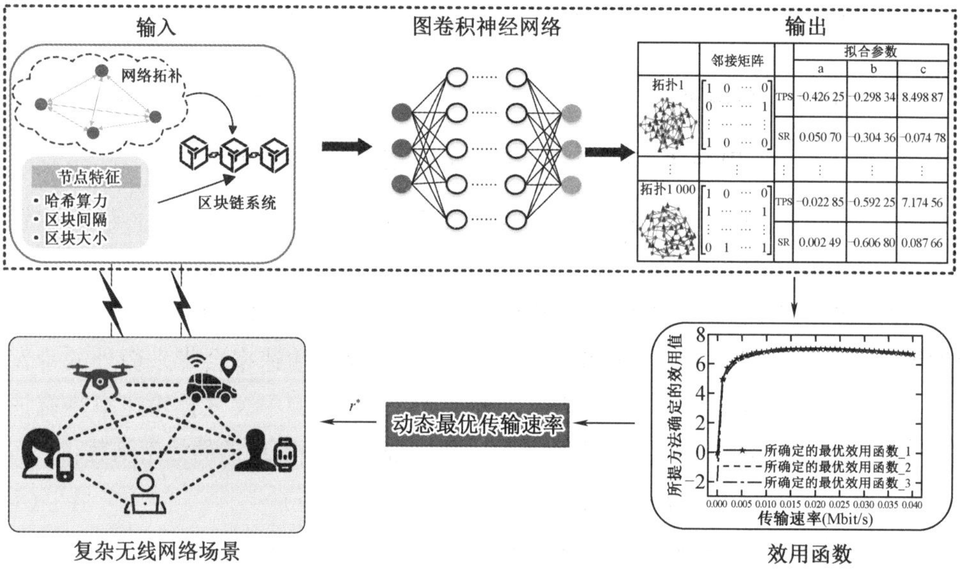

图 10-9 基于图卷积神经网络(GCN)的传输速率优化框图

传统方法往往无法高效、准确地处理数据。本节引入的基于图卷积神经网络的方法，可有效缓解这些挑战，能够更适应网络拓扑结构的变化。将拓扑结构构建成一个图，即 $G=(V,E)$，其中 V 是节点集，可表示为 $V=\{v_1,v_2,\cdots,v_\Psi\}$，$E$ 是关于边的集合。每个节点 $\boldsymbol{v}\in V$，且为 m 维节点特征向量[13]，节点特征矩阵可以表示为 $\boldsymbol{X}\in\mathbb{R}\ |V|\times m$。每条边 $e=(u,v)$，且 $e\in E$，表示连接节点之间的通信。

在本节模型中，输入层需要对数据集进行预处理。先对网络拓扑邻接矩阵 $\boldsymbol{A}$ 进行图嵌入处理，以获得图中每个节点的向量表示。所以邻接关系可以表示为 $\boldsymbol{A}=\{a_{ij}=0,1,i,j\in N\}$，其中 $a_{ij}=1$ 意味着节点 i 和节点 j 处于通信状态，$a_{ij}=0$ 意味着这两个节点处于非通信状态。然后，根据规则将节点的相关属性数据保存为 $G=(V,E)$。处理后的图向量与节点特征拼接在一起作为神经网络的输入。其中节点特征主要包括哈希率 h、块间隔 I 和块大小 B。多层图卷积网络的主要功能是处理节点特征，目的是通过 GCN 模型捕获网络拓扑结构

特征，从而获得区块链效用函数的拟合参数[14]。在本节模型中，第 l 层表示的更新规则为

$$H^{l+1}=\sigma(AH^lW^l) \tag{10-6}$$

利用训练好的 GCN 参数，可以快速得到网络规模为 N 的随机网络拓扑结构的拟合曲线，通过初步实验结果得到其中参数的正负性：$a_1<0,b_1<0,a_2>0,b_2<0$。显然，函数 $F_T(\cdot)$ 为凹函数，函数 $F_S(\cdot)$ 为凸函数，二者相减后仍然是凹函数，设传输能耗代价为关于传输速率的二次成本函数，为 $f(r)=\lambda r^2,\lambda>0$，且有 $\frac{\partial^2 U}{\partial r^2}<0$，所以得出结论：该问题属于一个凸问题。根据式（10-2）、式（10-3）和式（10-4）即可得出只与 r 有关的效用函数 U，可表示为如下公式：

$$U(r)=\alpha(a_1r^{b_1}+c_1)-\beta(a_2r^{b_2}+c_2)-\gamma f(r) \tag{10-7}$$

即得到优化目标是使传输率效益函数最大化，问题可表述如下：

$$\begin{cases}\max\limits_r U(r)=\alpha(a_1r^{b_1}+c_1)-\beta(a_2r^{b_2}+c_2)-\gamma f(r)\\ \text{s. t. } 0<r\leqslant R\end{cases} \tag{10-8}$$

根据以上分析，式（10-8）为一个凸函数，因此，为求得无线区块链的最优传输速率 r^*，只需计算当 $\frac{\partial U}{\partial r}=0$ 时的传输速率值即可。

10.3.3　仿真结果分析

考虑到模型的普适性和训练效率，本节在进行训练之前对数据进行了归一化处理。采用了“最小-最大”标准化方法，对拟合参数进行了归一化，使得对应的数据被映射到区间[0,1]中，提高了模型对不同尺度数据的适应能力[15]。图卷积神经网络在训练过程中的性能可以用定义的损失函数来研究分析误差，与传统意义上的均方误差（MSE）损失函数不同，在本节中对选取拟合参数的 l 个样本值，用下面的方程进行分析：

$$\text{Loss}=\frac{1}{l}\sum_{i=1}^{l}(\hat{y}_i-y_i)^2 \tag{10-9}$$

式中，$\hat{y}_i$ 是快速得到的拟合参数 $\hat{y}_i\in\{\hat{a},\hat{b},\hat{c}\}$；$y_i$ 是实际的拟合参数值，$y_i\in\{a,b,c\}$；l 是样本的数量。

为了评估快速得到值的准确性，本节引入了平均偏离度的概念。这一指标在研究中具有关键的作用，其有助于量化快速得到的值与实际值之间的差异，利用平均偏离度都来对研究方法的准确性和可靠性进行评估，具体表达式如下：

$$d=\frac{l}{t}\sum_{i=1}^{t}\frac{|u_f-u_o|}{u_f} \tag{10-10}$$

式中，d 为平均偏离度；u_f 是快速得到的传输功率；u_o 是最优的传输功率；l 是样本数。平均偏离度越小，表明系统模型的一致性越好。

在实验中为了得到时延与传输功率之间的关系，经过大量数据的拟合，可以得到拟合函数并计算其确定系数（R-squared）值以评估拟合的准确度。R-squared 是由回归平方和（SSR）与总体平方和（SST）之间的比值得到的，SSR 主要是分析拟合数据的分散程度，

SST 的大小则描述了数据集中的数的分散程度[16]，可以表示为

$$R^2=\frac{\sum_{i=1}^{l}(\hat{g}_i-g_i)^2}{\sum_{i=1}^{l}(g_i-\bar{g})^2} \tag{10-11}$$

式中，g_i 表示样本目标变量的真实值；$\hat{g}_i$ 表示使用模型拟合的目标变量值；$\bar{g}$ 表示目标变量的平均值；l 为样本的个数。

R-squared 是衡量拟合函数对实际数据拟合程度的统计指标，其取值范围为[0,1]，其值越高表示能够越好地拟合实验数据，所拟合结果与实际值之间一致性越强。

本节验证了所提方法的有效性，无线区块链系统中的部分参数参考了 Bitcoin 网络[17]，如果没有特别指定，则设置为默认值。表 10-3 给出了具体的仿真参数。在区块链系统中，交易的平均大小为 250 Bytes，区块大小为 1 MB，区块的平均生成间隔为 1 s，新区块的确认间隔数为 6；在图神经网络算法实验过程中，注意到某些参数的调整会对网络的训练产生严重影响，甚至会对最终测试阶段的准确性造成影响，经过参考经典图神经网络相关文献并初步多次实验，在本研究中，将学习率设定为 0.000 1，epoch 次数为 100，采样批次大小为 64，以在训练过程中平衡模型的收敛速度和准确性。同时采用一个包含 1 000 个通信网络拓扑结构的数据集，为了确保训练和测试数据的合理性，随机选取总数据集中的 85%部分作为训练集，而剩余 15%的数据集则为测试集。这样的数据集划分方式有助于验证模型在不同数据样本上的性能表现，进一步验证所提方法的有效性和泛化能力。

表 10-3　仿真参数设置

名称	参数值
节点数	$K=50$
平均交易大小	$\bar{s}_{tx}=250$ Bytes
区块大小	$B=1$ MB
区块平均生成间隔	$I=1$ s
确认块数	$B_n=6$
学习率	0.000 1
epoch 次数	100
采样批次	64

图 10-10 展示了采用图神经网络模型在训练过程中的损失值变化趋势，其中 epoch 次数设置最大值为 100。从图中可观察到，在训练过程中随着 epoch 次数的增加，算法的两种指标的训练损失在逐步减小，当 epoch 次数为 20 左右的时候，随着其增加，两种指标的损失稳定在某个很小的值附近，达到收敛。图 10-10 表明 TPS 和分叉率的损失能快速达到收敛，有效完成训练目的。

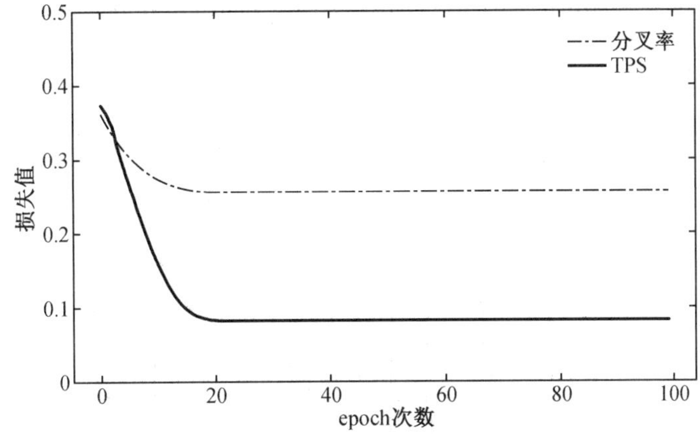

图 10-10　分叉率和 TPS 的损失值

图 10-11 和图 10-12 是在数据集中随机挑选一个拓扑的拟合图，比较了原始值和拟合值之间的一致性以及两种拟合的偏离度，主要针对 TPS 和分叉率两个指标进行了拟合。关于对 TPS 的拟合，若直接对数据进行拟合，根据式(10-12)计算得到的 R-squared 值为 0.900 31，表明在拟合性方面达到了较好的性能，使用 GCN 输出的拟合系数得到拟合函数的 R-squared 值为 0.872 75，发现拟合度相比于直接拟合仅有微小偏差，平均偏离度为 0.034 01；同样也对无线区块链的分叉率进行拟合，直接对数据进行拟合得到的 R-squared 值为 0.915 83，由 GCN 进行拟合得到的 R-squared 值为 0.876 54，也具有较高的拟合度，这表明对利用 GCN 训练得到的拟合参数能有效提取原数据特征，刻画出传输速率对 TPS 和分叉率的影响关系。

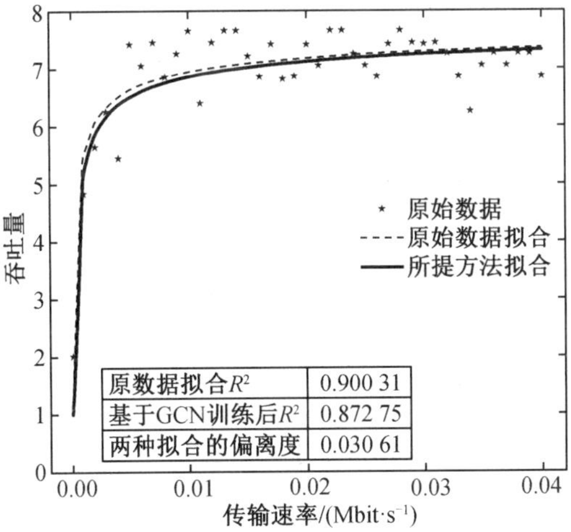

图 10-11　传输速率关于 TPS 的拟合

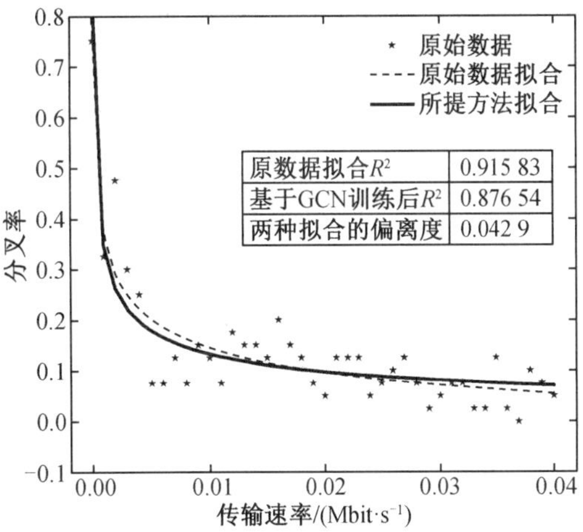

图 10-12　传输速率关于分叉率的拟合

图 10-13 比较了不同拓扑结构下，理论最优效用值和所提方法确定的最优效用值的比较。通过在 150 个不同的网络拓扑进行比较，所提算法获得的区块链效用与理论最优效用十分接近。以第二十个拓扑为例，其理论最优值计算得到是 6.78，而通过所提方法最优值达到了 6.79。根据式(10-7)对两组数据进行处理，计算得到其平均相对偏离度小于

0.21%,这表明所提方法获得的最优值与理论最优值之间仅存在微小的偏差,证明了所提方法的准确性和可靠性。

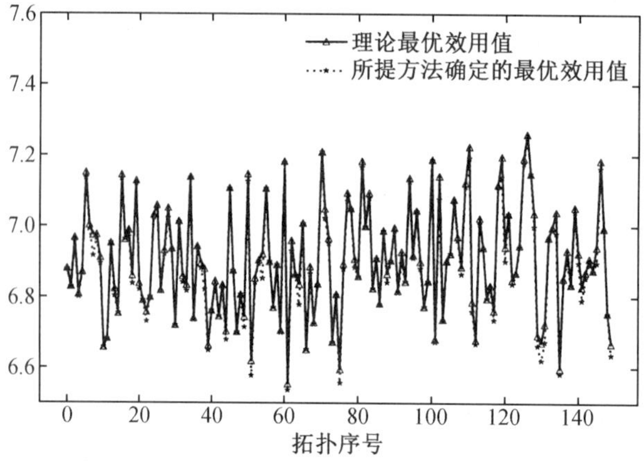

图 10-13　不同拓扑下的效用值

在总数据集中进行了随机选择,验证了两种不同的拓扑下所提算法的有效性。通过实验分析,传输速率和效用函数值之间的关系如图 10-14 所示,所提方法获取的效用值和理论效用值的拟合度平均高于 90%。当传输速率小于 0.015 Mbit/s 时,随着传输速率的增加,更多的交易在区块中进行,使得系统的吞吐量大幅度提高,矿工产生的区块会立即传播到其他节点,导致分叉率降低,此时能耗较小。当传输速率增加到一定程度,大约超过 0.015 Mbit/s 左右时,由于区块间隔和区块大小等约束因素的存在,系统的吞吐量不再持续增加,分叉率几乎保持稳定不变。尽管如此,能耗函数的值随着传输速率的增加而不断增加,因此效用函数中会出现一个峰值,即为理想的传输速率。

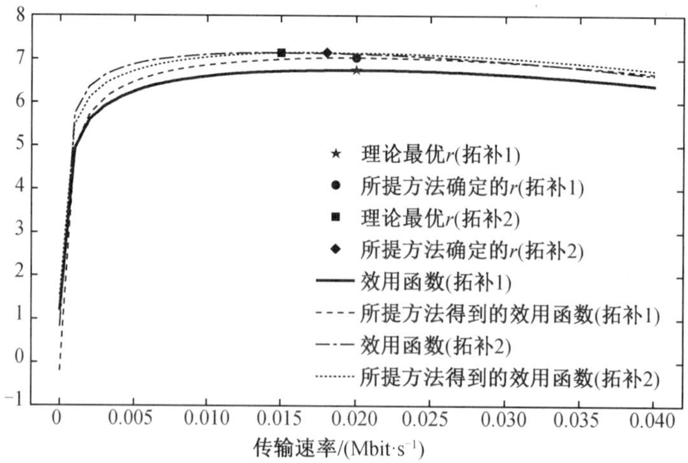

图 10-14　随机选取拓扑中传输速率对效用值的影响趋势

10.4　小　　结

本章介绍了无线可信数据服务中的核心技术之一无线区块链的技术背景、基础概念和应用部署。由于无线通信网络的复杂动态拓扑和有限的带宽资源,无线区块链在数据传输和共识达成上面临瓶颈。本章主要探讨了在无线网络环境下通过基于图神经网络技术识别区块链网络拓扑结构,并优化了通信传输速率,仿真实验结果表明所提方法显著提升了无线区块链系统的吞吐量和安全性,为区块链在无线网络环境的广泛应用提供了坚实支撑。

思考与探究

1. 无线区块链是将区块链技术与无线网络相结合所构建的可信系统,请结合文献资料,思考并回答如何通过去中心化和不可篡改的特性赋能 6G 移动通信发展？还存在哪些关键技术瓶颈？

2. 请围绕无线区块链技术如何在人工智能安全管控和治理中发挥作用,设想具体问题场景并提出解决方案。

3. 请结合当代无人化、智能化作战样式的深刻演变,思考并阐述无线区块链技术在信息获取、指挥控制、后勤保障等方面的重要军事价值。

参 考 文 献

[1] 田志宏, 赵金东. 面向物联网的区块链共识机制综述[J]. 计算机应用, 2021, 41(4): 917-929.

[2] NOVO O. Blockchain meets IoT: an architecture for scalable access management in IoT [J]. IEEE Internet of Things Journal, 2018, 5(2): 1184-1195.

[3] LING X, WANG J, LE Y, et al. Blockchain radio access network beyond 5G[J]. IEEE Wireless Communications, 2020, 27(6): 160-168.

[4] ISMAIL L, MATERWALA H. A review of blockchain architecture and consensus protocols: use cases, challenges, and solutions[J]. Symmetry, 2019, 11(10): 1198.

[5] MERKLE R C. A digital signature based on a conventional encryption function[C]// Conference on the theory and application of cryptographic techniques. Berlin, Heidelberg: Springer Berlin Heidelberg, 1987: 369-378.

[6] PILKINGTON M. 11 Blockchain technology: principles and applications[J]. Research

Handbook on Digital Transformations, 2016:225-253.

[7] SALEH F. Blockchain without waste: proof-of-stake[J]. The Review of Financial Studies, 2021, 34(3): 1156-1190.

[8] ONIRETI O, ZHANG L, IMRAN M A. On the viable area of wireless practical byzantine fault tolerance (pbft) blockchain networks[C]//2019 IEEE Global Communications Conference (GLOBECOM). IEEE, 2019: 1-6.

[9] FERRAG M A, SHU L. The performance evaluation of blockchain-based security and privacy systems for the internet of things: a tutorial[J]. IEEE Internet of Things Journal, 2021, 8(24): 17236-17260.

[10] BUTERIN V. A next-generation smart contract and decentralized application platform [J]. White Paper, 2014, 3(37): 2-1.

[11] ZUO Y, GUO J, GAO N, et al. A survey of blockchain and artificial intelligence for 6G wireless communications[J]. IEEE Communications Surveys & Tutorials, 2023,25(4): 2494-2528.

[12] CAO B, LI Y, ZHANG L, et al. When internet of things meets blockchain: challenges in distributed consensus[J]. IEEE Network, 2019, 33(6): 133-139.

[13] WU Z, PAN S, CHEN F, et al. A comprehensive survey on graph neural networks[J]. IEEE Transactions on Neural Networks and Learning Systems, 2020, 32(1): 4-24.

[14] LIU J, ZHENG J, WU J, et al. FA-GNN: filter and augment graph neural networks for account classification in ethereum[J]. IEEE Transactions on Network Science and Engineering, 2022, 9(4): 2579-2588.

[15] SANAULLAH, KORAVUNA S, Rückert U, et al. Streamlined training of GCN for node classification with automatic loss function and optimizer selection[C]//International Conference on Engineering Applications of Neural Networks. Cham: Springer Nature Switzerland, 2023: 191-202.

[16] EDWARDS L J, MULLER K E, WOLFINGER R D, et al. An R2 statistic for fixed effects in the linear mixed model[J]. Statistics in medicine, 2008, 27(29): 6137-6157.

[17] NAKAMOTO S. Bitcoin: a peer-to-peer electronic cash system[J]. Decentralized Business Review, 2008: 21260.

第10章参考资料